冶金工业出版社

普通高等教育"十四五"规划教材

碳循环与碳减排

付　东　　王乐萌　　齐立强
李　旭　　张　盼　　李晶欣　　编著

U0315803

本书数字资源

北　京
冶金工业出版社
2024

内 容 提 要

本书分为两大部分，第一部分（第1~3章）为碳循环与温室效应相关理论，第二部分（第4~8章）为 CO_2 减排理论、技术与政策。全书以全球碳循环机制为切入点，阐述人类赖以生存的气候系统运行机制、变化规律及人类活动在其中所起的作用与影响，阐明碳减排与可持续发展之间的关系，以及碳减排的实现途径及技术手段，探讨当前我国碳排放权交易等低碳发展政策对碳排放及社会经济的影响。

本书可作为高等院校环境工程或能源与动力工程相关专业本科生及研究生教材，也可供从事碳捕集利用和封存相关工程技术人员使用。

图书在版编目（CIP）数据

碳循环与碳减排/付东等编著 . —北京：冶金工业出版社，2022.2
（2024.2 重印）
普通高等教育"十四五"规划教材
ISBN 978-7-5024-9055-3

Ⅰ.①碳… Ⅱ.①付… Ⅲ.①碳循环—高等学校—教材 ②二氧化碳—减量—排气—高等学校—教材 Ⅳ.①X511

中国版本图书馆 CIP 数据核字（2022）第 023017 号

碳循环与碳减排

出版发行	冶金工业出版社	电　　话	(010)64027926
地　　址	北京市东城区嵩祝院北巷 39 号	邮　　编	100009
网　　址	www.mip1953.com	电子信箱	service@ mip1953.com

责任编辑　于昕蕾　美术编辑　彭子赫　版式设计　郑小利
责任校对　石　静　责任印制　窦　唯
北京虎彩文化传播有限公司印刷
2022 年 2 月第 1 版，2024 年 2 月第 2 次印刷
787mm×1092mm　1/16；13.75 印张；332 千字；211 页
定价 35.00 元

投稿电话　（010）64027932　投稿信箱　tougao@cnmip.com.cn
营销中心电话　（010）64044283
冶金工业出版社天猫旗舰店　yjgycbs.tmall.com
（本书如有印装质量问题，本社营销中心负责退换）

前　言

温室气体大量排放导致的全球气候变化对生态环境造成的影响日益严峻。《巴黎协定》的达成，体现了国际社会应对气候变化的决心。习近平总书记宣布我国将提高国家自主贡献力度，采取更加有力的政策和措施，承诺"二氧化碳排放力争于 2030 年前达到峰值，努力争取 2060 年前实现碳中和"，并将碳达峰、碳中和的理念纳入生态文明建设整体布局，体现了我国积极应对气候变化、推进全球绿色低碳发展的坚定决心。

当前，我国能源结构偏煤、工业结构偏重，正处于社会经济快速发展和产业结构转型的关键时期，面临经济发展和环境生态保护的深刻矛盾，这些严重制约了我国绿色低碳发展和生态文明建设。因此，大规模削减碳排放成为我国实现双碳目标、加快生态文明建设面临、实现绿色低碳经济高质量发展的重大技术需求，碳循环机制、低碳技术和低碳政策是其必不可少的重要一环。

本书着眼于全球气候变化特征及碳减排相关技术和政策手段，在参考众多资料的基础上编写而成。全书共分 8 章：第 1 章概述了当今世界的碳排放背景知识，第 2 章讲述了碳素在全球系统中的循环形式，第 3 章讲述了 CO_2 排放与温室效应的关系，第 4 章讲述了高浓度 CO_2 捕集技术，第 5 章讲述了空气中 CO_2 捕集技术，第 6 章讲述了 CO_2 运输与封存技术，第 7 章讲述了 CO_2 的转化与利用，第 8 章讲述了碳排放权交易。

本书由华北电力大学付东教授、齐立强教授统筹，参加编著的有李旭（第 1、2 章）、付东（第 3 章）、王乐萌（第 4、5 章）、李晶欣（第 6 章）、张盼（第 7、8 章）、齐立强（第 8 章）。全书由齐立强主审，并修改定稿。

本书注重理论联系实际，注重工程角度的专业应用，可作为高等院校环境类或能源与动力类相关专业的教材使用，也可供从事碳捕集利用与封存领域相关的科研、管理、设计、工程技术人员参考。

编写本书时，参考了大量的教材、专著、标准和国内外相关文献资料等，在此，向这些教材、专著、标准、文献资料等的作者们表达衷心的感谢！

由于编者经验不足、水平有限，书中疏漏之处在所难免，欢迎各位专家和广大读者批评指正！

编　者

2022 年 1 月

目　　录

1 绪 论

1.1 碳和二氧化碳

碳元素在常温下具有稳定性，不易反应、对人体的毒性极低，甚至可以以石墨或活性炭的形式安全地摄取。碳单质很早就被人认识和利用，碳的一系列化合物——有机物更是生命的根本。碳是生铁、熟铁和钢的成分之一。碳元素能在化学上自我结合而形成大量化合物，而这些化合物在生物上和商业上都是重要的分子。生物体内绝大多数分子都含有碳元素。单质碳或者含碳化合物经过各种反应途径大都可以转化为二氧化碳气体。

二氧化碳气体是大气组成的一部分（占大气总体积的 0.03%~0.04%），在自然界中含量丰富，其产生途径主要有以下几种：（1）有机物（包括动植物）在分解、发酵、腐烂、变质的过程中都可释放出二氧化碳。（2）石油、石蜡、煤炭、天然气燃烧过程中，也要释放出二氧化碳。（3）石油、煤炭在生产化工产品过程中，也会释放出二氧化碳。（4）所有粪便、腐殖酸在发酵，熟化的过程中也能释放出二氧化碳。（5）绝大多数生物在呼吸过程中，都要吸入氧气而吐出二氧化碳。

二氧化碳是碳氧化合物之一，是一种无机物，不可燃，通常也不支持燃烧，一般认为二氧化碳无毒性。它也是碳酸的酸酐，属于酸性氧化物，具有酸性氧化物的通性，其中碳元素的化合价为+4 价，处于碳元素的最高价态，故二氧化碳具有氧化性而无还原性，但氧化性不强。

原始社会时期，原始人在生活实践中就感知到了二氧化碳的存在，但由于历史条件的限制，他们把看不见、摸不着的二氧化碳看成是一种杀生而不留痕迹的凶神妖怪而非一种物质。

3 世纪时，中国西晋时期的张华（232~300 年）在所著的《博物志》一书记载了一种利用煅烧白石（$CaCO_3$）生产白灰（CaO）过程中产生的气体，这种气体便是如今工业上用作生产二氧化碳的石灰窑气。

17 世纪初，比利时医生海尔蒙特发现木炭燃烧之后除了产生灰烬外还产生一些看不见、摸不着的物质，还发现烛火在其中会自然熄灭，这证实了这种物质是一种不助燃的气体。不久后，德国化学家霍夫曼首次推断出二氧化碳水溶液具有弱酸性。1772 年，法国科学家拉瓦锡测出了二氧化碳的元素组成：碳 23.5%~28.9%，氧 71.1%~76.5%。

1.2 二氧化碳和生态系统

1.2.1 二氧化碳和大气

在空气中，二氧化碳是含碳元素的主要气体，也是碳元素参与物质循环的主要形式。

空气中的二氧化碳与陆地动物、植物体内的含碳化合物是怎样进行迁移转化的呢？绿色植物从空气中获得二氧化碳，经过光合作用转化为葡萄糖，再综合成为植物体的碳化合物，经过食物链的传递，成为动物体的碳化合物。植物和动物的呼吸作用把摄入体内的一部分碳转化为二氧化碳释放入大气，另一部分则构成生物的机体或在机体内贮存。动、植物死后，残体中的碳通过微生物的分解作用也成为 CO_2 而最终排入大气。

近年来，以气候变暖为标志的全球气候变化已经成为人们茶余饭后谈论的热门话题。全球气温自公元 10 世纪开始一直处于缓慢的降温时期，降幅为 $0.1 \sim 0.2℃$。自 20 世纪 20 年代开始温度开始迅速上升。1998 年是自 100 多年前人类有准确的记录以来最暖的年份，而 20 世纪则是千年来最暖的百年，20 世纪 90 年代是最暖的 10 年。可以肯定地说，近百年来全球气候确实在变暖。例如，2021 年的上半年我国平均气温创历史同期最高，这一纪录在未来可能再一次被改写。应当指出，温度有升高趋势并不表明是直线上升的，年与年之间还有冷暖的变化，不同地区之间温度升高的幅度差异较大，一些地区甚至出现了降温的变化趋势。例如，在中国西南地区最近几十年来气温有降低的趋势。所谓全球变暖指的是整个地球平均温度的长期变化趋势。

CO_2 既能吸收太阳短波辐射，又能吸收和发射长波辐射，是大气中重要的温室气体，对全球气候变化的贡献率达到 60%。CO_2 的年平均浓度在整个地球大气对流层中是相对均匀的，这是因为对流层在大约一年的时间尺度上是充分混合的。海洋是 CO_2 最重要的汇，大气和海洋之间的 CO_2 交换对大气 CO_2 含量的变化起到重要的控制作用，大气 CO_2 的另一重要汇是地球表面的森林。冰芯记录表明，工业革命前地球大气的 CO_2 浓度约为 $280\mu L/L$，相当于碳 594Gt（全球大气中 $1\mu L/L$ 的 CO_2 相当于碳 2.12Gt 或 CO_2 7.8Gt），自 1958 年开始在夏威夷的冒纳罗亚火山观测站对大气 CO_2 观测表明，大气中 CO_2 浓度呈增加趋势。而在 300 年内大气 CO_2 含量增加了近 $70\mu L/L$，年均增长率约 0.4%（见图 1-1）。由南极冰核及夏威夷的冒纳罗亚火山观测站给出的 250 年来大气 CO_2 浓度的变化可见，大气 CO_2 浓度从 1800 年开始明显增加，而且增加速度越来越快，1958 年大气 CO_2 浓度 $315\mu L/L$，1998 年升至 $367\mu L/L$；年增加速率由 20 世纪 60 年代的 $0.8\mu L/L$ 增加到 80 年代的 $1.6\mu L/L$。

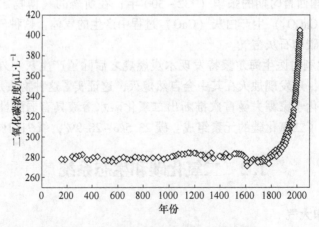

图 1-1　大气中二氧化碳浓度变化趋势图

一般认为，大气 CO_2 含量的增加是由人类使用大量矿物燃料（煤、石油和天然气等）、水泥生产以及土地利用改变，特别是大量砍伐森林造成的，因为在工业化之前的很长一段时间里大气 CO_2 浓度稳定在 $(280\pm10)\mu L/L$。

1.2.2 CO_2 和海洋生态系统

海洋吸收人类活动产生的 CO_2，成为最大的 CO_2 贮藏库。人类排放的二氧化碳有很大一部分被海洋吸收。而大气中二氧化碳浓度的升高使得海洋通过海水表面吸收大气中越来越多的二氧化碳，随后海洋吸收的二氧化碳与水反应形成碳酸。这种弱酸大部分电离为氢离子和碳酸氢根离子。其中一些碳酸氢根离子还可以继续电离产生氢离子。近年来二氧化碳浓度持续升高引起的海洋酸化已经引起了全球范围的广泛关注。

自工业革命以来，全球海洋表面的 pH 值平均降低了 0.12，目前 pH 值大约为 8.1。按目前趋势发展下去，海洋酸化将会变得越来越严重。对于海洋生态系统而言，从海洋生物的繁殖到幼体的发育，再到成体的生长，每一阶段的生命过程都将受到海洋酸化所带来的负面影响。在生命的最初阶段，海洋酸化会降低生物的受精成功率。目前研究人员通过向海水中泵入二氧化碳，在实验室内模拟了海洋酸化，当 pH 值降低了 0.4 之后，澳大利亚的紫海胆精子游程减少 16%，游速减缓 12%，受精成功率降低 25% 左右，这将导致成体种群数量骤减。在幼体的发育阶段，海洋酸化会降低幼体的成活率。在瑞士哥德堡的实验室里，科学家们将一种温带海尾蛇的幼体置于 pH 值降低 0.2~0.4 的海水环境中，其中多数表现出发育畸形，仅有不到 0.1% 的个体存活了 8 天以上，成活率明显降低。在成体的生长阶段，海洋过度酸化将导致生物患上血碳酸过多症（血液中的 CO_2 过量），此症会使很多鱼类体液中的碳酸量增加，破坏鱼体内的酸碱平衡，导致疾病甚至死亡。

海洋生物还有一类特定的种群，包括珊瑚虫、软体动物、棘皮动物、有孔虫类和含钙的藻类，它们都需要通过石灰化过程将海洋中的 CO_3^{2-} 和 Ca^{2+} 形成石灰石进而组成自身的贝壳和骨架。外壳和骨架之所以不会溶解，是因为海洋表层水体有过饱和的 CO_3^{2-} 和 Ca^{2+}。但是，当海水中因大气 CO_2 浓度升高而导致 pH 值下降时，碳酸盐便会溶解，浓度也会随之降低，并最终使得 CO_3^{2-} 处于不饱和状态，这种结果将严重影响石灰化过程。以珊瑚虫为例进行说明，它们过滤水中浮游生物进行采食，并分泌碳酸钙骨架，随着时间的推移，这些碳酸钙骨架累积而形成珊瑚礁。珊瑚礁是海洋生物中生产率最高和生物性最强的生态系统，占地球面积仅为 0.17%，却为地球上 1/4 的生物提供了栖息环境，但在 CO_3^{2-} 开始离开超饱和状态时，珊瑚虫形成 $CaCO_3$ 的速度也随之降低。海洋中 CO_2 浓度的上升导致海水 pH 值持续下降，最终将导致全球很多地方的珊瑚礁处于危险状态。到 21 世纪中叶，海洋中碳酸盐浓度将下降至 $200\mu mol/kg$，到那个时候，珊瑚礁被侵蚀的速度将超过珊瑚虫的石灰化速度，其后果是珊瑚和珊瑚礁生态系统将遭受严重破坏。更严重的是，珊瑚虫的减少将导致大量依赖珊瑚而生存的动物群落的丰度降低甚至整个群落的消亡。

另外，海洋作为一个巨大容器，可以吸收人类大量排放的 CO_2 以减缓全球温室效应的负面影响，但 CO_2 溶于海水中存在一个饱和度的问题。据科学家预测，在不远的将来，溶于海水中的 CO_2 必将出现过饱和状态，届时浓度过高的 CO_2 将很有可能从海面返还至大气层中。最终大气中的二氧化碳浓度将会快速升高，进一步加剧全球气候变暖。

1.2.3 二氧化碳和陆地生态系统

在全球碳循环过程中最重要的过程有光合作用、自养呼吸作用（例如植被的 CO_2 制造）和异养呼吸作用（主要指微生物在土壤中将有机物原料转变为 CO_2）。植被净第一性生产力（NPP）是植被固定太阳能产生总初级生产力（GPP）减去自养呼吸作用，即为植被的固碳能力。在没有受到扰动条件下，植被 NPP 和由于异养呼吸作用造成的分解作用在 1 年内是近于平衡的；而土壤和泥炭形成的固碳能力只相当于植被 NPP 的很小余额。碳的平衡可能因人类活动的直接影响，如土地利用的变化（特别是森林的毁坏）、气候变化和其他环境方面的变化（如大气成分的变化）而有相当大的改变，因为碳的储量与通量都非常大，陆地植被 NPP 为 $50 \sim 60Gt/a$，植被 GPP 为 $90 \sim 120Gt/a$。因此，任何扰动都会对大气中 CO_2 的浓度产生显著影响。陆地生态系统中含有碳约 2000Gt，这几乎相当于大气中所含碳的 3 倍。每年大约有 5% 的陆地碳储量与大气进行碳交换，植物通过光合作用每年大约从大气中吸收碳 110Gt，而通过呼吸作用向大气释放碳 50Gt，植被的总光合作用与植物呼吸作用的差约为 60Gt，是植被的 NPP。从全球尺度来看，热带雨林生态系统的产量最高，而沙漠生态系统的产量最低。

1.3 双碳目标及碳减排

新中国成立以来，特别是改革开放以来，中国共产党在领导并推动中国发展进程中，始终致力于维护世界和平、促进全球发展。

1992 年，中国成为最早签署《联合国气候变化框架公约》（以下简称公约）的缔约方之一。之后，中国不仅成立了国家气候变化对策协调机构，而且根据国家可持续发展战略的要求，采取了一系列与应对气候变化相关的政策措施，为减缓和适应气候变化作出了积极贡献。在应对气候变化问题上，中国坚持共同但有区别的责任原则、公平原则和各自能力原则，坚决捍卫包括中国在内的广大发展中国家的权利。2002 年中国政府核准了《京都议定书》。2007 年中国政府制定了《中国应对气候变化国家方案》，明确到 2010 年应对气候变化的具体目标、基本原则、重点领域及政策措施，要求 2010 年单位 GDP 能耗比 2005 年下降 20%。2007 年，科技部、国家发展改革委等 14 个部门共同制定和发布了《中国应对气候变化科技专项行动》，提出到 2020 年应对气候变化领域科技发展和自主创新能力提升的目标、重点任务和保障措施。

2013 年 11 月，中国发布第一部专门针对适应气候变化的战略规划《国家适应气候变化战略》，使应对气候变化的各项制度、政策更加系统化。2015 年 6 月，中国向公约秘书处提交了《强化应对气候变化行动——中国国家自主贡献》文件，确定了到 2030 年的自主行动目标：二氧化碳排放 2030 年左右达到峰值并争取尽早达峰；单位国内生产总值二氧化碳排放比 2005 年下降 60%~65%，非化石能源占一次能源消费比重达到 20% 左右，森林蓄积量比 2005 年增加 45 亿立方米左右。并继续主动适应气候变化，在抵御风险、预测预警、防灾减灾等领域向更高水平迈进。作为世界上最大的发展中国家，中国为实现公约目标所能作出的最大努力得到了国际社会的认可，世界自然基金会等 18 个非政府组织发布的报告指出，中国的气候变化行动目标已超过其"公平份额"。

在中国的积极推动下，世界各国在 2015 年达成了应对气候变化的《巴黎协定》，中国在自主贡献、资金筹措、技术支持、透明度等方面为发展中国家争取了最大利益。2016年，中国率先签署《巴黎协定》并积极推动落实。到 2019 年年底，中国提前超额完成2020 年气候行动目标。

2020 年 9 月，习近平主席在第七十五届联合国大会一般性辩论上阐明，应对气候变化《巴黎协定》代表了全球绿色低碳转型的大方向，是保护地球家园需要采取的最低限度行动，各国必须迈出决定性步伐。同时宣布，中国将提高国家自主贡献力度，采取更加有力的政策和措施，二氧化碳排放力争于 2030 年前达到峰值，努力争取 2060 年前实现碳中和。

在此后的多个重大国际场合，习近平主席反复重申了中国的"双碳"目标，并强调要坚决落实。特别是在 2020 年 12 月举行的气候雄心峰会上，习近平主席进一步宣布，到2030 年，中国单位国内生产总值二氧化碳排放将比 2005 年下降 65% 以上，非化石能源占一次能源消费比重将达到 25% 左右，森林蓄积量将比 2005 年增加 60 亿立方米，风电、太阳能发电总装机容量将达到 12 亿千瓦以上。习近平主席还强调，中国历来重信守诺，将以新发展理念为引领，在推动高质量发展中促进经济社会发展全面绿色转型，脚踏实地落实上述目标，为全球应对气候变化作出更大贡献。

"双碳"目标是我国基于推动构建人类命运共同体的责任担当和实现可持续发展的内在要求而作出的重大战略决策，展示了我国为应对全球气候变化作出的新努力和新贡献，体现了对多边主义的坚定支持，为国际社会全面有效落实《巴黎协定》注入强大动力，重振全球气候行动的信心与希望，彰显了中国积极应对气候变化、走绿色低碳发展道路、推动全人类共同发展的坚定决心。为了实现这一宏伟目标，需要采取多种多样的碳减排手段，这也将是本书的讨论重点。

参 考 文 献

[1] 陈泮勤，黄耀，于贵瑞. 地球系统碳循环 [M]. 北京：科学出版社，2004.
[2] 李云芬. 室内环境污染控制与检测 [M]. 昆明：云南大学出版社，2012.
[3] 美国国家海洋和大气管理局，https://www.noaa.gov.
[4] 汪品先，田军，黄恩清，等. 地球系统与演变 [M]. 北京：科学出版社，2018.
[5] 张锦峰，高学鲁，周凤霞，等. 海洋生物及生态系统对海洋酸化的响应 [J]. 海洋环境科学，2015，34（4）：630-640.
[6] 张美华. 二氧化碳生产及应用 [M]. 西安：西北大学出版社，1988.
[7] 周广胜. 全球碳循环 [M]. 北京：气象出版社，2003.

习　题

1-1 二氧化碳对地球的生态意义有哪些？

1-2 什么是双碳目标？你知道哪些和双碳目标有关的行动计划？

1-3 如何理解双碳计划对地球环境保护工作的意义？

1-4 要构建更加低碳的社会，从个人角度来说有哪些有效的途径？

2 碳循环及人类活动对其影响

全球与日俱增的资源与环境问题促使科技界、经济界、社会界、政治界等试图从全球的角度来理解人类生存环境的变化以及这种变化对人类发展的影响。自20世纪80年代中期开始的以国际地圈-生物圈计划（IGBP）为核心的全球变化研究至今已近40年，人们已经深刻地认识到生物地球化学循环是地球科学研究的核心。事实上，地球上的每一个生物化学反应都是以某种形式与生物地球化学循环相联系的，作为地球生物成员之一的人类参与并依赖于这些循环。数量庞大且复杂的生物过程、地质过程和化学过程改变和传输着地球上不同的化学元素（碳、氮、氧、硫、磷等），从而使得地球生物-化学系统有序地工作着，决定我们生存环境的化学和物理特性。

碳和水一样，是地球表层系统中作用最大、用途最广的物质。首先，碳元素是地球上生命有机体的关键成分，是最重要的生命元素，所有的有机化合物都是含碳化合物，碳元素构成生物圈的基础。另外，碳元素区别于其他生命必需元素的特点之一是碳原子具有形成长的共价链和环的能力，从而形成了有机化学与生物化学的基础。在漫长的地质时期，植物对碳素的固定是大气中产生氧气（O_2）的近乎唯一的来源，决定了整个地球环境的发展趋势。通过氧化还原反应，其他元素循环与碳循环和 O_2 紧密相联。因此，碳循环是生物圈健康发展的重要标志。

2.1 碳的赋存形式

如果说，地球表层系统中水赋存状态的变化以气、液、固三相的转换为主，那么碳的赋存主要取决于氧化还原环境。和 N、S 等生源要素一样，C 是一种多价元素：可以失电子氧化为 CO_2 或者碳酸盐，呈+4 价；也可以得电子还原为碳氢化合物（最简单的如 CH_4）；还可以形成碳水化合物（最简单的如 CH_2O），呈中性。碳氢化合物和碳水化合物都有 C—H 键，属于有机化合物，区别于没有 C—H 键的无机化合物。地球表层碳的还原主要依靠太阳辐射能的光合作用，将无机碳转变为有机碳，其中大部分通过呼吸作用重新氧化成为无机碳（CO_2），只有一小部分通过沉积作用进入岩石里的有机碳库，成为地球储存几十亿年来太阳辐射能的宝库。地球表层系统里的碳循环，主要是碳在有机和无机世界里的转移，呈不同的形式出现（见表 2-1），其实本质也就是氧化和还原之间的变化。

表 2-1　氧化还原环境与碳的赋存

环境类型	环 境 性 质		
	还原	中性	氧化
大气（与气溶胶）	CH_4	烟煤	CO_2

续表2-1

环境类型	环境性质		
	还原	中性	氧化
海洋	溶解有机碳、颗粒有机碳	—	溶解无机碳 CO_2、H_2CO_3、HCO_3^- 和 CO_3^{2-}
沉积物	烃类、有机碳	黑炭	碳酸盐
地幔	—	金刚石	火成碳酸盐
地核	Fe_xC_x		

目前，已知的含有碳元素的物质已有数千万种，碳元素在地球生物圈、岩石圈、水圈及大气圈中交换，并随地球的运动循环不止。

在自然界中，地球上两个最大的储存碳元素的"仓库"是岩石圈和化石燃料，其中所储存的碳元素的量约占地球上碳元素总量的99.9%，在这两个"仓库"中的碳元素迁移、转化活动缓慢，起着贮存库的作用。除此之外，地球上还有三个储存碳元素的"仓库"：大气、水体、生物体。这三个"仓库"中的碳元素在不同物质间迅速迁移、转化、交换，起着交换库的作用。

2.2 全球碳库

2.2.1 碳库

碳库是全球变化科学当中的一个重要名词。一般是指在碳循环过程中，地球系统各个所存储碳素的部分。根据《联合国气候变化框架公约》（UNFCCC）的定义，碳库可以分为碳源和碳汇。碳汇与碳源是两个相对的概念，碳汇定义为从大气中清除二氧化碳的过程、活动或机制；碳源则是自然界中向大气释放碳的母体。

另一方面，碳源和碳汇两种类型的碳库对于全球大气二氧化碳含量变化的贡献也有区别。衡量一个碳库是碳源的库还是碳汇的库，主要看他的净生态系统交换量（net ecosystem exchange，NEE）变化。NEE 是指陆地与大气界面生态系统 CO_2 净交换通量（以碳计），即生态系统整体获得或损失的碳量，NEE 是衡量生态系统碳源碳汇的重要指标。

前人的研究成果表明，人类活动导致地质碳库变成了巨大的碳源，而海洋碳库则是巨大的碳汇。现阶段人类活动影响最为显著的碳库是陆地生态系统碳库。人类活动致使土壤碳库渐成碳源，而生态系统的碳汇功能正在减弱。

习惯上，在讨论地球系统碳库时，将大气、海洋、陆地及岩石作为几个独立的碳库，分别加以讨论。不同的科学家对不同类型碳库中碳储量（以碳计）的统计研究结果见表2-2。可以看出，在不考虑岩石圈的情况下，地球系统中碳的总量为 38005～41880Pg（$1Pg = 10^{15}g = 10$ 亿吨）。地球系统中碳的赋存方式千变万化。在大气中主要为各种含碳的气体和气溶胶粒子；在海洋和淡水中主要为溶解无机碳（DIC）、溶解有机碳（DOC）、颗粒有机碳（POC）以及生物有机碳（BOC）；在岩石圈中主要为碳酸盐岩石和油母岩；在陆地生物圈中主要以有机碳和无机碳的形式存在。地球系统中碳主要以上述方式存在于地球系统的各个子系统中。

表 2-2　地球系统中的碳库 （Pg）

项　目	IPCC （1990 年）	Schlesinger （1991 年）	Balino 等 （2001 年）	Lal （1999 年）	Watson 和 Noble （2001 年）
大气圈	750	755	750	760	750
陆地生物圈	550	550	610	620	500
土壤	1500	1200	1500	2500	2000
海洋	39000	35500	38933	38000	38400
合　计	41800	38005	41793	41880	41650

2.2.2　大气碳库

大气碳库为 700~800Gt（7000 亿~8000 亿吨）C，数量听上去很大，事实上大气中的碳元素只占大气总质量的万分之三左右，而且是各类碳库中最小的。但是，大气碳库是联系海洋与陆地生态系统碳库的纽带和桥梁，大气含碳量的多少直接影响整个地球系统的物质循环和能量流动。表 2-3 给出了大气的主要化学组成。从表中可以看出，大气中的含碳气体主要有 CO_2、CH_4、CO 以及人为排出的其他含碳气体，通过测定这些气体在大气中的含量即可推算出大气碳库碳储量的数值。

表 2-3　大气的化学组成

大气成分	体积混合比	寿命/a	来源与说明
N_2	78.088%	10^6	生物
O_2	20.949%	5000	生物
Ar	0.93%	10^7	惰性气体
Ne	18.18μL/L	10^7	惰性气体
He	5.24μL/L	10^7	惰性气体
Kr	1.1μL/L	10^7	惰性气体
Xe	0.1μL/L	10^7	惰性气体
H_2	0.55μL/L	6~8	生物、人为
CO_2	360μL/L	50~200	燃烧、海洋、生物
CH_4	1.7μL/L	10	生物、人为
N_2O	0.31μL/L	150	生物、人为
CO	50~200nL/L	0.2~0.5	光化学、人为
卤代烃	3.8nL/L	—	人为
SO_2	10pL/L~1nL/L	2d	火山、人为
O_3	10~500nL/L	2	光化学
HO·	0.1~10pL/L	—	光化学

相对于海洋和陆地生态系统，大气碳库较易计算，而且也是最准确的。由于在这些气体中 CO_2 含量最大，因此大气中的 CO_2 浓度往往可以看做大气中碳含量的一个重要指标。冰芯记录表明，在距今 42 万年前至工业革命前大气 CO_2 浓度大致在 $180 \sim 280 \mu L/L$ 之间。但从工业革命初期至今的近 250 年内，大气 CO_2 浓度增长了近 30%，近十年内平均每年增长 $1 \sim 3 \mu L/L$，当前大气 CO_2 浓度是过去 42 万年间未曾有过的。

对于大气中的碳来说，岩石圈和人类活动是其净源，水圈和生物圈则可能是源也可能是汇。大气中的碳尽管主要是以 CO_2、CH_4 和 CO 的形式存在，但以 CO_2 最为重要。大气 CO_2 浓度在全球分布不均匀，差值可达 $50 \mu L/L$ 左右。全球大气观测结果表明，大气中 CO_2 浓度还表现出一种纬度梯度，自北极向南极方向减小。这是因为：其一，矿物燃料燃烧释放量在南北半球不同。根据观测研究结果发现，人类活动释放到大气中的 CO_2 含量分布表现出一种纬度梯度变化。在北极和高纬度地带年平均为 $3.5 \sim 4.5 \mu L/L$，北方中纬度为 $2.5 \sim 3.5 \mu L/L$，赤道和南北方低纬度为 $1.0 \sim 2.5 \mu L/L$，向着南极减少到 $0.5 \mu L/L$。其二，大气 CO_2 在各源和汇之间的自然传输交换有差异。运用大气环流模型及近地面的湍流混合模型研究 CO_2 的运输发现，与陆地生物群落相关的大气 CO_2 也具有梯度变化，但是其总量比较小，只相当于矿物燃料燃烧引起的大气 CO_2 浓度梯度的一半。在整个地质历史时期，大气碳含量始终处于变化之中。利用极地冰芯对古大气成分的研究表明，过去 16 万年来大气 CO_2 和 CH_4 及氧同位素温度指标之间有显著的正相关关系，在寒冷的末次冰期里大气 CO_2 和 CH_4 的浓度分别为 $200 \mu L/L$ 和 $0.4 \mu L/L$ 左右。随着温暖的间冰期的到来，大气 CO_2 和 CH_4 的浓度则迅速上升到 $280 \mu L/L$ 和 $0.6 \mu L/L$ 左右。根据大量模拟实验的结果，量化了太阳辐射、大气 CO_2 强迫、陆地反照率和水汽温度反馈对于末次盛冰期降温率的贡献，则末次盛冰期 4.5℃ 的降温幅度中，有 20.8%（0.94℃）是因为大气中 CO_2 浓度减少，太阳辐射和陆地反照率的贡献为 40%（1.8℃），水汽-温度反馈的影响为 38.6%（1.76℃）。

从 1850 年开始，大气中 CO_2 的平均浓度从 $280 \mu L/L$ 上升到 1955 年的 $315 \mu L/L$，其后，大气 CO_2 的浓度增速不断加大。尽管 20 世纪 90 年代以来大气 CO_2 浓度的增长率比 20 世纪 70~80 年代有所减小，但是 2019 年已经达到 $415 \mu L/L$。也就是说，自从有观测记录以来，大气 CO_2 浓度增加了 $100 \mu L/L$。年平均除有 56% 的人为释放量留存于大气当中，其余的则为海洋和陆地生态系统所吸收。值得注意的是，虽然大气 CO_2 的浓度增速减缓，但是全球增温的趋势并没有改变。这就启发人们深入探索影响 20 世纪全球温度变化的其他重要因素，例如太阳辐射、火山爆发和 ENSO（厄尔尼诺和南方涛动的合称）等。人们已经普遍注意到，1983~1987 年剧烈的 ENSO 事件对应于一个相对降温期，1991 年皮纳图博火山喷发也对应着一个相对降温期。因此有人将 20 世纪 20~40 年代的全球 0.25℃ 左右的增温幅度归之于火山活动的沉寂，而 20 世纪 70 年代中期以来全球约 0.25℃ 的增温幅度才是人类释放 CO_2 引起温室效应增强的结果。

但是抛开全球气候变暖的原因，应该说大气中由于自然原因赋存的碳是比较稳定的，近百年来大气碳库有所增加主要是由人类活动排放过多的二氧化碳造成的。

2.2.3 海洋碳库

海洋在全球碳循环中起着极其重要的作用，海洋是地球上最大的碳库。海洋储存碳是大气的60倍。海洋具有贮存和吸收大气CO_2的能力，影响着大气CO_2的收支平衡，有可能成为人类活动产生的CO_2的最重要的汇。根据《联合国气候变化框架公约》关于碳源碳汇的定义，虽然海洋作为一个整体是一个巨大碳汇，但是具体某一海域对于二氧化碳是源还是汇还有待调查验证。为了国家温室气体排放清单编制的准确性，必须对国家管辖海域的碳源与碳汇格局进行科学的观测。目前的观测手段很难精确地直接测量用以判断海水是碳源还是碳汇的海气界面二氧化碳通量，而是通过分别观测海表二氧化碳分压和大气二氧化碳分压来计算。当大气中二氧化碳分压大于海水二氧化碳分压时，二氧化碳从大气中进入海洋形成二氧化碳的汇；当海水的分压大于大气时，海洋反而会向大气释放二氧化碳，成为二氧化碳的源。当然，为了定量地描述海-气界面的二氧化碳通量，还必须计算与海温、盐度和风速等参数有关的二氧化碳溶解度和气体交换系数。

海洋中碳的储存形式有五种：可溶性无机碳 dissolved inorganic carbon （DIC：CO_2、H_2CO_3、HCO_3^- 和 CO_3^{2-}），可溶性有机碳 dissolved organic carbon （DOC：各种大小不一的有机分子），颗粒无机碳 particle organic carbon （PIC：海底沉积物中的碳酸盐），颗粒有机碳 particle organic carbon （POC：存在于活的生物体或死亡动植物的碎片中）和海洋生物。

2.2.3.1 海洋可溶性无机碳

海洋可溶性无机碳 （DIC）是海水中的溶解 CO_2、H_2CO_3、HCO_3^- 和 CO_3^{2-} 等四种形式的总和，称为总二氧化碳 （ΣCO_2）或溶解性无机碳。海洋中的 DIC 总量约为37400Gt，是大气含碳量的50余倍，在全球碳循环中起着十分重要的作用。从千年尺度上看，海洋决定着大气中的 CO_2 浓度。大气 CO_2 不断地与海洋表层进行着碳交换，年碳交换量约为100Gt。人类活动导致的碳排放中30%~50%将被海洋吸收，但海洋缓冲大气 CO_2 浓度的能力不是无限的，这种能力的大小取决于岩石侵蚀所能形成的阳离子数量。由人类活动导致的碳排放速率比阳离子的提供速率大几个数量级，因而在千年尺度上随着大气 CO_2 浓度的不断上升，海洋吸收 CO_2 的能力将不可避免地会逐渐降低。一般而言，海洋碳的周转时间常常为几百年甚至上千年，可以说海洋碳库基本上不依赖于人类的活动，而且由于观测手段等原因，相对陆地碳库来说，对海洋碳库的估算还是比较准确的。

溶解无机碳系统是海洋中重要而复杂的体系之一，它与海洋中许多过程，如大气-海洋界面交换过程、海洋沉积物-海水界面交换过程等密切相关，同时 DIC 参与海水中许多化学反应，控制着海水的 pH 值并直接影响着海洋中许多化学平衡。该系统涉及到海洋化学、物理学、生物生态学、气象学、地质学等诸多学科，是研究海洋碳循环过程的重要内容。同时，碳是重要的生源要素，所以二氧化碳-碳酸盐体系的化学反应和平衡对海洋中的生物活动具有重大影响，在形成生命的起源、维持海洋的循环和生态环境方面发挥着不可或缺的重要作用。海水中二氧化碳-碳酸盐体系的各种形态之间存在如下平衡：

$$CO_2(g) \rightleftharpoons CO_2(aq)$$
$$CO_2(aq) + H_2O \rightleftharpoons H_2CO_3$$
$$H_2CO_3 \rightleftharpoons H^+ + HCO_3^-$$
$$HCO_3^- \rightleftharpoons H^+ + CO_3^{2-}$$
$$Ca^{2+} + CO_3^{2-} \rightleftharpoons CaCO_3$$

几种形态中 HCO_3^- 为最主要的存在形式，大约占总量的 90%；另外，9% 左右的 DIC 以 CO_3^{2-} 的形式存在；剩下仅 1% 左右的 DIC 以 CO_2 和 H_2CO_3 的形式存在。

2.2.3.2 溶解有机碳

溶解有机碳（DOC）是地球化学循环的重要环境化学物质，通常指能海水中能通过 $0.45\mu m$ 孔径的滤膜，且在以后用于其测定的分析过程中不因蒸发而丢失的溶解态有机物质。DOC 组成异常复杂，且在水体中质量浓度较低，主要成分有：（1）碳水化合物（单糖和多糖）；（2）氨基酸类；（3）烃和卤代烃；（4）维生素类，主要来源于细菌等；（5）腐殖质，是由海洋中浮游生物排泄的有机物质及生物残体经转化、分解合成较稳定的一类结构复杂的高分子聚合物，因其在海水中含量较低，直至 20 世纪 30 年代才开始有人进行研究。DOC 代表了水体中溶解有机物质的总和，与水体中浮游植物的光合作用，生物的代谢和细菌的活动等息息相关，是表征水体中有机物含量和生物活动水平的重要参数，是研究水体中碳循环中重要的一部分，在微量元素和营养盐的地球生物化学循环中扮演着重要角色（例如，DOC 可以限制河湖的生产效率，影响变温层和深水层动植物的呼吸等），其含量可直观反映人类活动对流域地的影响、污染和生物活动水平等，还可作为了解海洋中上升流的重要参数，因此，研究 DOC 在不同水体中的行为和迁移变化对于研究地球生物化学循环过程具有重要意义。

一般来说，溶解有机碳的水平分布特点为近岸、河口区浓度较高，大洋区浓度较低，即呈现河口高于近岸高于大洋的分布趋势。这是由于通常情况下，河流以及近岸受人类活动，陆源输入等因素的影响，其 DOC 含量要比海洋高许多。就季节变化而言，大洋水体中 DOC 的季节变化，一般与浮游生物随季节变化一致，但在河口区和近岸水体中，由于环境较为复杂，受人为输入、河流输入、近岸上升流、水团混合以及沉积物的再悬浮等多种过程的综合影响，其溶解有机碳的季节变化规律随研究海区不同而不同。地中海和马尾藻海的 DOC 在春季积累，含量为四个季节中最高。挪威海的 DOC 浓度在冬季最低，春季 DOC 的浓度开始增加，并达到最大值，秋季 DOC 浓度又开始降低，一直降到冬季的最低值；另外，这种变化的幅度由表层到底层逐渐减小，至深层水中，其 DOC 的浓度便没有明显的季节变化了。因此，溶解有机碳的积累和消耗不仅与物理过程（如水团混合，上升流等）有关，同时也与生物的生产和消耗过程有关。

2.2.3.3 颗粒无机碳

从总体上来说，沉积物中的碳不外乎两种根本的形态：有机碳和颗粒无机碳（PIC）。科学研究表明有机碳主要存在有机质中，而有机质主要由腐殖质、类脂化合物、糖类化合物等各类复杂的有机化合物或生化物质组成，其化学式可以简化表示为 $(CH_2O)_{16}(NH_3)_{16}HPO_4$；颗粒无机碳的主要成分为碳酸盐。

海洋是碳酸盐沉积的主要场所，由陆地水文系统输送到海洋的碳酸盐成分，主要在温热带海底沉积。但是，随着水深和压力增加，碳酸盐的溶解度加大而沉积速度减小，达到一定深度则沉积速度等于溶解速度，该深度以下不会发生沉积。据测算，中新世以来海洋碳酸盐沉积量（以碳排放量计）年平均 19Gt，但是现代陆地水文系统供给的溶解态碳酸盐（以碳排放量计）年均为 12Gt。因此，海洋通过补偿深度的变浅调整，来增加深海海底碳酸盐溶蚀，达到海洋中碳-水-钙循环平衡，这样海洋就要从大气中吸收 CO_2。

近海沉积物是大气二氧化碳的最终接受者，同时当条件合适时沉积物中的碳又可被释放重新进入水体乃至大气中，是碳循环中重要的源与汇，因此海洋沉积物在碳循环中的作用是全球碳循环的一个关键环节，虽然近十年来这方面的研究已经引起众多学者的关注，对沉积物中的碳循环进行了较大量的研究，取得了一系列成果，但海洋沉积物在碳循环中的作用和过程至今并未搞清楚，具体体现在海洋沉积物在海洋碳循环中起什么作用？起多大作用？在哪些方面影响和控制海洋碳循环？这些问题还需要科学家们长期的艰苦努力，以在更深入、更系统和更高层次上研究解决困扰当今人类面临的涉及碳循环这一重大环境科学问题。

2.2.3.4　颗粒有机碳

颗粒有机碳（POC）也称为有机碎屑，包括海洋生物生命过程中产生的残骸、粪便等，POC 在环境样品分析上的定义一般指直径大于 $0.7\mu m$ 的颗粒。

海水中 POC 的来源比较复杂，但按其途径来说来源可以分为陆源输入、海洋自生和海底沉积物的再悬浮。陆源输入包括河流输入和大气搬运。河流输入是海洋中 POC 的一个重要源，每年都有大量的陆源 POC 通过地表径流输入海洋中。但河流带来的源 POC 大部分不能抵达开阔的大洋，而是在近海分解和沉淀下来。科学研究结果预计，全球每年通过河流输入海洋的 POC 为 0.43Gt，河流输入近海的源 POC 主要来源于草地、农田、森林植物碎屑、土壤中的有机碳和人类生活生产排放等。大气搬运是大气中的有机物呈气态或颗粒态，通过降雨、干湿沉降或直接气体交换方式进入海洋里。由于风、降雨的不确定性，目前对这方面的研究较少，但是其对海洋 POC 的贡献是不可忽视的。海洋自身对POC 也有贡献，包括海洋中的浮游植物、浮游动物及其残骸碎屑、粪便、分泌物及微生物。浮游植物通过光合作用生产了大量的 POC，而这些 POC 又不断地被浮游动物摄食和微生物分解。特别是受陆源影响较小的海区，例如南极地区，POC 主要来源于海洋生物及其新陈代谢产物。与浮游植物、浮游动物比，海洋中的微生物也是 POC 的重要组成部分。

沉积在海底的 POC，当受到风浪、强烈的海流、沿岸上升流、陆地径流、底栖生物扰动等外界因素扰动时，就会发生再悬浮作用重新进入到海水中。据统计，在大陆架和大陆坡的沉积物中，有 40%~85% 的有机碳会发生再悬浮。而中国近海，沉积物再悬浮也是海洋 POC 的一个重要来源。科学家建立模型定量计算出中国东海陆架区悬浮颗粒物的比率，发现表层海水中，再悬浮的 POC 沉降颗粒物也占有相当高的比重，在离海底 5m 的水层比重大于 96%，甚至 15m 的水层再悬浮率也达到 33%。除此之外，海水中 DOC 转化为POC 也是海洋中 POC 的一个重要来源。水中大分子的 DOC 很容易吸附在无机矿物上，形成有机聚集体。有研究发现，在河口区域淡水与海水混合，pH 值升高，盐度增加，淡水中的金属离子很易与氢氧根离子结合形成氢氧化物，而部分 DOC 会与之发生沉淀反应，从而成为 POC。

2.2.3.5　海洋生物

海洋生物固碳在海洋碳循环中扮演着极其重要的角色。在 IPCC 驱动下，国内外科学家对海洋浮游植物生物固碳作用做了大量研究，作为海洋食物链中最底层的生产者，浮游植物可吸收利用溶解无机碳进行初级生产，合成有机体，其他各级生物通过次级生产，将浮游植物转化为溶解有机碳和颗粒有机碳，同时，通过生物的呼吸作用和细菌的分解作用将部分有机碳消耗掉。

A　浮游植物

浮游植物作为海洋中的初级生产者，能在海水中进行光合作用，吸收溶于海水中的二氧化碳形成有机物，从而为海洋食物链中各级生物提供有机食物，通过光合作用固定的 CO_2 经过食物链的各级传递，整个过程所产生的大多数有机质碎屑重新被降解，溶于海水中进行碳的再循环，但也有一少部分有机质沉降到海底不再进行碳循环。海水中的浮游植物尽管只占地球生物圈初级生产者生物量的 0.2%，却提供了地球近 50% 的初级生产量，其在海洋中分布广泛，数量巨大，而且可以直接吸收海水中 CO_2 将其转变为有机物，所以，浮游植物对海洋碳汇具有显著的作用。

B　海洋微生物

海洋微生物存在两种身份，一种为作为生产者的自养微生物，如蓝细菌等；另一种为分解者的异养微生物。蓝细菌等自养细菌在海洋固碳过程中有较重要的作用。海洋细菌可在日光的照射下利用变形菌视紫质吸收 CO_2 并暂时封存，含有变形菌视紫质的海洋细菌约占所有海洋细菌的一半。据相关研究表明，蓝细菌主要存在于太平洋热带海区，其整体在海洋中数量非常庞大，在太平洋热带海区蓝细菌生物量占浮游植物总生物量的 25%~90%，蓝细菌的初级生产力占总初级生产力的 20%~80%；而对于世界多数海区，蓝细菌生物量占浮游植物总生物量的 20%，其初级生产力占总初级生产力的 60%，因此，蓝细菌对海洋固碳具有重要的意义。

C　贝类

贝类在海洋中的固碳作用主要有三部分，一是贝壳中碳的形式主要是碳酸钙，这种碳将能被封存较长的时间，因此这使得其成为较持久的碳汇。二是贝类有着十分发达的滤食系统，滤水率极高，能够充分利用上覆水中乃至整个水域的浮游植物及颗粒有机物，有机物中的碳一部分被同化固定在机体中。三是被贝类滤食的颗粒有机碳中，未被同化的部分则以粪和假粪的形式渐变成生物性沉积物，贝类的生物沉积物粒径更大且质量更高，其沉降速率远远高于自然悬浮颗粒物，起到了生物泵的作用，进而使得碳从水环境向沉积环境的垂直迁移速率得以加快。

D　棘皮动物

棘皮动物包括海星、蛇尾、海胆、海参和海百合等，其特点是体壁有来源于中胚层的内骨骼。棘皮动物大部分骨骼很发达，由许多分开的碳酸钙骨板构成，各板均由一单晶的方解石组成。海胆骨骼最为发达，骨板密切愈合成壳。海星、蛇尾和海百合的腕骨板成椎骨状。海参骨骼最不发达，变为微小的分散骨针或骨片。据德国莱布尼茨海洋学研究所最新研究发现，海星等棘皮动物它们能够直接从海水中吸收碳形成外骨骼，将碳封存在外骨骼中，死亡后封存在外骨骼中的碳会留在海底，这部分碳将脱离海洋地球碳循环，因此棘皮动物具有生物固碳作用。据估算，每年棘皮动物通过吸收海水中的碳形成外骨骼封存的碳约为 1 亿吨。由于棘皮动物主要依靠吸收海水中的碳形成外骨骼，因此棘皮动物个体固碳能力受骨骼发达程度影响，从棘皮动物的骨骼发达程度来说，海胆个体的固碳能力最强，海参个体固碳能力最弱。

E　大型藻类

大型藻类可在水体中进行光合作用，消耗二氧化碳，释放氧气，还可利用溶解于水体中的无机氮和磷，可显著改善水质，对海水富营养化的抑制作用十分显著，这与农田种植截然相反，它不会带来面源污染，且已得到证实。近海经济海藻除了可以抑制海水富营养化，还可以固定大量的碳。

F 硬骨鱼类

海洋硬骨鱼类碳汇功能主要是依靠其渗透压调节机制，硬骨鱼类肠道可分泌碳酸氢根离子并与钙、镁离子结合形成碳酸盐结晶，这部分被固定的碳随粪便排出体外，进入海水沉淀为碳酸盐岩泥。

但是随着大气中 CO_2 浓度的提升，海洋酸化将会越来越严重，而海洋酸化会使贝类、藻类等海洋固碳生物减产，导致海洋生物的固碳量减少。

2.2.4 陆地碳库

全球陆地生态系统的碳储量约为2000Gt，其中活生物体碳储存量为600~1000Gt，生物残体等土壤有机质碳储存量为1200Gt。下面主要介绍植被碳库和土壤碳库。

2.2.4.1 植被碳库

森林是世界主要的植被碳库。据估计目前森林包含的碳储量约占陆地生物圈地上碳储量的80%和地下碳储量的40%，其中约2/3存在于土壤有机质中（包括相应的泥炭沉积层），只有近1/3储存在植被中。从地理位置的分布看，低纬度（0°~25°）地区的森林面积最大，达 $1.76×10^9hm^2$ 左右，约占全球森林总面积的42%，森林植被和土壤总碳量的37%；其次是高纬度（50°~75°）地区，面积为 $1.37×10^9hm^2$，约占全球森林面积的1/3，森林碳储量约占49%；中纬度（25°~50°）地区森林面积为 $1.04×10^9hm^2$，仅占全球森林总面积的25%，碳储量的14%。

森林碳储量随演替阶段的不同而异。一般而言，幼龄林对碳储存的贡献是很小的，尽管幼龄林生长迅速和具有较快的碳吸收速率（幼龄时期森林的 NPP 超过较为成熟的森林），但林地中来自以前的森林时代中积累的死生物量的分解作用，使得呼吸放出的碳量高于林地更新产生的 NPP，无法起到碳汇的作用。例如在北方针叶林中，重度火灾过后的迹地上形成的幼林通常要几十年的时间才能达到 NPP 和呼吸的平衡。对成熟林而言，碳储存的贡献却在增加，具有更高价值的高储存期。对森林发育后期所形成的过熟林而言，生长在下降并具有较低的总初级生产力下，对其经典的解释是增加的边材部分用于增加林分的呼吸，林分生长效率将下降，因而成为碳源。但也有科学家对此有不同的看法，天然老龄林的维持对陆地碳循环的影响效应远高于幼龄林，这主要是由森林的碳循环是由叶片和根系的碳周转来驱动的，这些周转在没有发生火灾或被收获时能增加土壤有机碳的稳定部分——土壤永久碳库，而这部分的碳量随着林龄增长指数增加。森林的生长与林龄的大小密切相关。林龄与林分生产力下调的研究已经有许多报道，大致按照影响林分干茎木材产量、影响净初级产量及影响林分总初级产量等进行划分的。一个普遍的规律是，自然状态下林分总要经历生产力下降的过程。生产力的早期下降，更多的是发生在林分水平而不是树木个体层次，在林分生产力发生下降的时刻，林分内优势树种的生产力在很大程度上仍持续不衰退或滞后多年。随着林分的老化，林分内的个别树木表现的许多过程（如光合作用速率的减少）将使林分水平的生产力进一步减小。尽管由于立地条件或林分结构不同导致生产力下降的起始时间和下降幅度的差异，然而，识别究竟是哪些过程影响林分生产力下降的起始年龄（临界），哪些过程在林分发展的初期起作用，哪些在接近林分寿命末期起作用，目前尚不十分清楚，但生产力下降趋势始终是一致的，即通常是在10~20 年内或更早时间内发生，上述结论对理论研究固然重要，但在评价影响森林碳积累方面仍然是很困难的。

尽管多数森林起到碳汇的作用，然而由于大尺度的人类干扰，如采伐、土地利用变化（清林）及大范围的污染等，使个别地区的森林已经由碳汇变成明显的碳源。通过保护现存的森林，特别是保护具有较高的未伐林分生物量以及通过在无林地上营造人工林，能够实现最大的林分碳储存。有确切的证据表明，在温带阔叶林区通过对现有森林的科学管理及通过人工造林扩大现有林地的面积，可以达到增大森林碳汇功能的目的。

草地碳库是植被碳库中仅次于森林碳库的类型，分为地上碳库和根系碳库。相对于高大的森林树木来说，草地丰富的植被类型和庞大复杂的地下根系都是实现碳汇的重要武器。草地植物一般离地面较近，植株间的遮挡较小，植物得到的光照面积较大，且植物体中绿色部分比重较高，这使得草地植物进行光合作用的效率和生长速度都高于森林树木。此外，庞大复杂的地下根系是草地植物的重要组成部分，其生物量往往大于地上生物量。它们主要由光合作用所形成的有机物构成，是植物体中最为稳定的碳库。草地植物吸收空气中的 CO_2，将其固定在土壤和植被中，制造并积累生长所需的有机物质。草地植物枯死后，一部分凋落物经腐殖化作用，形成土壤有机碳固定在土壤中。部分有机碳经过土壤动物和土壤微生物的矿化作用，被植物再次利用，从而构成了生态系统内部碳的生物循环。影响草地生态系统植被碳库变化的外部因素大致可概括为以下两个方面：（1）环境因子，主要包括降水量、温度、土壤水分等；（2）人类活动的影响，如：放牧、农垦、割草、火烧等。上述因子通过影响群落的种群组成、结构特征以及其生理生态特性等间接对草原生态系统的植物碳库产生重要的影响。

目前对陆地植被碳库的估算的差异主要来自估算方法、植被分类方法的不一致、植被面积以及单位面积碳密度的确定等方面。陆地生物圈碳库的估计有两种方法：一是根据植被与气候和土壤之间的相互关系建立模型，如 Hoidridge 生命带模型、BIOME 模型、MAPSS 模型等，模拟陆地表面潜在或自然的植被分布，然后根据各类植被的平均碳密度得到陆地生物圈碳库的估计。二是在分析土地利用类型的基础上，根据实地调查和统计来估计不同陆地生态系统类型的分布及其碳密度。第一种方法的缺点是目前的模式还不能准确描述植被、大气、土壤间的相互作用机理，其模拟的结果必然会引入误差，且很难反映土地利用和土地覆盖变化，往往高估了陆地生物圈碳库。第二种方法较第一种方法更接近现实，但存在植被分类及面积估计带来的误差问题。而且两种方法都要用到碳密度，而这一要素通常根据实测或调查数据进行，必然受到样本不足和数据的限制，带来较大误差。表 2-4 为科学家给出的全球陆地表面不同植被类型的年产生量和总生物量（碳库量）的估计结果，但从中可见其对植被类型的划分仍很粗略。

表 2-4　陆地生态系统年产生量与总生物量（碳库量）

生态系统类型	面积/m^2	年产生量 （以碳排放量计）/Pg	总生物量 /PgC
森林	31.3×10^{12}	21.9	427.73

生态系统类型	面积/m²	年产生量 （以碳排放量计）/Pg	总生物量 /PgC
温带幼林	$2.0×10^{12}$	1.35	16.20
灌木丛	$2.5×10^{12}$	0.90	7.88
稀树草原	$22.5×10^{12}$	17.71	65.56
温带草地	$12.5×10^{12}$	4.39	9.11
极地冻原/高山	$9.5×10^{12}$	0.95	5.87
荒漠和半荒漠矮灌	$21.0×10^{12}$	1.35	7.42
荒漠	$9.0×10^{12}$	0.06	0.35
永久冰盖	$15.5×10^{12}$	0	0
湖泊和河流	$2.0×10^{12}$	0.36	0.02
沼泽	$2.0×10^{12}$	3.26	11.81
泥炭地	$1.5×10^{12}$	0.68	3.37
耕地	$16.0×10^{12}$	6.77	2.99
人类生活区	$2.0×10^{12}$	0.18	1.44
合 计	$149.30×10^{12}$	59.86	559.75

2.2.4.2 土壤碳库

陆地的碳库不但有地面以上的植物，还有地面以下我们平常看不见的土壤碳库，而且后者比前者大得多。以前只看地下几十厘米，至多 1m 以内的碳，现在知道土壤储碳的深度大得多，热带湿地泥炭的厚度可以在 10m 以上，西伯利亚有的冻土带储碳的平均厚度达 25m，更加凸显了地下碳库在全球碳循环中的重要性。永久冻土带不仅是全球最重要的地下碳库，还是个非常不稳定的陆地碳储库，只要升温变暖，就可能融化而释放出碳。现在的北半球冻土带里，有的冻土早在十多万年前 MIS6 冰期时已经形成，12 万年前的上次间冰期（MIS5）只是融化了一部分；而有的冻土却形成很晚，只是三四百年前小冰期的产物。据估计，现在温度在 0℃ 和 −2.5℃ 之间的冻土，随着全球变暖到 2100 年都可能融化，影响到北半球冻土带一半的面积。而且冻土带的碳库还不以陆地为限，环北冰洋冻土带还向北冰洋的大陆架延伸，其中包括大面积的海底冻土，可以产生更大的气候影响。冻土带对于升温的反应，包含着复杂的生物地球化学过程，其中有微生物活动加强分解有机碳，可以释放另一种温室气体 CH_4，由此产生的温室气体排放，也将在变暖过程中长期延续。陆地储碳与全球变暖的关系，牵涉到复杂的圈层相互作用。随着全球变暖，陆地生态系统的碳汇作用究竟是加强还是减弱？十几年前的主流观点是陆地碳汇作用加强，因为根据所谓"CO_2 施肥"的原理，植被生长应当加速。但是近年来新的观测和新的计算，发现的却是相反的趋势：树木生长反而在减慢，而热带树林的碳源作用却有所加强。

土壤碳库中碳的主要赋存方式为有机碳，也有少量的矿物质碳。土壤有机碳来源于动植物、微生物遗体、排泄物、分泌物及分解产物和土壤腐殖质，是土壤碳库的主体。土壤矿物质碳来源于土壤母岩风化形成的碳酸盐，在土壤碳库中的比例小于 25%，且比较稳定。

影响土壤碳库的因素可分为自然和人为因素两大类。自然因素包括：土壤的内部物理特性，如黏粒、酸度、质地等，植被类型及进入土壤的植物残体量，外部气候条件，如水、热、光照等。土壤黏粒可以改善土壤内部的水肥条件，直接吸附腐殖质，阻碍微生物对腐殖质的分解，促进土壤腐殖质所需的植物残体的生长，黏粒对高活性物质也有吸附优势。研究表明，土壤黏粒可吸附有机碳，并将其封闭在土壤孔隙中，阻碍微生物的分解。酸性较强的土壤可抑制微生物活动，缓解有机物分解。不同的土壤质地，其透气性差异很大，直接影响土壤空气和水的运动，进而影响有机碳的分解速率。进入土壤的植物残体量是土壤有机碳的主要来源，显然与地表植被类型密切相关。通常热带地区凋落物量最大，并从高纬向低纬递减。气候条件影响着进入土壤的植物残体的分解速率，其影响过程非常复杂。科学家对美国南部山区的研究表明，一些地点随海拔增高，降水增多，气温降低，土壤有机碳含量增高；而另一些地点，山上有机碳含量却低于山下。通常温度比降水的作用更大些。

影响土壤碳库的人为因素主要表现在土地利用方式和耕作制度两个方面。毋庸置疑，森林砍伐、草场过牧、农田开垦（毁林毁草）均极大地减少了土壤有机碳储量，并改变了土壤有机碳的分布。大量研究表明，耕作制度的变化也会影响土壤有机碳含量，例如免耕管理比传统的耕作更有利于保存土壤有机碳。增加作物秸秆入土量可提高土壤机碳密度。目前，土壤碳库的估计有四种方法，植被类型法、土壤类型法、生命带法和模型法。使用最为普遍的是前两种，都是根据植被或土壤类型确定面积和与之相对应的土壤碳密度来估计土壤碳库总量。显然，土壤或植被类型（类型决定面积）和土壤碳密度是影响土壤碳库估计的关键因素。尽管许多人对植被分类进行了大量研究，但目前还没有一个普适的土壤（植被）类型分类体系。在土壤碳密度研究方面，许多科学家也进行了不懈努力。表 2-5 就是利用土壤类型法计算得到的土壤各层平均碳密度，但总的来说样本少且分布不均。

表 2-5　土壤类型法计算得到的土壤各层平均碳密度　　　　（kg/m^2）

土壤类型	平均碳密度（0~30cm）	平均碳密度（0~50cm）	平均碳密度（0~100cm）	平均碳密度（0~200cm）
强淋溶土	5.1	6.7	9.4	10.4
雏形土	5	6.9	9.6	15.7
黑钙土	6	8.6	12.5	19.6
灰化淋溶土	5.6	5.9	7.3	7.8
黑色石灰土	13.3	—	—	—
铁铝土	5.7	17.6	10.7	16.9
潜育土	7.7	9.7	13.1	19.9
黑土	7.7	10.5	14.6	21.3
石质土	3.6	—	—	—
冲积土	3.8	5.56	9.3	16.1

土壤类型	平均碳密度 （0~30cm）	平均碳密度 （0~50cm）	平均碳密度 （0~100cm）	平均碳密度 （0~200cm）
灰钙土	5.4	7.5	9.6	—
淋溶土	3.1	4.3	6.5	9.9
灰色森林土	10.8	13.6	19.7	23.3
强风化弱黏淀土	4.1	5.6	8.4	11.3
有机土	28.3	46.4	77.6	218
灰壤	13.6	17.3	24.2	59.1
沙土	1.3	1.9	3.1	5.5
松岩性土	3.1	4	5	7
碱土	3.2	4.2	6.2	5.1
火山灰土	11.4	16.5	25.4	31
山地薄层土	15.9	—	—	—
变性土	4.5	6.7	11.1	19.1
白浆土	39	5.2	7.7	16.9
干旱土	2	2.8	48	8.7
漠境土	1.3	1.8	3	6.6
盐土	1.8	2.6	4.2	5.7

　　我国研究人员对国内的土壤碳库也进行了研究，表2-6列出了我国各土壤类型的碳储量。从该表可见，我国土壤的平均容重为 $1.24g/cm^3$ ，土壤剖面的平均厚度为 79cm，平均有机质含量为 2.01%，土壤平均碳密度为 $10.83kg/m^2$ ，中国陆地生态系统土壤总碳储量约为 1001.8 亿吨。从中国土壤各类型碳密度分布来看，土壤碳密度与土壤有机质含量有密切关系，土壤有机质含量高，则土壤碳密度高，土壤碳密度最高的是森林土壤和高山土壤。例如，广泛分布在我国东北和青藏高原边缘地带的漂灰土、暗棕壤、灰色森林土等森林土壤和分布在青藏高原东北部和东南部的沼泽土、高山草甸土、亚高山草甸土及亚高山草甸草原土等高山土壤，土壤碳密度明显高于其他地域。我国东北地区植被茂密，气候湿润，有机质主要以地表枯枝落叶的形式进入土壤，土壤表层的腐殖质积累过程十分明显。加之全年平均气温较低，地表常有滞水，土壤有机质分解程度低，使土壤有机碳积累很高。青藏高原东南部及四川西部所在地形主要为高山带上部平缓山坡、古冰碛平台、侧碛堤，成土母质多为残积-坡积物、冰碛物及冰水沉积物，气候寒冷而较湿润，地表植被多低矮但丰富，有机物分解速度极为缓慢。草皮层和腐殖质层发育良好，进行着强烈的泥炭状有机质的积累过程。土壤内有机质中碳含量主要取决于土壤的形成条件，如温度、水分、母质、植物、微生物和动物及各因素的相互作用，人类活动也有较大影响。人类活动（主要通过耕作、施肥等措施）对土壤有机质含量有及其明显的影响：例如在集约耕作历史悠久的黄土高原和黄淮海平原，有机质含量都有所下降；而在长期淹水的水稻土，由于还原环境缓解了有机质的矿化速率，有利于有机质的积累。

表 2-6 中国土壤碳库（部分）

土壤类型	土壤亚型	面积 /hm²	平均有机质 /%	平均厚度 /cm	平均容重 /g·cm⁻³	平均碳密度 /kg·m⁻²	碳量/t
砖红壤	砖红壤	1.78×10⁶	0.67	100	1.18	4.56	0.81×10⁸
赤红壤	赤红壤	29.3×10⁶	0.68	110	1.25	5.41	15.85×10⁸
红壤	红壤	56.59×10⁶	0.71	100	1.25	5.18	29.31×10⁸
黄壤	黄壤	41.64×10⁶	3.56	80	1.04	17.19	71.58×10⁸
黄棕壤	黄棕壤	20.05×10⁶	1.94	100	1.03	11.58	23.22×10⁸
	黏盘黄棕壤	8.32×10⁶	1.32	80	1.03	6.32	5.26×10⁸
暗棕壤	暗棕壤	28.79×10⁶	1.47	140	0.84	10.03	28.87×10⁸
漂灰土	漂灰土	10.28×10⁶	8.63	75	0.8	30.05	30.89×10⁸
灰黑土	灰黑土	1.67×10⁶	1.71	140	1.25	17.36	2.9×10⁸
	暗灰黑土	0.71×10⁶	5.13	75	1.25	27.9	1.99×10⁸
黑土	黑土（全碳）	1.55×10⁶	4.73	110	1.09	46.68	7.24×10⁸
黑钙土	黑钙土	19.15×10⁶	2.62	175	1.25	33.24	63.66×10⁸
栗钙土	暗栗钙土	11.56×10⁶	3.5	75	1.24	18.88	21.83×10⁸
灰漠土	灰漠土及草甸灰漠	5.05×10⁶	0.89	50	1.25	3.23	1.63×10⁸
沼泽土	草甸沼泽土	5.93×10⁶	12.3	92	1.21	79.42	47.12×10⁸
盐土	盐土	0.24×10⁶	1.35	35	1.35	3.81	0.09×10⁸
	碱化盐土	0.32×10⁶	0.32	35	1.39	0.9	0.03×10⁸
	草甸盐土	1.2×10⁶	0.89	30	1.39	2.15	0.26×10⁸
龟裂土	龟裂土	1.69×10⁶	0.23	24	1.39	0.45	0.08×10⁸
风沙土	风沙土（全碳）	62.94×10⁶	0.25	46	1.62	1.07	6.75×10⁸
山地草甸土	山地草甸土	1.2×10⁶	8.76	90	1.25	57.17	6.86×10⁸
亚高山草甸土	亚高山草甸土	35.01×10⁶	5.97	42	1.2	17.46	61.13×10⁸
	亚高山灌丛草甸土	0.61×10⁶	6.21	76	1.2	32.84	2×10⁸
亚高山草原土	亚高山草原土	9.17×10⁶	1.43	70	1.25	7.28	6.68×10⁸
	亚高山草甸草原土	5.71×10⁶	7.31	78	1.2	39.71	22.69×10⁸
高山草甸土	高山草甸土	34.94×10⁶	9.03	80	1.2	50.25	175.59×10⁸
高山寒漠土	高山寒漠土	17.85×10⁶	0.36	25	1.25	0.64	1.15×10⁸
总　计		925.45×10⁶	2.01	79	1.24	10.81	1001.8×10⁸

土壤碳库，不限于有机碳，比如沙漠底下就可能有我们意想不到的无机碳储库。这里说的无机碳是储存在盐碱地的地下水里。因为 CO_2 在水里的溶解度随盐度呈线性增大，而随碱度呈指数增长。最近发现塔里木沙漠底下也可以通过灌溉水等机制，将盐碱地的无机碳通过淋滤作用送入地下水，估算每年可固碳 3.6Tg，说明干旱区咸的地下水里有个巨大的碳库，开启了探索当代碳储库的新途径。这类现象在美国西部的沙漠区也有发现，应

当属于全球现象。如果所有干旱区都以塔里木沙漠的速度储碳，那么全球干旱区地下咸水的碳储库可以高达一万亿吨，是陆地植物和土壤之外又一个陆地大碳库。

2.2.5　岩石碳库

地壳岩石中平均含有 0.27% 的碳，共有大约有 65.5×10^{10} Gt，其中 73% 是以碳酸盐岩的形式存在，其余为石油、天然气、煤等有机碳。在各种内外力作用过程（如地球内部的喷发释放、地表的侵蚀、搬运和堆积过程）当中，碳以各种形式迁移或转化，参与循环。地球内部的 CO_2 通过地热区、活动断裂带和火山活动不断地释放出来。它直接进入大气圈，或存储在沉积地层中成为 CO_2 气田。我国四川黄龙、九寨沟和云南腾冲地区，土耳其帕默克莱地区，意大利罗马附近的活动断裂和钙化堆积地区，浓度高达 23%~90% 的地幔源 CO_2 通过活动断裂带向大气释放，从而形成了大量的钙化沉积物。根据对意大利罗马附近 1000km² 范围内钙化堆积量及其年龄的测定，估算其 CO_2 释放量为 1.2×10^5 t/a，在西班牙南部地区，对碳酸盐岩区域地下水的过量开采引起深部浓度高达 85% 的 CO_2 侵入。美国西部的马默斯休眠火山区土壤空气中 CO_2 浓度高达 30%~96%，每天总的 CO_2 通量不低于 1200t，这种持续性的大量 CO_2 释放，表明地球内部更大更深的高压 CO_2 气库被扰动。

在岩溶作用中，一方面由于碳酸盐岩的溶蚀通过水从大气圈吸收 CO_2；另一方面由于钙化的沉积则向大气圈释放 CO_2。这构成了全球碳循环系统中源汇关系不可忽视的一部分。全球陆地碳酸盐岩体碳库容量估计近 10^8 Gt，占全球总碳量的 99.55%，分布面积为 2.2×10^7 km²。碳酸盐岩的产生与地质历史上的大气、气候、水热和生物环境条件密切相关，是过去全球碳循环的方向和强度变化过程中被固化的部分。大气 CO_2 浓度上升将导致全球碳酸盐岩溶蚀量增加，并通过水从大气中回收更多的 CO_2。

尽管目前国际上越来越重视深部碳库在全球碳循环中的作用，但是关于地球深部碳的富集机制、赋存部位，以及碳在地球内部各圈层之间的交换规律，还存在很大争议。尤其是 CO_2 在岩浆过程中十分活跃，岩浆在岩石圈中迁移和火山喷发过程中会将大量的 CO_2 释放。这使得很难根据岩浆组成直接判断 CO_2 对岩浆成因的影响。由于俯冲板块的碳酸盐在一些金属同位素组成上与地幔存在差异，近年来，国内外兴起了通过金属同位素（如 Mg、Zn、Ca 等）示踪碳循环的大量研究。富 CO_2 岩浆的源区，或碳在地幔中的富集部位和赋存形式一直以来都不清楚。高压实验研究和天然火山岩地球化学研究显示，地幔转换带（410~660km）可以是个重要的碳富集带；然而，也有研究认为，地球最重要的碳富集带是在浅部岩石圈内（地壳和岩石圈地幔），而不是深部地幔。广泛的地质观测和室内实验显示，至少一部分碳可以通过俯冲带进入地幔深部。尽管基于火山岩的岩浆碳通量研究显示，板块携带的一部分碳在俯冲过程中通过脱碳和火山活动重返至地表圈层。一些高温高压实验研究倾向于认为，俯冲板块大部分碳可以通过冷的俯冲带进入地幔，并导致地表碳的减少和地球深部碳的富集。这使得板块俯冲过程中碳的地球化学行为成为认识地球内部碳富集和碳循环规律的重要切入点。

2.3　碳　循　环

不同研究人员对地球系统碳循环有着不同的理解。归根到底，地球系统碳循环是指碳在地球系统中的迁移运动。这种运动包括在物理、化学和生物过程及其相互作用驱动下，各种形态的碳在各个子系统内部的迁移转化过程以及发生在子系统之间（即界面上，如陆气界面、海气界面等）的通量交换过程。以下各小节将讨论发生在地球系统各子系统（大气、海洋、陆地生态系统）内部的碳循环过程。

2.3.1 大气内部碳循环

大气内部的碳过程包括发生在大气内部的物理过程和那些与含碳气体有关的大气化学过程。前者决定着碳浓度及其时间变化和空间分布，但对大气碳库的储存能力没有本质影响（即不影响碳库大小），故不予论述。后者，特别是大气的氧化效率或自净能力决定着大气碳库的大小，因而予以重点讨论。科研人员认为，·OH（羟基自由基）在清除由人类和自然排入大气的所有气体中起着重要作用。

在没有人类活动干预的情况下，自然大气中的大气化学过程基本处于动态平衡状态中（即来自生物圈的含碳物质如 CO_2，CH_4 与大气的氧化过程之间达到动态平衡）。大气的自然净化能力，即大气的氧化效率起着关键作用。首先，大气的氧化效率取决于·OH 的浓度。研究表明，自然大气中·OH 浓度很小，约为 4 个/10^{14} 个分子，即每 10^{14} 个空气分子中仅有 4 个·OH 分子。第二，对含碳气体而言，它们在大气中的平均寿命和时空变化速率取决于它们与·OH 的反应速率。在自然大气条件下，CO_2 是化学稳定的。它的循环主要是源和汇的物理输送。从公元 1000 年到工业革命前，大气 CO_2 浓度一直维持在260~280μL/L，表明大气 CO_2 是处于动态平衡的。大气中的 CO 和 CH_4 是与·OH 反应的主要对象。CO 的主要化学反应过程是在·OH 的作用下氧化为 CO_2，即

$$CO + \cdot OH \longrightarrow CO_2 + \cdot H$$

在人类活动的干预下，大气的氧化效率会因此而发生变化，但这些变化主要依赖于人类活动对含碳气体和羟基自由基浓度变化的影响。如上所述，甲烷和一氧化碳是大气中与·OH 反应的主要对象。由于人类活动的结果，这两种气体在对流层中的增长率都是每年0.5%~1%，因此，预计·OH 浓度将减小，但其他过程的作用则相反。

热带和副热带地区由于太阳紫外辐射强，降水最大、水汽高，工业较少，使·OH 浓度最高，本应是全球清洁的地区。然而，事实却不然。在热带地区的旱季，由于各种农事活动而燃烧大量生物质，使大气中污染物浓度急剧增加。据估计，每年约有 2000~5000Tg 生物质碳被燃烧，从而释放大量的化学性质活跃的气体如 CO、碳氢化合物和 NO 到大气中，其混合的结果形成类似于工业化国家城市的光化学烟雾。因此，在世界发达国家，非洲、南美和亚洲的一些地方，旱季可以观测到高浓度的 O_3。这就影响了大气的氧化效率，但影响多大？是增大还是减小均不得而知。除上述影响外，还有其他一些因素影响大气的氧化速度，如森林砍伐，有的地方年采伐率高达 1%，活跃的碳氢化合物排放减少，这有可能导致·OH 浓度在以下两个方面增加：（1）在森林地区（由于此处与活跃的碳氢化合物进行的那些反应是·OH 的一个强汇，碳氢化合物减小，意味着·OH 增加）；（2）在更大空间尺度上，作为碳氢化合物的氧化产品的 CO_2 将趋于减少，从而造成·OH 增加。

2.3.2 海洋碳循环

为充分理解海洋如何调控大气二氧化碳浓度，科学家们必须对海洋碳循环有详细的了

解。人类活动（如化石燃料燃烧等）排放的大量碳一部分最终会进入海洋。其中部分进入海洋的碳相对较快（几百年的时间尺度上）地返回大气，另一部分则沉降到海底甚至进入地壳，然后在数千年至数百万年后随火山活动重新回到地表。

海洋碳循环在整个地球气候系统中具有重要地位。海洋是个巨大的碳库，工业革命前，海洋碳储量约为 38703Pg（不包括海底沉积物），该碳储量是大气中碳储量的 60 多倍。在海洋中，碳主要以溶解无机碳的形式存在。另外，海洋中还包含了溶解有机碳及海洋生物，其更新时间很短，只有几天到几周。海洋碳循环研究作为全球碳循环的关键组成部分，其研究的成果将直接影响到全球碳循环的研究进程。近年来，全球气候变暖已引起了海平面升高、两极冰山融化、海洋气象灾害等一系列海洋环境问题，海洋碳循环也因此得到了重视与发展。目前，海洋碳循环研究在空间尺度上，实现了从微观向宏观的发展，从河口、海湾、近岸重点海域到大洋及全球的全面研究，形成了完整的系统；在时间尺度上，已从当今一直回溯到太古代、冰川期，以期实现对海洋系统从形成、发展、稳定到变化全过程的碳循环研究；在研究手段上，也实现了参数调查与模型处理的结合，图 2-1 展示了海洋中碳循环的简化机制。但是着眼于未来，海洋碳循环的研究仍然存在很多需要解决的问题，还需要更深入和系统的工作。

碳在海洋中的传输途径主要有以下几种机制。

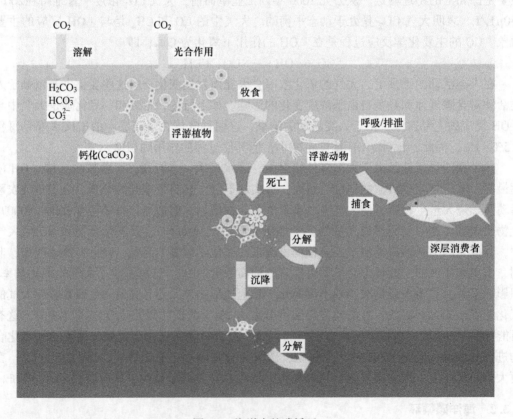

图 2-1　海洋中的碳循环

2.3.2.1 溶解度泵

把发生在海气界面的气体交换过程和将 CO_2 从海表向深海输送的物理过程叫做溶解度泵。通过气体交换从大气进入海洋的 CO_2 的多少取决于风速和穿越气海界面的分压差。同时,海水对 CO_2 的吸收量也是温度的函数,因为海水对 CO_2 溶解度随温度降低而增大。因此,冷的海水比热海水吸收的大气 CO_2 多。物理泵的原理大致可以描述为,冬季到达北大西洋高纬地区表层的暖咸水,被冷却后下沉到深海,这一过程叫做"深层海水形成",从这里它开始了向南旅游,到南极后加入新形成的深层冷海水,部分顺海底流向大西洋、印度洋和太平洋海盆。这些海水在太平洋和印度洋上翻到表层海洋,作为表层流回到北大西洋。由于在环流过程中海水和沉积物中有机物的分解,深层海水变成富含营养盐(如氮、磷、硅)和 CO_2 的海水,整个循环大约需要 1000 年。物理泵的工作效率取决于海洋的温盐环流及洋流的纬度和季节变化。此外,耦合海气模式模拟结果指出,CO_2 诱发的全球增暖将导致水体温度分层增加(层结增加)。若这一现象发生,则上层海洋向深层海洋的碳输送会减小,从而导致海洋中封存大气中二氧化碳的速率减小。缓冲能力的逐渐饱和,分层的增加,以及较高的海表温度都能单独或共同减弱海洋吸收大气中 CO_2 的速率。

2.3.2.2 生物泵

对海洋来说,CO_2 进入海洋有主动和被动两种方式。其中被动方式是指当大气中 CO_2 的分压大于海水的 CO_2 分压时,会促使 CO_2 从大气中进入海洋。海洋被动地接收空气中的 CO_2,大量转移的 CO_2 以无机碳的形式存在于海水中,这一过程被称为海洋的"溶解度泵"。主动方式则是指海洋中的浮游生物通过光合作用消耗海水中的无机碳,造成海水的 CO_2 分压减小,从而使 CO_2 从大气转移到海水,这一过程被形象地称为海洋吸收 CO_2 的"生物泵"。

"生物泵"通过浮游生物的光合作用可以大量地消耗海水表层的无机碳,光合作用产生的有机碳最终以浮游动物的排泄物、死掉的浮游动植物残体等形式从上层海水向下沉降。在沉降过程中,部分有机物被海洋次表层和中层的细菌大量消耗,并随着细菌的呼吸作用重新以 CO_2 的形式排放到海水或大气中,还有一部分颗粒态的有机碳沉降到海底进入沉积层。由于深层海水的密度较大,再加上海洋中普遍存在的温跃层,除了存在上升流的海区外,深层海水和上层海水之间的交换能力很弱。大量的 CO_2 就这样被生物泵从海水表层抽送到海洋深部储存起来,在较长的时间尺度上(百年甚至万年)不再参与表层 CO_2 的交换,实现了真正固碳。因此,有机碳沉降代表了海水中碳的垂直输送量,是海洋真正的固碳量。

$$106CO_2 + 122H_2O + 16HNO_3 + H_3PO_4 \rightleftharpoons (CH_2O)_{106}(NH_3)_{16}H_3PO_4 + 138O_2$$

根据浮游生物的不同作用,海洋生物泵又分为有机碳泵和碳酸钙泵。非钙化浮游生物通过光合作用吸收 CO_2 和 H_2O,生成 CH_2O 和 O_2。光合作用的产物叫初级生产力,为海洋生态系统提供了能量。因此,浮游生物是海洋有机生物泵的发动机。海洋浮游生物通过光合作用吸收 CO_2 和营养盐,所产生的部分有机物通过上层海洋的食物链进行循环。另一部分(大约25%)沉积到海底,增加了深海 DIC 的浓度,其中一部分碳被矿化还原为 CO_2,只有很小一部分被埋在海底沉积物中,这一过程就是人们通常说的有机生物泵。钙化浮游生物在钙化过程中生成碳酸钙、水和 CO_2。其中，CO_2 通过上层海洋释放入大气，所产生的碳酸钙产物被输送到深海，这就是所谓的碳酸钙泵。有机生物泵和碳酸钙泵决定着以海洋浮游生物为媒介的海气间碳通量的交换。

$$Ca^{2+} + 2HCO_3^- \longrightarrow CaCO_3 + H_2O + CO_2$$

因此，具有钙质骨骼的浮游生物泵具有两重性：有机碳泵（或者称为"软体泵"）吸收碳，而碳酸盐泵释放碳（见图 2-2）。

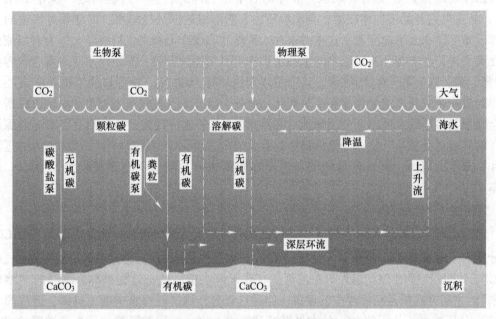

图 2-2　海洋吸收大气 CO_2 的生物泵和物理泵

在海洋对 CO_2 的吸收中，生物泵起着非常重要的作用。有人估计，在没有光合作用的情况下，大气 CO_2 的浓度应为 $1000\mu L/L$，而不是 $365\mu L/L$。相反，若生物泵发挥最大效率，则大气 CO_2 浓度将降至 $110\mu L/L$。在物理泵的作用下，大气 CO_2 被高纬地区的海水吸收并被输送到赤道。在生物泵的作用下，浮游生物将上层海洋的碳向深海迁移，把大部分碳输送到深海。较高的 CO_2 浓度可以增强物理泵（溶解泵），尽管较高的温度可以抵消上述作用、甚至增加海洋分层（层结），从而减少向深海的碳输送量。生物泵还对来自陆地生态系统的营养盐非常敏感。因此，海洋和陆地的碳循环最终紧密联系在一起。总的控制机制可能包括海洋的物理化学重组，以及营养盐的变化。鉴于气候带的不同和海洋生态系统分布类型的差异，物理泵与生物泵之间的关系和相对重要性引起了人们的关注和兴趣。例如，可以减小溶解泵的海洋分层实际上可能通过较高的营养盐利用效率来增加生物泵，但还未达到抵消其负反馈的程度。这是过去 10 年取得最重大进展的一个领域，当然还有许多工作有待人们继续努力。

同样都是海洋，表层和深层水的碳循环却有着根本的不同：表层水的碳是与大气交换，深层水的碳是和岩石圈交换，两者不在一个时间尺度上运作。表层水的溶解无机碳比中、深层水少 50 倍，可是表层水的碳循环以年、月计，深层水以千年计。表层和深层两个碳储库的成分和数量也大不相同，与大气交换的表层水，其碳储库不足海水总碳量的

1/50，真正的海洋碳储库在深水。海洋的碳库主要是无机碳，比有机碳多几十倍，与陆地完全不同。海洋与大气通过生物泵和溶解度泵进行碳交换，输入以无机碳为主；而输出则有有机碳和无机碳两种沉积，最后有一部分进入岩石圈以至于地幔。因此，对深层海水来说碳循环的主要内容是碳酸盐的变化：深海海底碳酸盐的沉降和溶解，属于千年以上时间尺度的缓慢过程，是海洋调剂大气 CO_2 的重要途径。当前大气 CO_2 增加造成的后果主要在表层海水，即 pH 值下降带来的所谓"大洋酸化"，影响所及还是在表层海水里的珊瑚和翼足类的文石骨骼。近些年在深海探索的一个重要发现，是海底冷泉排放的碳。最为著名的是可燃冰，它是锁在冰的晶格里的天然气，所以学名叫天然气水合物。可燃冰是一种高度压缩的固态天然气，主要成分是甲烷，只有在低温和高压下才能形成，所以在千米上下的深海底里分布最广，分布范围可能占海洋总面积的 10%。甲烷可以是海底地层里的有机质在缺氧环境中由细菌分解而成，也可以来自地球深部。一旦海水温度上升或者压力减小，天然气水合物也会立刻分解而放出 160 倍体积的甲烷，尽管对于其总储量的估计差异十分悬殊，工业开采也尚待实现，却无疑是新世纪重要的新能源。

碳在海洋内部的去处一直存在争议，而大气 CO_2 进入海水的生物泵，则已经查明主要在南大洋发生。进入冰期时，表层海洋通过生物泵吸收大气 CO_2，送入深层海水，但究竟是哪部分海洋取走了 CO_2 呢？这就是南冰洋。海洋生物泵作用的强弱，取决于营养盐的供应，而开放大洋表层水的营养盐主要来源，是自下而上的深层水上涌。南冰洋是世界大洋从中层到底层水的主要产地，也是世界大洋深层水回返表层的主要海域，因此既能长期维持高生产力、吸收大气 CO_2，又能将碳送往海洋深部，是海洋调控大气 CO_2 的主要渠道。

不同海区在碳循环中的作用不同，不但在表层和深层海水之间，低纬和高纬、南半球与北半球的高纬海洋，在碳循环中的作用也都有根本的不同。低纬海洋接受太阳辐射量最大，高温的上层海水密度低，造成海水分层而和深部海水的交流受阻，温度较低的下伏海水难以将营养盐送上表层，因此生物泵的效率低下。相反，高纬海区是深部海水与表层交换的主要海域，生物泵效率高，吸收大气 CO_2 的能力较强（见图 2-3a）。即使在高纬海区内部，生物泵的效率也不相同：北大西洋高纬水能够直接和墨西哥湾暖流的低纬水交流，但是产生的深层水温度不够低，其密度不足以沉入大洋底部；只有南大洋形成的深层水温度最低，能够沉入海底进行全球范围的对流（见图 2-3b）。

2.3.2.3 微生物泵

研究发现，由生物泵产生的颗粒有机碳向深海的输出十分有限，大部分颗粒有机碳在沉降过程中会降解，到达海底并封藏的量非常少；真正将有机碳转变为惰性有机碳并实现长期封藏的是微型生物泵。微型生物泵的主要工作原理是利用微型生物修饰和转化溶解态颗粒有机碳的能力，经过一系列物理化学作用使其丧失化学活性，从而被长期固定和储存在海洋中。由海洋初级生产力形成的绝大部分有机碳经快速循环，在海洋中的存期从几小时到数月，最多数年后即返回大气，只有通过颗粒有机碳沉降到深海或经由微型生物转化形成惰性溶解有机碳进入慢速循环，才能实现储碳。

海洋病毒是海洋微生物的重要组成部分，其通过选择不同的宿主以及与宿主之间的相互作用决定海洋生物的多样性，从而影响海洋碳循环，海洋中约有 25% 的活性碳通过海洋病毒与宿主之间的相互作用产生。此外，在数千米深的海底也存在海洋生物圈，约

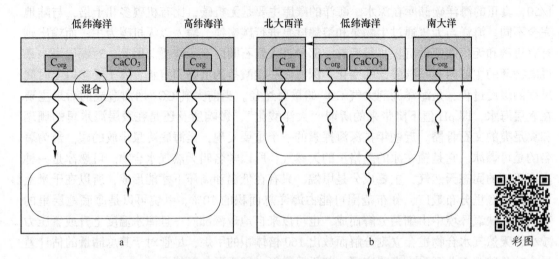

图 2-3　不同海区在大洋生物泵中的不同作用
（灰色为深层海水，黄色和浅蓝色为表层海水；绿色波状线为软体（有机碳）泵，
蓝色波状线为碳酸盐（无机碳）泵）

87%的深海生物圈由被称为"古细菌"的单细胞微生物构成。浮游植物、细菌和病毒等占海洋生物总量的 90%，是海洋碳汇的"主力军"，负责海洋中超过 95%的初级生产力。庞大的海洋微生物体系是海洋生命有机碳的主体，是微型生物泵的主要驱动力。

基于惰性溶解有机碳的微型生物泵理论认为，海洋微生物通过 3 个基本途径将活性溶解有机碳或半活性溶解有机碳转化为惰性溶解有机碳：（1）异养微生物利用浮游植物产生的活性溶解有机碳，在分解有机碳的同时，也代谢分泌惰性溶解有机碳部分；（2）病毒通过感染和裂解细菌（古细菌）细胞释放微生物细胞大分子物质，其中有相当一部分具有生物利用惰性特征，成为潜在的惰性溶解有机碳，对海洋惰性溶解有机碳库的累积具有十分可观的贡献；（3）微生物通过将有机底物降解为不被利用的残留化合物，成为惰性溶解有机碳的一部分，从而在海洋中形成巨大、稳定的惰性溶解有机碳储库。

微型生物泵是海洋碳循环的重要机制。与生物泵相比，微型生物泵不依赖沉降等物理搬运过程，储碳效率最高；尤其在河口和浅海地区，生物泵易受上升流和再悬浮的影响，生态功能被严重削弱，而微型生物泵处于海洋微食物环中，不会受到影响。与溶解度泵相比，微型生物泵的产物即惰性溶解有机碳不存在化学平衡移动，不会导致海洋酸化。

2.3.3　陆地碳循环

碳是构成生物体的主要元素，是生物体的生命过程所必需的。碳循环，指的就是碳素在不同碳库之间的交换（流动）过程。就陆地生态系统而言，碳循环指的是植被通过光合作用吸收大气的 CO_2，而后经由植物及土壤的呼吸作用（受生物与地球化学过程支配）再返回到大气中，如此反复的碳素交换过程。

陆地生态系统碳循环的基本过程主要包括光合作用和呼吸作用。光合作用和呼吸作用分别是生态系统有机碳的输入和输出过程，两者密不可分，既相互对立又相互依存，共处于一个统一体中。绿色植物通过光合作用形成有机碳水化合物。光合产物的一部分通过植物自养呼吸过程分解消耗，以 CO_2 形式返回大气，并且释放出能量供作物生长所用，除此之外的其余有机碳在植物体内通过一系列的传输过程和代谢过程构建成植物组织，或者以根系分泌物的形式进入土壤中。植物生长过程中或死亡后，植物体有机碳以枯落物或残体等形式落在地面或进入土壤，枯落物、残体和根系分泌物在微生物和小动物的作用下通过异养呼吸分解消耗，以 CO_2 形式返回大气。如此循环往复，构成生态系统碳循环。

光合作用强度直接受植物生物学特性和气候条件的影响。植物叶片氮含量越高光合作用越强，在一定范围内，植物光合速率随太阳辐射强度和环境 CO_2 浓度增加而加快。按照碳同化途径可把植物划分为 C_3 植物（只有卡尔文循环碳同化途径）和 C_4 植物（具有 C_4，途径和卡尔文循环两种碳同化途径），C_4 植物比 C_3 植物具有更强的光合作用，主要原因是 C_4 植物体内碳同化酶的活性比 C_3 植物高很多倍，而且 C_4 途径起了 CO_2 泵的作用，把 CO_2 由外界"压"到维管束鞘，使得光呼吸降低，光合速率增强。植物呼吸作用是植物代谢的中心，提供植物大部分生命活动所需的能量。一般情况下，生长迅速的植物，器官组织或细胞的呼吸作用均较旺盛。植物呼吸作用随环境温度的升高而增强，其温度系数随温度升高而下降；植物体氮含量越高，呼吸作用越强。

土壤呼吸主要来自微生物对有机物的氧化和植物根系的自养呼吸，另有极少部分来自于土壤动物的呼吸和化学氧化。影响土壤呼吸的直接因素是土壤环境，包括土壤质地、酸度、有机碳和水热条件等。气候条件决定了植被类型的分布与生长，并影响土壤的水热条件，植物的生长为土壤呼吸提供碳源（根系及分泌物、凋落物等）；人为活动影响了植物的生长和土壤环境，进而影响土壤呼吸。水热条件是影响土壤呼吸最主要的因素。土壤温度升高促进土壤的呼吸作用，其温度系数随温度升高而下降，寒冷气候区土壤呼吸的温度效应最大。土壤呼吸速率随含水量增加而增加，但土壤湿度高于田间持水量时，土壤呼吸速率随含水量升高而降低。土壤耕翻增加了土壤通气性及土壤与植物残体的接触，加速有机质分解，促进土壤的呼吸作用，免耕或少耕能有效地减少土壤碳的损失。

自然状态下，陆地生态系统碳循环的基本过程为：大气中的 CO_2 通过植物光合作用形成有机碳储存于植物体内，植物死亡后其残体经微生物分解向大气释放 CO_2。扩展的时空尺度上各种影响的相互关系构成了碳循环中生态系统生理与结构的相互作用，主要包括：细胞层次上的光合作用，即总初级生产力（gross primary production，GPP）；净初级生产力（net primary production，NPP），即通过光合作用固定的碳减去植物自养呼吸（autotrophic respiration，R_A）排放的碳；净生态系统生产力（net ecosystem production，NEP），即作为整体的生态系统所获得或损失的碳，数值上等于 NPP 与异养呼吸（heterotrophic respiration，R_H）之差。陆地生态系统碳循环过程中，人为活动或自然灾害，如森林砍伐、火灾、作物收获、秸秆焚烧等，也可以在很短时间内使生态系统中大量有机物碳被移走或者氧化成 CO_2。净生态系统生产力 NEP 减去人为或自然破坏损失的碳，这部分碳是由于非呼吸代谢作用消耗的光合产物（not respiration，N_R）即为净生物群落生产力（net biome production，NBP）。它们之间的相互关系为

$$NPP = GPP - R_A$$
$$NEP = NPP - R_H$$
$$NBP = NEP - N_R$$

据估计全球陆地生态系统 GPP 为 $100 \sim 120Gt/a$，NPP 为 $50 \sim 60Gt/a$，NEP 约为

10GtC/a。根据几年前的计算，人类活动每年排碳 80 亿吨，其中 80%来自矿物燃料，20%来自土地利用；这些碳 40%留在大气，余下的 60%海洋和陆地各取一半。从前的认识，陆地吸收碳的主角是北半球中、高纬度的植被，但是大气 CO_2 分布的实测结果表明热带才在陆地碳汇中起主导作用。热带森林在全球碳循环中起着关键作用，其中包括雨林、季雨林，还有湿地的湿雨林、红树林，而从碳储库角度看，还有湿地的泥炭。热带湿地森林是陆地生物圈最大的有机碳储库之一。现在地球上热带森林主要分布在南美、非洲和东南亚岛屿地区，总共储碳大约 2470 亿吨，其中 1/2 在南美洲的亚马孙河盆地，非洲的刚果河盆地和东南亚各占 1/4。亚马孙河盆地是当今地球上最大的森林所在地，在全球碳循环中举足轻重，每年通过光合作用和呼吸作用处理的碳就有 180 亿吨，全球的氧气有 20%来自这里，因而有"地球的肺"之称。然而热带森林对气候变化反应灵敏，比如 2010 年亚马孙河盆地的干旱严重损害植物碳库，加上森林火灾排放储碳，干旱条件压制光合作用，大大削减了储碳能力。

2.4　人类活动对全球碳循环的影响

以 CO_2 形式进出大气的碳输送量是很大的，约占大气中总碳贮量的 1/4，其中的一半与陆地生物群落交换。陆地植物群落通过光合作用从大气中固定的 CO_2 约 110Gt/a，其中 50Gt/a 以呼吸作用的形式释放到大气中，余下的 60Gt/a 以凋落物的形式进入土壤，并最终以土壤呼吸的形式释放到大气中。矿物燃料燃烧向大气中释放的 CO_2 约 6Gt/a，毁林引起的 CO_2 释放 1~2Gt/a。

不同碳库之间的碳交换时间尺度相差很大，从数百万年的地壳运动过程至一天甚至分秒时间尺度的大气-海洋之间的气体交换过程和植物的光合作用过程。这意味着大气 CO_2 浓度发生波动后，其恢复到平衡状态时所需要的时间将不相同，从而将导致整个大气的 CO_2 浓度发生变化。

在人类活动成为一种重要的扰动之前，各个碳库之间的交换是相当稳定的。在 1750 年前后工业化开始之前的几千年内，一直维持着一个稳定的平衡。冰芯结果表明，当时大气中 CO_2 浓度的平均值约为 280μL/L，变化幅度约在 10μL/L 以内。工业革命打乱了这一平衡，造成了地球大气中的 CO_2 迅速增加，即从 1750 年前后的 280μL/L 增加到目前的 410μL/L 以上。据估计，由于各种人类活动而注入到地球大气中的 CO_2 每年约为 300 亿吨，而且其排放速度还在逐年增长。

2.4.1　化石燃料燃烧

地球在生物亿万年的改造过程以及地质作用下，将大量的碳元素以固体、液体或气体的方式存储在地下，在短期内脱离了碳循环。但是，现在大量开发使用化石燃料，将原本固定的碳元素以气体的形式释放进入大气，从而进入生物圈，进入了全球的碳循环过程。

工业革命后，人类消耗矿物燃料的量急剧增加，大大加速了碳从化石燃料到大气之间的转化，对碳循环发生重大影响。如从 1949 年到 1969 年，由于燃烧矿物燃料以及其他工业活动，二氧化碳的生成量估计每年增加 4.8%，其结果是大气中二氧化碳浓度升高，这样就破坏了自然界原有的平衡，可能导致气候异常。

2.4.2 土地利用方式改变

人类活动作为陆地生态系统碳循环的重要驱动力，直接或间接地影响着植物光合作用和生态系统的光合能力。人类通过森林砍伐和清理、湿地疏干、将草地转化为农田和各种农牧业管理活动等以满足日益增加的人口对粮食、纤维和居住的需要。这些都严重影响了陆地生态系统的地理分布格局及其生产力。仅 20 世纪 90 年代，人口剧增引起的粮食需求增加就使得每年 1200 万平方公里的林地转化为耕地，250 万公顷（1 公顷＝1 万平方米）林地转化为草地。到 2025 年全球耕地面积将增加至 20 亿公顷，其中增加耕地的 60%在热带地区，5%在温带地区。不同生态类型、不同土地利用方式下的植物种类及其种群结构都有很大不同，光合作用能力和效率差别很大，因此大面积的生态系统类型转变和生态系统退化，特别是自然森林和草原转为耕地等，必然会引起陆地生态系统光合生产力的剧烈变化。耕作、施肥和灌溉等农业管理措施改善土壤肥力，协调和增加了光合作用所需养分和水分的供给；提高复种指数可以有效地延长植被覆盖的时间，提高生态系统的生产力；培育和推广高产新品种可使植物充分利用光能，提高光合效率和光能利用率。

人类活动强烈地改变了陆地植被覆盖度和植被类型分布，使得陆地生态系统类型及其格局发生了重大变化。生态系统类型和土地利用方式的改变不仅改变了地表植被，而且使土壤透气性、有机质含量、微生物组成和活性、植物地上部分生长量和根系生物量以及植物传输到根部的光合产物量等都发生了改变，因此就使得不同生态类型和土地利用方式下土壤呼吸速率有很大差异。森林砍伐和破坏导致了大量的有机碳分解损失，释放大量 CO_2 进入大气，在 1860~1980 年间由于森林砍伐导致净释放 1.35×10^{11}~2.28×10^{11} tC，1980 年估计有 1.8×10^9~4.7×10^9 tC 被释放，其中 80%主要来自热带森林砍伐，仅热带森林砍伐就导致 CO_2 通量增加 0.4×10^{15}~1.6×10^{15} gC/a。温带湿地在自然状况下是大气 CO_2 的汇，由于人类的影响（主要是排灌条件的改变），土壤呼吸作用大大加强。森林、草地和湿地开垦为农田后促进了土壤呼吸，加速了土壤有机质的分解消耗。

森林开垦变为农田后土壤有机碳损失 25%~40%，耕作层（0~20cm）损失量最大，可达 40%；森林转化成草原和轮种，土壤碳分别损失 20%和 18%~27%；草地开垦为农田后土壤有机碳损失 30%~50%；开垦初期土壤有机质急剧减少，随后缓慢趋于新的平衡，损失碳的绝对量取决于土壤条件、气候条件、管理措施及原来土壤的初始碳含量。新西兰草场开垦成农田后按常规耕作方式管理，3 年土壤有机质减少了 $10t/hm^2$，免耕农作下土壤有机质含量保持不变。

过度放牧亦促进土壤的呼吸作用，研究结果表明，近 40 年来的过度放牧使内蒙古锡林河流域羊草草原表层土壤（0~20cm）碳贮存量降低了 12.4%。农田是人类活动最频繁和强度最大的场所，农业管理措施直接影响到农田生态系统碳循环过程，包括植物的光合作用形成生物质、凋落物和土壤有机质分解以及从生态系统中移走大量有机物等。

频繁的耕作增加了土壤通气性，增加土壤与残茬的接触，使土壤团聚体保护的部分有机质暴露出来供微生物分解等，加速了土壤有机质分解。土壤呼吸速率随耕翻强度加剧而增加并且在耕作后的很短时间会出现土壤 CO_2 通量激发释放高峰。相比之下少、免耕能明显增加土壤有机碳。

另外，种植不同作物也会影响土壤呼吸和 CO_2 通量，苜蓿地 CO_2 通量较高，玉米地和林地较低，同时玉米地垄作比平地种植的 CO_2 通量高。不同轮作制度也会影响土壤有机质周转和土壤 CO_2 通量。研究人员报道，加拿大东部大麦田中土壤呼吸比休闲土壤低25%，休闲土壤向大气排放更多的 CO_2。加拿大西部作物-休闲轮作制中，连作大麦田土壤 CO_2 排放量<大麦-休闲<休闲土壤。休闲方式下只有土壤排放碳而没有植物固碳，因此是农田生态系统向大气排放 CO_2 最多的管理方式。另有研究表明，加拿大半干旱地区连作小麦免耕土壤 CO_2 通量比常规耕作低 20%~25%；休闲-小麦体系下免耕土壤 CO_2 通量比常规耕作约低 10%；小麦-休闲轮作方式转变为免耕小麦连作后，在 13~14 年时土壤以有机质和残茬形式截获 $5~6tC/hm^2$。农田施肥和灌溉主要是增加了土壤矿质养分，改善了土壤水热条件、pH 值和有机物 C/N 值等性状，提高了微生物的活性，促进了作物的生长，增加了土壤呼吸底物的供应，从而促进了土壤呼吸作用，并且一般情况下也会增加土壤有机质的数量。

2.4.3　气候对碳收支的影响

众所周知，CO_2 作为一种主要的温室气体，其在大气中的大量累积引起温室效应，导致以全球气候变暖为标志的全球变化。一般认为，现代气候变化与人类活动有密不可分的关系，且对全球碳循环产生不容忽视的影响。关于 CO_2 浓度倍增的模拟研究表明，全球变暖，海平面上升，湿度增加，植被带发生迁移，如热带雨林和寒温带落叶阔叶林的面积增加，导致生物库和土壤库的碳贮量增加；沙漠、半沙漠寒温带常绿针叶林和冻原的面积减少，导致土壤碳库减少，但其减少量远小于前两者生物库增加的量。因此，极有必要定量评估气候变化对陆地生态系统碳循环的影响，以加深对全球变化以及全球碳循环的理解。

基于英国气象组织的气象数据的研究结果表明，发现近百年来全球陆地平均温度和降水量呈整体上升趋势。自 19 世纪中叶以来，全球平均地面温度上升了 0.6℃，而全球陆地降水则以平均每 100 年 1%~2% 的速度增加。降水与温度的上升趋势具有阶段性波动特点，如 20 世纪 40~70 年代中期，最主要的气候变化特征是平均温度的下降和降水量的增加，而此后的情况正好相反，温度急剧上升而降水量显著减少。因此，这两种不同的气候状况会对陆地生态系统的碳收支情况产生不同的影响。

研究人员基于陆地碳循环过程和碳循环模型建立了一个简单的陆地生态系统净碳通量模型，结果表明，20 世纪 40~70 年代中期的气候条件（温度下降而降水增加）最有利于陆地生态系统的净碳吸收，而此后的情况（温度增加而降水减少）则不利于生态系统的净碳累积。可以认为，气候变化对陆地生态系统的影响是导致碳吸收强度变化的一个主要原因。当然，一些决定陆地生态系统碳循环的因子（如土壤物理化学特性、营养状况等）并没有考虑进去。不过，陆地生态系统中的碳只是暂时被贮存，条件稍一改变，很容易又被释放。因此，陆地生态系统仅起着海洋吸收在时间上（几十年到 100 年）的缓冲剂作用，也就是说，海洋才是人类排放的 CO_2 的最终归宿。

减少大气中 CO_2 的积累，归根到底需要人类自己去努力。一方面，各国政府应制定能源节省方案，提倡使用清洁能源；另一方面，要注意分析影响土地利用变化的社会经济因素，制定科学的土地利用政策。此外，发展中国家的森林破坏在很大程度上是因人口增长引起的，如热带地区在 1980~1995 年有 41%~48% 的森林砍伐归因于人口增长。因此，控制人口增长也是促进碳循环平衡的有效途径之一。

参 考 文 献

[1] 陈泮勤，黄耀，于贵瑞. 地球系统碳循环 [M]. 北京：科学出版社，2004.

[2] 高亚平，方建光，唐望，等. 桑沟湾大叶藻海草床生态系统碳汇扩增力的估算 [J]. 渔业科学进展，2013，34（1）：17-21.

[3] 黄萍，黄春长. 全球增温与碳循环 [J]. 陕西师范大学学报（自然科学版），2000（2）：104-108.

[4] 金显仕，赵宪勇，孟田湘，等. 黄、渤海生物资源与栖息环境 [M]. 北京：科学出版社，2005.

[5] 李凌浩，刘先华，陈佐忠. 内蒙古锡林河流域羊草草原生态系统碳循环研究 [J]. 植物学报，1998，40（10）：955~961.

[6] 刘慧，唐启升. 国际海洋生物碳汇研究进展 [J]. 中国水产科学，2011，18（3）：695-702.

[7] 吕为群，陈阿琴，刘慧. 鱼类肠道的碳酸盐结晶物：海水鱼类养殖在碳汇渔业中的地位和作用[J]. 水产学报，2012（12）：1924-1932.

[8] 毛兴华，朱明远，杨小龙. 桑沟湾大型底栖植物的光合作用和生产力的初步研究 [J]. 生态学报，1993，13（1）：25-29.

[9] 齐占会，王珺，黄洪辉，等. 广东省海水养殖贝藻类碳汇潜力评估 [J]. 南方水产科学，2012，8（1）：30-35.

[10]《全球变化及其区域响应》科学指导与评估专家组. 深入探索全球变化机制——国家自然科学基金委重大研究计划的战略研究 [J]. 中国科学：地球科学，2012，42（6）：795-804.

[11] 宋金明，李学刚，袁华茂，等. 中国近海生物固碳强度与潜力 [J]. 生态学报，2008，28（2）：551-558.

[12] 孙军. 海洋浮游植物与生物碳汇 [J]. 生态学报，2011，31（18）：5372-5378.

[13] 汪品先，田军，黄恩清，等. 地球系统与演变 [M]. 北京：科学出版社，2018.

[14] 肖天，李洪彼，赵三军，等. 海洋浮游细菌在碳循环中的作用 [J]. 海洋科学，2004，28（9）：46-49.

[15] 杨昕，王明星. 陆面碳循环研究中若干问题的评述 [J]. 地球科学进展，2001（3）：136-144.

[16] 张继红，方建光，唐启升，等. 桑沟湾不同区域养殖栉孔扇贝的固碳速率 [J]. 渔业科学进展，2013，34（1）：12-16.

[17] 张继红，方建光，唐启升. 中国浅海贝藻养殖对海洋碳循环的贡献 [J]. 地球科学进展，2005，20（3）：360-365.

[18] 张明亮. 栉孔扇贝生理活动对近海碳循环的影响 [D]. 北京：中国科学院研究生院，2011.

[19] 张正斌，刘莲生. 海洋物理化学 [M]. 北京：科学出版社，1989.

[20] 周广胜. 全球碳循环 [M]. 北京：气象出版社，2003.

[21] 朱明远，毛兴华，吕瑞华，等. 黄海海区的叶绿素 a 和初级生产力 [J]. 黄渤海海洋，1993，11（3）：38-51.

[22] Batjes N H. Total carbon and nitrogen in the soil of the world European [J]. J Soil Sci, 1996, 47: 151-163.

[23] Bishop J K B, Wood T J. Year-round observations of carbon biomass and flux variability in the Southern Ocean [J]. Global Biogeochem Cycles, 2009, 23: 3206-3216.

[24] Buchmann N, Schulze E D. Net CO_2 and H_2O fluxes of terrestrial ecosystems. Global Biogeochemical Cycles, 1999, 13: 751-760.

[25] Cramer W, Kicklighter D, Bondeau A, et al. Comparing global models of terrestrial net primary productivity (NPP): overview and key results [J]. Global Change Biology, 1999, 5 (S1): iii-iv.

[26] Detwiler R P, Hall C. Tropical forests and the global carbon cycle [J]. Science, 1988, 239 (4835):

42-47.

［27］ Falkowski P，Scholes R J，Boyle E，et al. The global carbon cycle：a test of our knowledge of earth as a system. ［J］. Science，2000，290（5490）：291-296.

［28］ Gonzàlez J M，Fernandez-Gomez B，Fendandez-Guerra A，et al. Genome analysis of the proteorhodopsin-containing marine bacterium Polaribacter spMED152（Flavobacteria）：a tale of two environments ［J］. Proc Natl Acad Sci USA，2008，105：8724-8729.

［29］ Hain M P，Sigman D M，Haug G H. The biological pump in the past ［J］. Treatise on Geochemistry，2014，8：491-528.

［30］ Havlin J L，Kissel D E，Maddux L D，et al. Crop rotation and tillage effects on soil organic carbon and nitrogen ［J］. Soil Sci. Soc. Am. J，1990，54（2）.

［31］ Perry C T，Salter M A，Harborne A R，et al. Fish as major carbonate mud producers and missing components of the tropical carbonate factory ［J］. Proceedings of the National Academy of Sciences，2011，108（10）：3865-3869.

［32］ Prentice K C，Fung I Y. The sensitivity of terrestrial carbon storage to climate change ［J］. Nature，1990，346（6279）：48-51.

［33］ Schlesinger W. Soil organic matter：a source of atmospheric CO_2 ［M］. John Wiley and Sons，1984.

［34］ Shaver G R，Canadell J，Iii F，et al. Global Warming and Terrestrial Ecosystems：A Conceptual Framework for Analysis ［J］. BioScience，2000，50（10）：871-882.

［35］ Smith T M，Shugart H H. The transient response of terrestrial carbon storage to a perturbed climate change ［J］. Nature，1993，361：523-525.

［36］ Wilson R W，Millero F J，Taylor R J，et al. Contribution of fish to the marine inorganic carbon cycle ［J］. Science，2009，323（5912）：359-363.

习　题

2-1 碳源和碳汇的根本区别是什么？地球上重要的碳源和碳汇有哪些？

2-2 地球碳循环的环节大致有哪些？

2-3 为什么碳循环的研究比水循环的研究更为复杂？

2-4 海洋对大气 CO_2 变化起着"缓冲"作用，其中涉及海洋和大气的碳交换，有哪些属于生命过程，哪些属于物理过程？

2-5 陆地植被最大的碳储库，为什么地上在热带，地下却在高纬区？

2-6 人类排放的 CO_2 主要去了哪里？研究人员是通过什么方法知道的？

2-7 海水酸化对海洋生态系统的影响有哪些？

2-8 大气中二氧化碳浓度的升高会带来哪些不良的后果？

2-9 人类活动对碳循环的影响体现在哪些方面？

3 CO₂ 排放与温室效应

3.1 能源结构变迁与 CO₂ 排放

3.1.1 能源结构变迁

能源的开发利用与人类社会生产力的发展水平密切相关，能源结构可作为衡量人类社会生产力发展水平的最重要指标。

从能源开发利用角度分析，人类社会至今已经历了三个能源时代。第一个时代是薪柴能源时代，原因在于在 18 世纪中期第一次工业革命以前，社会生产力水平低下，人类以自然界广泛分布而又容易获取的可再生能源（即薪柴）为主要能源。

蒸汽机的发明揭开了人类社会第一次能源变革的序幕，人类第一次把蕴藏在煤炭中的自然能量转变为具有经济意义的能量，煤炭逐渐替代薪柴，到 19 世纪 70 年代，煤炭在一次能源消费结构中的比重已上升到 24%，到 20 世纪初，又进一步上升到 60%，从而用了近 150 年时间完成了煤炭取代薪柴的能源转换过程，完成了世界能源消费结构的第一次重大变革，使人类社会进入了第二个能源时代"煤炭时代"。

第三个能源时代是"石油"时代。第二次世界大战以后世界上许多发达资本主义国家大力推广使用石油，有些国家开始弃煤用油来生产电力，石油工业开始进入蓬勃发展时期，石油在与煤炭的竞争中地位日渐增强，而煤炭工业因能源效率问题受到很大影响，煤炭一统天下的地位受到严重影响。据联合国统计，石油在能源消费结构中的比重从 1929 年的 14% 迅速上升到 1950 年的 27%，而同期煤炭则从 76% 下降到 61%，1967 年更是上升到 40.4%，而煤炭却从 1950 年的 61% 下降到 38.8%，从而完成了石油替代煤炭能源的所谓第二次能源变革，标志着人类社会开始进入能源的"石油时代"。

当前化石燃料依然是全球一次能源消耗的主要来源，并且仍在逐年增加。BP 发布的《世界能源统计年鉴 2020》数据显示，2019 年世界一次能源消费量为 583.90EJ（艾焦，10^{18} 焦耳），同比增长 1.33%，不到 2018 年的一半（2.8%）。2019 年中国是全球一次能源消耗增长的最大驱动者，占全球净增长的 3/4 以上。一次能源消费量为 141.70EJ，同比增长 4.37%，占世界能源消费总量的 24.3%，连续十一年居能源消耗第一大国。

如图 3-1 所示，当前石油、煤炭和天然气的化石燃料仍然占据全球能源消费的主要地位，占比分别为 33.1%、27.0% 和 24.2%。其中石油消耗量在能源总消耗量中所占的比例仍然最大，但在每年能源消耗量中所占的份额正在逐年降低。由于天然气在化石能源中是最清洁的，随着低碳经济的发展，全球天然气的需求将呈现长期增长的趋势。2019 年，石油、煤炭和天然气的消耗量相比于 2018 年消耗量增长 0.83%、2.01% 和 -0.59%。

目前全世界正经历着第三次能源变革，即从石油、煤炭和天然气等化石能源向着太阳能、风能和氢能等方向发展，进而发展到可再生能源时代。

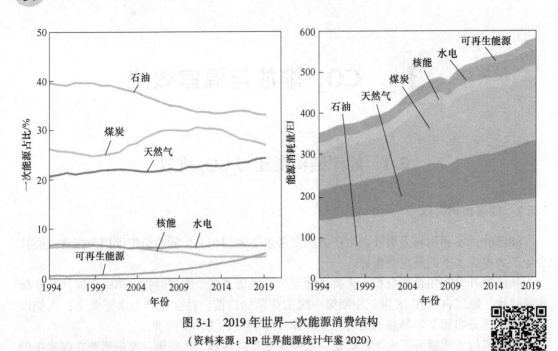

图 3-1   2019 年世界一次能源消费结构
（资料来源：BP 世界能源统计年鉴 2020）

彩图

　　化石能源品种间的消耗比例已经根据能源效率和环境因素进入快速调整阶段。国际能源署（IEA）发布《世界能源展望 2019》报告，采用情景分析法展望了至 2040 年全球能源发展趋势，碳排放强烈反弹、化石能源依赖度高居不下、能效改善速度缓慢和地缘政治持续动荡等多种因素作用使得全球能源系统转型面临严峻挑战。报道指出，未来二十年石油需求增速将趋于平稳，各类能源竞争激烈。如图 3-2 所示，2025 年后全球石油需求增长将明显放缓，2030~2040 年将趋于平稳。在既定政策情景中，未来一段时期长途货运、水运、航空以及石化行业对石油的需求将继续增长。但由于燃油经济性提高和燃料替代（主要由电能替代），乘用车石油需求在 2030 年前达到峰值。因此 2018~2025 年期间，全球石油需求将从 9700 万桶/日年均增加 100 万桶/日。2025 年后全球石油需求增速将放缓，2030~2040 年期间年均增加 10 万桶/日，到 2040 年达到 1.06 亿桶/日。而在可持续发展情景中，石油需求将很快达峰后到 2040 年回落至 6700 万桶/日，相当于 1997 年水平。

　　在既定政策情景中，到 2040 年之前全球能源需求年均增速为 1%，其中一半以上由低碳能源提供，光伏的贡献最大。同时，得益于液化天然气贸易的增加，天然气提供了未来 1/3 的能源需求增量。2030~2040 年，石油需求会趋于平稳，而煤炭需求量则将有所下降。以电力为代表的一些能源部门将经历快速变革。

　　如图 3-3 所示，在既定政策情景中，太阳能光伏成为全球电力装机中占比最大的发电类型。2025 年左右，可再生能源在发电结构中占比将超过煤炭，这主要得益于风能和太阳能光伏发电的持续增加。可再生能源在总发电量中占比将从 2018 年的 26%增长至 2040 年的 44%，风能和太阳能光伏发电增速最为抢眼，但水力发电仍占据可再生能源发电的主要份额，2040 年占全球总发电量的 15%。

　　从国别看，中国仍是世界最大能源消费国，印度的能源需求将增长最快。中国石油需

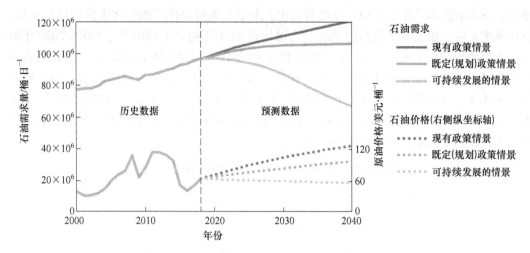

图 3-2　不同能源政策全球石油需求和原油价格的情景

（资料来源：国际能源署《世界能源展望 2019》）

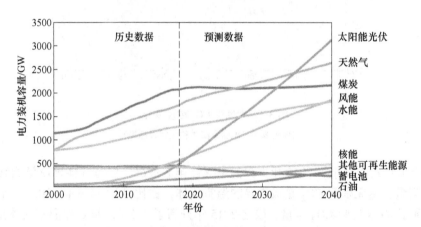

图 3-3　不同能源资源电力装机容量变化趋势

（资料来源：国际能源署《世界能源展望 2019》）

求的增长量预计在 20 世纪 30 年代初达到顶峰，同时美国的石油消费量稳步下降，中国在 2040 年之前将成为世界最大的石油消费国。

综上所述，在未来的 20 年内，石油、煤和天然气所占比例会有变化，化石能源在全球一次能源中将逐渐失去主导地位。而核能和可再生能源等低碳能源在全球一次能源中将发挥越来越重要的作用，这不仅是化石资源的逐渐枯竭所导致的结果，也与化石资源所带来的环境气候等方面的副作用密切相关，其中最重要的一个副作用就是 CO_2 的过度排放。

3.1.2　CO_2 排放

煤与石油等化石资源从地壳中被开采出来，通过燃烧过程以满足交通、取暖、电力、石化等生产过程的需要，与自然界通过碳循环将 CO_2 固定的过程相比，该过程产生 CO_2 的速度更快、量更大，导致大气中 CO_2 浓度在第一次工业革命开始后以前所未有的速度增加。图 3-4 显示了历史上 CO$_2$ 浓度的变化。由于人类消耗化石燃料和土地利用的变迁，CO$_2$ 浓度从第一次工业革命前的 280μL/L 增长到 2021 年的 419.13μL/L，1979~2020 年的 CO$_2$ 浓度年均增长 1.85μL/L，其中在 20 世纪 80 年代平均为每年 1.6μL/L，在 20 世纪 90 年代为每年 1.5μL/L，但在过去十年（2009~2020 年）间，CO$_2$ 浓度年均增长增加到每年 2.4μL/L。从 2020 年 1 月 1 日到 2021 年 1 月 1 日，每年的 CO$_2$ 增加量为（2.50±0.08）μL/L（参见 https：//gml. noaa. gov/ccgg/trends/global. html），略高于前十年的平均水平，远高于之前二十年的平均水平。

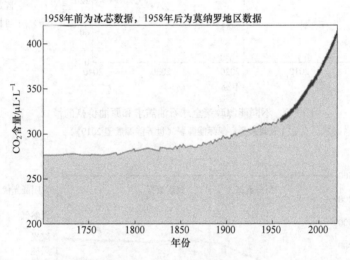

图 3-4　大气中 CO$_2$ 浓度变化

（资料来源：美国国家海洋和大气管理局）

世界资源研究所发布了 2016 年世界温室气体排放情况，温室气体排放量达到了 49.4 亿吨 CO$_2$ 当量，毫无疑问 CO$_2$ 是最重要的温室气体，占比高达 74.4%。2016 年温室气体排放量达到了 49.3 亿吨 CO$_2$ 当量，较之 2015 年升高了 0.5%，非 CO$_2$ 温室气体排放量增加了 1%，这是 2016 年全球温室气体排放总量略有升高的主要原因（资料来源：《全球二氧化碳和温室气体排放总趋势》，荷兰环境评估署）。

从行业排放的情况来看，超过 3/4（78.5%）的温室气体排放来自能源的使用。其中，交通运输行业的能源使用为 15.9%。这包括少量的电力引起的间接排放，以及包括燃烧化石燃料和电力运输活动在内的所有直接排放。电力和供热行业的能源使用占比最多，高达 30.4%。近 1/5 来自农业和土地的使用（当我们将整个粮食系统，包括加工、包装、运输和零售考虑在内时，这一比例增加到 1/4；其余 9.7% 来自工业过程和废物处理）。从图中可以看出，许多行业和过程都会造成温室气体排放。这意味着没有单一或简单的解决方案可用来应对气候变化。仅仅聚焦在电力、运输、食物行业或禁止森林砍伐是不够的。因此，为了实现净零排放，我们需要在许多不同的领域进行创新。依靠单一的解决方案，显然无法实现气候减排目标。

世界资源研究所发布了 2016 年世界上各国温室气体的排放情况，前十位国家占全球排放总量的 2/3，后 100 名排放国的排放量仅占全球排放总量的 5% 左右。其中，个体国家中中国、美国、印度、俄罗斯和日本排在前五位，CO$_2$ 排放当量分别为 118.86 亿吨、

59.07 亿吨、31.09 亿吨、24.27 亿吨和 12.59 亿吨，占比为 25.76%、12.8%、6.74%、5.26% 和 2.73%。如果这些排放大国没有重大的减排行动，全球就无法成功地应对气候变化的挑战。

国际能源署发布的《来自燃料燃烧的二氧化碳排放 2018：回顾》报告显示，2016 年全球燃料燃烧产生的 CO_2 排放量为 323.1 亿吨，与 2015 年的 322.8 亿吨相近，如图 3-5 所示，是 20 世纪 70 年代年平均的两倍以上，自 2000 年以来 CO_2 排放量增长了 40%。在 2013 年，燃料燃烧产生的 CO_2 的排放量就超过了 320 亿吨，此后三年，其排放量趋于稳定（2013~2016 年）；但是国际能源署的分析表明，2017 年的排放量增长了约 1.5%，该增长主要是由中国、印度和欧盟导致的。英国石油公司 bp 发布的《世界能源统计年鉴 2021》显示，2019 年全球燃料燃烧产生的 CO_2 排放量达到最大值 343.6 亿吨，由于疫情原因 2020 年碳排放量减少 21 亿吨，降至 2011 年以来的最低水平，如图 3-5 所示。

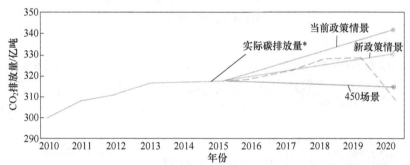

*为便于对比，重新设定了实际碳排放量的计算依据，以匹配国际能源署《世界能源展望报告》(2015年版)中2013年的排放水平。

图 3-5 燃料燃烧的 CO_2 排放量（全球趋势）

（资料来源：《世界能源统计年鉴 2021》）

在 2000~2013 年期间，由于中国的 CO_2 排放量增长了近 3 倍，全球 CO_2 排放的年均增长率达到了 2.6%。但是近年的统计数据表明（见图 3-6），全球 CO_2 排放量的平稳主要受相反的区域趋势影响。尤其是在 2015~2016 年期间，中国的 CO_2 排放量减少了约 5000 万吨。如图 3-6 所示，由于受印度、韩国和印尼的影响，亚洲其他国家的排放量仍保持 2% 的年均增长率。2020 年中国的碳排放量连续第 4 年持续增长，增幅为 0.6%，是全球少数几个增加的地区之一，而碳排放强度降低 1%，在全球碳排放总量中的份额增加至 31%。

从来源来看（见图 3-6），2016 年用于运输业的石油、用于发电和供热的天然气燃烧的 CO_2 排放量分别增加了 1.2 亿吨和 1.7 亿吨，全球各个区域没有显著差异。此外，美国、欧洲和中国煤炭所排放的 CO_2 减少了 2.7 亿吨，且三者的减排量相当，而仅有其他亚洲国家的排放量增加。

国际能源署发布的《燃料燃烧的二氧化碳排放 2018：回顾》还显示 2016 年工业部门的减排量（-2.3%）抵消了电力和供热、运输、建筑行业的增长，如图 3-7 所示。主要驱动因素是：工业部门的煤炭消费量下降了 5000 万吨油当量。电力和供热混合的提高以及化石能源发电的效率，限制了需求的增加，因而排放量略有所增加。与前一年一样，2016 年运输部门的排放量增长了 2%。

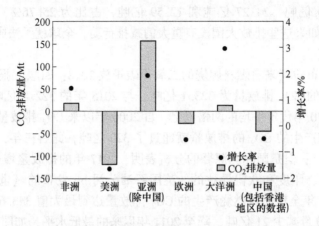

图 3-6　2016 年燃料燃烧的 CO$_2$ 排放量（地区）

（资料来源：国际能源署）

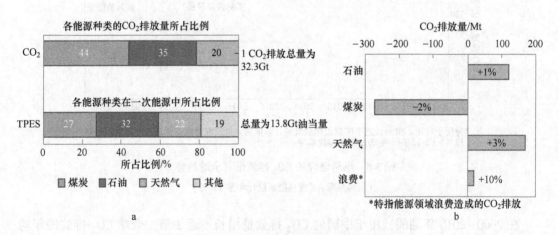

a

图 3-7　2016 年燃料燃烧的 CO$_2$ 排放量（来源）

（资料来源：国际能源署）

a——一次能源供应总量（TPES）和 CO$_2$ 排放量；b——2016 年各来源的 CO$_2$ 排放量变化情况

　　2016 年，全球能源的排放强度（CO$_2$ 量/一次能源供应总量）为 2.4tCO$_2$/吨油当量，与 1990 年的水平相当。CO$_2$ 的平均排放强度通常由一次能源供应总量中各来源的权重所驱动。

　　2016 年的一次能源供应总量中，81%是化石能源，与 1990 年的水平相当。在该时期，煤炭和石油在一次能源供应总量中的占比为 60%，而其 CO$_2$ 的排放量占比达到了 80%。天然气在一次能源供应总量中的占比仍为 20%。

　　2016 年，煤炭是第二大能源来源，其占比为 27%，但是由于其较大的碳强度，它是全球碳排放最大的来源，占比达到 44%。

　　来自煤炭的排放主要由中国驱动，在 2000~2013 年间，较其他化石燃料，煤炭的排放量出现了明显的增长，年均达到了 4%；随后在 2013~2016 年，其年均减少 1.5%。而石油和天然气的排放量随时间的增长较为一致，且在 2013 年后继续增长，在近三年来分别增长了4%和5%，尤其是在亚洲和美洲。这主要是由于运输部门、石油和电力部门天然气需求的增长。

图3-8为全球能源需求与碳排放量关系，据估算，2020年世界能源需求下降4.5%，全球能源使用造成的碳排放量则下降6.3%。按照历史标准来看，此降幅巨大，是第二次世界大战以来能源需求和碳排放量的最大降幅。能源结构的碳强度（即使用每单位能源的平均碳排放量）下降了1.8%，也是战后最大降幅之一。

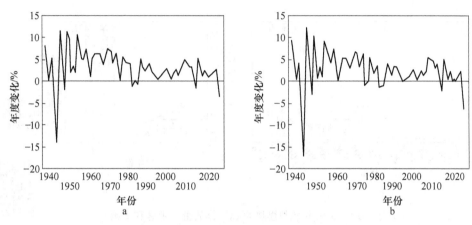

图 3-8　全球能源需求与碳排放量的关系
（资料来源：国际能源署《世界能源统计年鉴 2021》）
a——一次能源消费；b——能源使用产生的 CO_2 排放

如图3-9所示，2020年石油消费量的下降，远大于根据过往比例计算出的预期幅度。预测和实际的石油需求降幅之间的差异，远大于需求增长图中其他所有类型的能源。各国封锁政策以一种迥异于正常经济衰退的方式导致石油需求下降，抑制了与运输相关的需求。2020年，石油需求下降幅度达9.3%（减少910万桶/日），远大于历史上任何下降，也远大于其他能源需求的下降。石油需求的下降约占能源消费下降总量的3/4。这也是能源结构中碳强度实现接近历史降幅的关键因素。

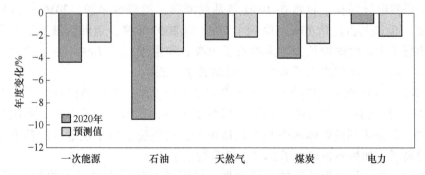

图 3-9　2020 年世界能源需求增长情况
（资料来源：国际能源署《世界能源统计年鉴 2021》）

此外，CO_2 排放量通常与经济总量的增长相关。在2000年以前，CO_2 排放量的增长主要是由发达国家尤其是美国驱动。而 2000 年以来，亚洲主导了全球的趋势，发达国家减少了 10%的 CO$_2$ 排放量，而在该段时期，包括中国在内的新兴经济体的排放量增长超过了 2 倍。2016 年亚洲区域的 CO$_2$ 排放量为 174 亿吨，是美国的 2 倍，欧洲的 3 倍。其中，中国的排放占比超过了一半。如图 3-10 所示。在后疫情时代经济复苏利好的驱动下，2020 年中国的一次能源需求增长 2.1%，是为数不多的几个能源需求增长的国家之一，并且见证了全球最大的绝对上升趋势，也成为全球唯一碳排放量增长的主要经济体。

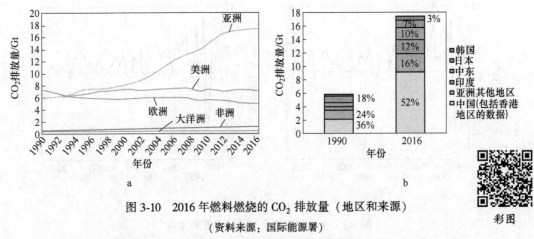

图 3-10　2016 年燃料燃烧的 CO$_2$ 排放量（地区和来源）

（资料来源：国际能源署）

a—来自燃料燃烧的 CO$_2$ 排放量（按区域划分）；b—来自燃料燃烧的 CO$_2$ 排放量（亚洲）

2020 年碳排放量近乎创纪录地下降，由两个因素相结合所致：一是能源需求下降，二是能源结构的碳强度下降。而这两大因素，在很大程度上都源于封锁引发的石油需求的空前下降。这就意味着，随着全球各国封锁政策放宽和经济活动开始复苏，2020 年碳排放量下降的趋势很可能会出现逆转。其实，国际能源署（IEA）近期的估算结果显示，2020 年 12 月碳排放量就已经恢复到了危机前的水平。

在 2000~2013 年，中国燃料燃烧的 CO$_2$ 排放量的年均增长率为 8.5%，近三年来逐渐趋于稳定。但由于印度从 2010 年来的年均增长率仍保持在 5%以上，因此亚洲燃料燃烧的 CO$_2$ 排放量仍然继续增长。日本在 1990 年是亚洲第二的排放来源，2016 年的排放量与 1990 年相近，但是其占比从 18%下降到了 7%。自 2000 年来，亚洲区域其他几个国家的排放量也出现了大幅度地增长，韩国增长了 36%，印尼增长了 78%。中东地区出现了尤为明显的增长趋势，伊朗增长了 80%，沙特增长了 125%。

2000 年来，欧洲燃料燃烧的 CO$_2$ 排放量减少了近 12%，其中英国减少了 29%，法国减少了 20%，意大利减少了 23%，西班牙减少了 14%，德国减少了 10%。美国的排放量减少了 16%，但是美洲的整体水平却变化得很少，这主要是由于该地区的其他经济体的排放水平提高了，如墨西哥增长了 24%，巴西增长了 43%。

与此同时，非洲仍然保持其较低的水平，尽管自 1990 年以来，其排放量翻了一番，但其 2016 年燃料燃烧的 CO$_2$ 排放量在全球的占比仍为 3.5%。2012 年其排放量超过了 10 亿吨，南非主导了这一增长，其 2016 年增长了 36%。

3.2 温室气体与气候变化

对于过去半个世纪全球气候变化的原因，有多种不同的理解和争论。例如，有科学家认为全球变暖是地球气候循环的正常表现，有科学家认为是太阳耀斑等自然原因造成的。但是，绝大多数科学家认为全球气候变暖和人类活动密不可分，尤其是和人类活动造成的温室气体浓度升高有很大的相关性。

至于人类活动是如何对大气变暖产生影响的，科学家的解释也不尽一致。不过，绝大多数科学家都认为，因人类活动造成的大气中温室气体浓度上升，大地植被改变所引起的地球大气能量失衡是当前气温升高的罪魁祸首。尤其是人类大量利用化石能源所排放的 CO_2 等温室气体及其所引发的温室效应加剧，是导致气温升高的主要原因。气候变化已经对地球生态系统和人类社会造成了影响，并在未来继续影响地球和人类，至于影响的程度，则要看人类如何采取应对措施了。科学家普遍认为，越早采取措施来控制温室气体排放，地球面临的威胁和人类遭受的损失就会越小。

3.2.1 温室气体引起的气候变化

历史上 CO_2、甲烷、一氧化二氮等温室气体在地球生命体的形成中发挥了重要作用。大约 40 亿年前，地球大气富含氢气，而 CO_2 含量则很低，随着时间的推移，大气逐渐被以氢气和 CO_2 为主的气层取代。由于 CO_2 的存在，当时的地球表面温度远比现在高。直到大约 35 亿年前，地球的气候才逐渐变得适合生命的存在，产生了地球上最低等的生命形式——单细胞藻类植物。藻类植物通过光合作用，进一步改变了大气成分，使大气中 CO_2 的含量减少到大气总量的万分之三，氧气增加到 20%。生物在其进化过程中逐步改变并适应了地球环境，最终进化到具有语言和逻辑思维能力的人类。由此可见，正是大气中温室气体的存在，为生命的存在提供了必要的物质条件，地球也因此成为人类、动物和植物共同生活和生长的家园。地球本身存在着稳定的碳循环，大气中 CO_2 可被植物以光合作用方式吸收，同时可以与海洋进行交换，使得前工业时期的几千年里，地球上 CO_2 浓度一直在 $280\mu L/L$ 左右波动。如图 3-11 所示，由于人口增加，加上人类不断发展的生产活动和生活方式，导致 CO_2 排放速度加快，排放量剧增，排放到大气中的 CO_2 不能被地球碳循环所平衡，造成大气中 CO_2 浓度增加，导致温室效应加剧，地球温度升高，并引起一系列极端气候变化。

为了展示来自人类活动的温室气体对全球变暖的影响，美国国家海洋和大气管理局（NOAA）发布了温室气体指数，称为 AGGI，这些气体主要包括二氧化碳、甲烷、一氧化二氮、氯氟烃和其他化学物质。自 1750 年工业革命开始以来，由于人类活动而导致大气中滞留的热量增加，其中前五种温室气体约占 96%。AGGI 还追踪了 16 种次生温室气体。

图 3-12 描述了相对于 1750 年的所有持久性温室气体的热影响，将 AGGI 以 1750 年为基准，即工业革命的开始，并为其赋值为零。1990 年的 AGGI 值为 1.0，1990 年为京都议定书的年份，这是一项呼吁全球社会减少温室气体污染的国际条约。AGGI 可用于跟踪自京都议定书以来因人为排放的温室气体而被滞留在大气中的热量的相对变化。2020 年 AGGI 达到 1.47，这意味着 2020 年地球气候系统增加的人类活动所造成的热量比 1990 年多 47%。虽然新冠疫情的全球蔓延导致经济放缓，但 2019~2020 年的变化与之前相似。

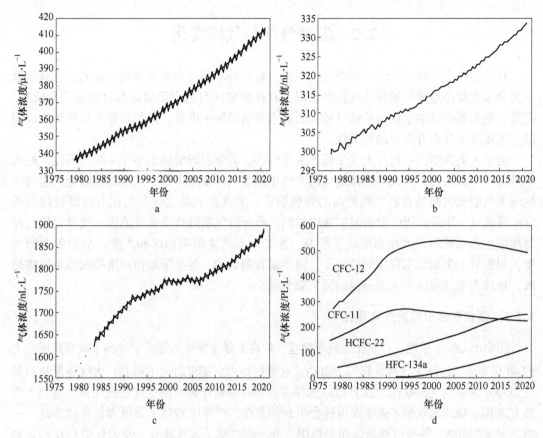

图 3-11   近几十年主要温室气体大气浓度
（资料来源：美国宇航局戈达德太空研究所）
a—大气中二氧化碳浓度；b—大气中一氧化二氮浓度；c—大气中甲烷浓度；
d—大气中氯氟烃浓度（CFC-12 二氟二氯甲烷、CFC11 一氟三氯甲烷、HCFC 二氟一氯甲烷、HFC-134a 四氟乙烷）

对 2020 年收集的样本进行的分析表明，全球第二大人为温室气体甲烷的平均负担达到了 $1879 \mu L/m^3$，在经历了 10 年的平稳期后，继续从 2007 年开始快速上升。逐年跃升近 $16 \mu L/m^3$，是 1984 年观测记录中检测到的最大增幅，当时全球平均值为 $1645 \mu L/m^3$。

NOAA 测量显示，自 1990 年以来，仅因 CO_2 增加而滞留在大气中的额外热量占所有主要持久性温室气体总量的 66%。美国国家海洋和大气管理局的科学家说，如果不是因为新冠疫情引起的经济放缓，2020 年的增长可能是有记录以来最大的。

温室气体导致的气候变化并不是简单地导致全球气温一致增高，而是在整体气温增高的同时出现经常性气候异常，主要表现在以下几个方面。

第一是气候变暖。图 3-13 为全球地表温度相对于 1951~1980 年平均温度的变化，从图中可以看出地球表面温度在此期间呈上升趋势。此外，根据 IPCC 在 2014 年发表的第五次评估报告，2000~2020 年的 21 年中，有 19 年位列观测以来最暖的 20 个年份。2020 年与 2016 年并列，是自 1880 年开始有记录以来最热的一年。

2003~2012 年的地表温度平均每年上升 0.85℃（波动范围为 0.65~1.06℃），比《第

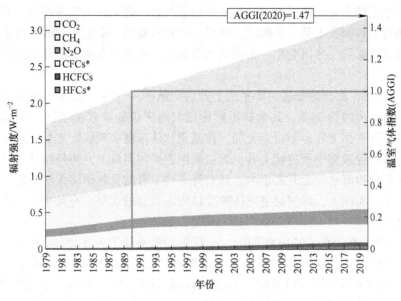

图 3-12 持久性温室气体的热影响

（资料来源：美国国家海洋和大气管理局·CFCs* 为氯氟烃类，图中数据为主要
气体 CFC-11 和 CFC-12 两种，HFCs* 为氢氟烃类，图中数据为主要气体 HFC-134a）

彩图

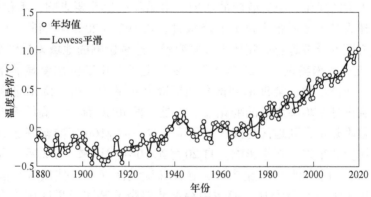

图 3-13 全球地表温度变化情况

（资料来源：美国宇航局戈达德太空研究所）

四次评估报告》给出的每年上升 0.74℃（波动范围为 0.56~0.92℃）要高得多。20 世纪
地球表面温度升高发生在两个时期，1910~1945 年以及 1976 年之后。尽管地球表面温度
普遍升高，升幅依然存在地域差异，其中北半球较高纬度地区温度升幅较大，在过去的
100 年中，北极温度升高的速率几乎是全球平均速率的两倍。自 1961 年以来的观测表明，
全球海洋平均温度升高已延伸到至少 3000m 的深度，海洋已经吸收的热量占气候系统增
加热量的 80% 以上，并且这一趋势还将持续。同时，日间温度和夜间温度都在上升，但
夜间温度上升比日间温升快，从而缩小了昼夜温差。据 IPCC 预测，到 2100 年地表平均气
温将上升 1.4~5.8℃，升温的趋势在高纬度地区更明显。由于温室气体在大气层中长期存
在以及气候系统的惯性，即使各个国家积极采取措施应对，气候变化还是会持续几十年。

第二是海平面的上升。海平面上升的主要因素是冰川融化进入大海所致,另外由于温度升高引起的海水热膨胀也是一个原因。1993~2010 年期间,全球平均海平面上升与全球变暖导致的海洋热膨胀、冰川变化、格陵兰冰盖融化、南极冰盖融化和陆地储水减少关系密切。

自 1993 年以来,海洋热膨胀对海平面上升的贡献率占 57%,而冰川和冰帽溶解对海平面上升的贡献率大约为 28%,其余的贡献率则归因于极地冰盖的消融。在地球表面温度升高的形势下海平面上升是不可避免的。在温室气体浓度实现稳定之后,热膨胀还将持续多个世纪,最终导致海平面持续上升。若目前地表平均温度上升再持续几个世纪,格陵兰冰盖的消融将导致海平面上升若干米,其对海平面上升的贡献率将大于热膨胀所导致的海平面上升幅度。实际上,即使温室气体浓度稳定在当前的水平,在几个世纪内也无法实现海平面的稳定。

据 IPCC 统计,在 1901~2010 年期间,全球平均海平面上升了 19cm(波动范围 17~21cm)。自 19 世纪中期以来,海平面上升的速度超过了前两千年的平均速度。在 1901~2010 年期间,全球平均海平面以每年 1.7mm(波动范围 1.5~1.9mm)的平均速率上升,其中 1993~2003 年全球平均海平面以每年大约 3.2mm(波动范围 2.8~3.6mm)的速率上升。近年来中国海平面上升也是很显著的,据 2013 年 2 月 26 日国家海洋局发布的"2012年中国海平面公报",1980 年以来中国沿海海平面上升速率为 2.9mm/a,远高于全球平均水平。

第三是降水量的变化。温室效应的增加对水循环产生重要影响,不仅引起了蒸发、干旱的增加,还为其他区域带来过大的降水量。在 1900~2005 年期间,已在许多区域观测到降水量方面的异常趋势。相比于气候变暖,这种影响的地域差异性更大。1900~2005 年期间,北美和南美东部、欧洲北部、亚洲北部和中部降水量显著增加,而在萨赫勒、地中海、非洲南部、亚洲南部部分地区降水量减少。由于降水量变化的地域差异性,难以得到全球平均降水量的变化值。但是,据 IPCC 预计,高纬度地区的降水量增加,而大多数副热带大陆地区的降水量可能减少,到 2100 年减幅高达 20%,由此也对区域的水资源变化带来了严重影响。自 20 世纪 70 年代以来,全球受干旱影响的面积已经扩大,而 IPCC 预计到 21 世纪中叶,在高纬度地区(和某些热带潮湿地区)年江河径流量和可用水量会有所增加,而在中纬度和热带的某些干旱区域将会减少,尤其在许多半干旱地区(如:地中海流域、美国西部、非洲南部和巴西东北部),水资源因气候变化将减少。

第四是极端天气事件发生频率增高。极端天气事件如干旱、强降雨、洪水、暴风雪等发生的频率在迅速增高,世界气象组织 2003 年七月指出"随着全球表面温度的继续升高,极端天气发生的频率可能会增加"。IPCC 则认为:自 20 世纪 70 年代以来,人类影响已经促使全球朝着旱灾面积增加和强降水事件频率上升的趋势发展,甚至在一些总降水量保持不变甚至下降的区域比如亚洲东部,强降雨事件的频率也在增加,间接表明这些区域降水次数的减少。干旱或强降雨的经常发生常伴随厄尔尼诺现象或拉尼娜现象,这种趋势近几年变得尤为明显。近几年全球范围内大部分陆地地区的冷昼和冷夜偏暖、偏少,热昼和热夜偏暖、偏多。且这种变化趋势很有可能持续下去,而极度低温天气有逐渐变少趋势,极高温度天气则有逐渐增加的趋势。

3.2.2 气候变化的环境影响

CO_2 等温室气体浓度的增加引起温室效应加剧，导致了以气候变暖为标志的全球气候变化，这将对农业、水资源、生态系统、人类健康、工业、人居环境和社会均造成重要影响。

3.2.2.1 气候变化对农业的影响

随着大气中 CO_2 浓度升高，通常带来气温升高和降水量改变等气候变化，从而对农业产生重要的影响。

CO_2 浓度升高对农业的影响首先表现在其对光合作用的影响。CO_2 作为植物光合作用的基本原料在大气 CO_2 含量增高时，如果光、热、水、肥供给充分，可使大多数作物增产，从而有利于世界粮食的生产；而气候增暖则可能使作物的生长季节延长。据估计，夏季平均温度提高 1℃，相当于生产季节延长 10 天，气温升高、生长季节延长的一个直接影响是使作物的分布区向北扩展，使得大多数作物的种植区域都有向高纬度扩展的趋势。

CO_2 是呼吸作用的最终产物。当外界环境中 CO_2 浓度升高到 1%～10% 时，呼吸作用明显被抑制，达到 10% 时可使植物致死。CO_2 浓度升高对植物呼吸作用的影响因种类和外界条件的不同而有所差异。

C_4 植物适应高温下的低 CO_2 浓度环境，而 C_3 植物则适应低温下的高 CO_2 浓度环境，因此 C_3 植物通常比 C_4 植物对大气 CO_2 浓度的增加更敏感。例如，在美国生物圈 2 号内长期生长在较高浓度 CO_2 下的 10 种植物中，蝶豆、胡椒等 8 种 C_3 植物的呼吸速率表现出明显的上升；而滨藜和大黍 2 种 C_4 植物的呼吸作用速率则变化不明显，甚至略有下降；在 CO_2 浓度升高的条件下，紫花苜蓿、玉米和杜仲等 10 种植物的成熟叶片，在较低的温度（15～20℃）下呼吸作用速率没有显著变化，而在较高的温度（30～35℃）下多数叶片的呼吸作用显著增强。

由于 CO_2 浓度的升高，细胞内外 CO_2 浓度差别增大，从而提高光合作用速率，作物产量也呈增加趋势，通常 C_3 类作物增长率明显大于 C_4 类作物。研究结果表明，CO_2 浓度倍增可使 C_3 植物产量提高约 30%；使 C_4 植物产量提高约 14%。有的 C_4 植物如玉米、高粱则仅提高约 9%。当然，也有研究结果显示 CO_2 浓度升高并不总是有益于作物产量的增加，如大米草等植物，不但没有提高，反而有所降低。原因在于大气中 CO_2 浓度升高不仅影响光合速率，也影响呼吸速率，这种影响对不同的植物是有差别的，而且大气中 CO_2 浓度升高还会使作物气孔传导率增加。CO_2 浓度升高对作物产量的影响还存在很多制约因素，病虫害、杂草、营养状况、资源的竞争、土壤水分和空气质量等，更与温度和降水量变化有关。例如在 C_4 类作物玉米、甘蔗和高粱等的大田中，由于 C_3 类杂草加速生长，可能导致大幅度减产。

在全球气候变化研究中，温度升高也对作物生长及产量有影响。温度升高，土壤水分的蒸发加剧，温度和降水量的变化会共同导致土壤提供给作物的水分含量的变化，这种变化也与地域有关。另外，温度升高和降水量的变化会影响土壤中微生物的活动，比如温度升高会导致微生物对土壤中有机物的分解加快，当气温升高 2.7℃，凋落物的分解速率提高 6.68%～35.83%，从而导致土壤成分的变化，甚至引起土壤肥力的下降。此外，温度升高还会改变作物的生长速率和生育期，从而影响产量。温度升高延长了作物的全年生长期，这对无限生长习性或多年生作物以及热量不足的地区有利，但对生育期短的作物生长则是不利的。温度升高使作物生长发育速度加快，生长期缩短，减少了作物光合作用积累干物质的时间，引起农作物干物质含量的降低。

降水的变化会引起土壤的蒸发、冠层的蒸腾和土壤水分含量的变化，从而对植物的功能以及水分收支产生影响。在干旱和半干旱条件下，降水格局的变化对农业生态系统机理的影响甚至超过了 CO_2 浓度升高和气温升高等单一因子或两者共同作用的影响。以我国的黄土高原为例，作为典型的雨养旱作农业区，自 1986 年以来降水总量处于减少趋势，对比分析降水变化特征对作物产量的影响表明：对小麦而言，上年 7~10 月和当年 4~6 月多雨可使冬小麦产量每公顷增加 420~720kg，少雨则使冬小麦产量每公顷减少 180~660kg；而对玉米而言，当年 4~9 月多雨可使玉米产量每公顷增加 435kg，少雨则使玉米产量每公顷减少 435kg。

气候变暖所带来的大气中 CO_2 浓度和温度的升高以及降水量的改变均会对农业产生影响，影响程度与区域、时期和作物品种有关。气候变化有可能影响人类的粮食安全，因为气候变化引起降水量变化，而降水量及其分布对农业生产起着决定性的作用，特别是处于干旱、半干旱、半湿润地区的国家，气候变化将带来更加严峻的挑战。以中国为例，气候变暖导致我国部分地区农作物产量下降，如 1980~2000 年，气候变暖引起中国黄淮海农业区雨养小麦全面减产，其中西部减产幅度大于东部。

从全球角度来看，近年因气候变化造成全球粮食减产。2018 年全球持续出现旱情，其中非洲南部、澳洲东部、北美北部等地已连续多年降水偏少。受持续少雨影响，澳大利亚东部、中部和西南部等多地出现了破纪录的旱情。澳大利亚东部旱情为 1965 年以来最重，新南威尔士州、昆士兰州、维多利亚州和南澳大利亚州等地部分地区已连续 15 个月降雨量低于平均水平，大片的牧场和耕地被破坏，畜牧业遭受毁灭性打击。在南美洲，2017 年 10 月至 2018 年 3 月，乌拉圭、阿根廷、巴西等国家遭遇极端干旱，其中阿根廷北部和中部地区降水量较常年偏少 43%，创历史新低，导致大豆、玉米等夏季作物大幅减产。4~7 月，巴西 15 个州遭遇干旱，其中东南部农业区旱情最重，皮拉西卡巴河一度干涸见底，导致农业减产和居民用水困难。在非洲地区，受前期降水持续偏少的影响，2018 年 1~5 月南非中南部的多个省发生干旱。西开普省是此次干旱的重灾区，并引发用水危机，部分地区甚至开始限量供水，开普敦的旱情更是历史罕见。南非水利研究委员会研究指出，南非六成以上的河流用水过度，其中近四分之一河流处于严重缺水状况。在中东地区，阿富汗、巴基斯坦和伊朗等国家遭受了不同程度的干旱影响。3 月上旬至 10 月上旬，阿富汗发生极端干旱，200 万人用水困难，农业和畜牧业产量较 2017 年下降 50%~60%，140 万人迫切需要粮食援助。巴基斯坦已连续 5 年降水量偏少三成以上，2018 年更是较常年偏少 62%，导致农业生产受到重大不利影响。干旱直接影响全球各国的粮食库存，部分国家甚至由粮食出口国变为粮食进口国。

3.2.2.2 气候变化对水资源的影响

气候变化通常会引起降水变化、温度升高、海平面上升及蒸（散）发变化，从而影响水资源。

降水变化是气候变化各因素中影响水资源的直接因素。气候变化使全球水循环速度增加，使降水与水流量集中，且降水年变化幅度增大，从而导致干旱与半干旱区水资源受气候变化影响十分显著，主要表现为河川流量减少。年江河径流量和可用水量在高纬度地区呈现增加趋势，而在中纬度和热带的某些干旱区域则呈现减少趋势，导致许多地区遭受更强烈持久的干旱，而另一些地区则由于极端降水事件的频率和强度的增加，导致洪涝灾害的发生。另外，降水变化会直接影响水质，因为在降水过程中，雨水流经地面，会将积聚在地表的污染物冲刷携带进入河流、湖泊，造成流域范围内地表水甚至地下水的污染。降水变化导致干旱、洪涝等极端事件发生的概率明显增加，干旱事件的增加会增加水体中部分离子浓度，从而影响水质，而且在干旱条件下，水体溶解氧浓度下降，有机物分解能力升高，水体的稀释和自净能力也会降低，导致水质下降。当然，洪涝灾害会使大量的污染物进入水体，但同时也会在一定程度上对污染物起稀释作用。

气候变化引起的温度升高会增强大气的持水能力，全球和许多流域降水量有可能会增加，但同时蒸发量也增加，从而使水循环速度加快，引起更强的降水和更多的干旱。温度升高还可以使降水的季节分配发生变化，使一个季节（如冬季）降水增加，另一个季节（如夏季）降水减少，从而导致河流全年季节流量的比例失调。在一些区域，温度升高导致降水量的增加速度低于蒸发量的增加速度，较大幅度的升温会导致径流减少，发生干旱事件。在另外一些区域，温度升高还会导致积雪融化，这可能会加大洪水出现的频率。另外，气温升高还会对水质产生影响。由于水体温度基本会和附近的空气温度保持一致，因此随着气温的升高，水体温度也会升高，而水体温度升高则可以影响水体的密度、表面张力、黏性和存在形态，还可以改变水温层分布，加速水体中化学反应和生物降解速率等。由于水温层分布变化会导致溶解氧含量的变化，从而导致底层还原环境下污染物的积累，而底层污染物可能会因为沉积物的再悬浮作用、暴风雨以及生物扰动等过程释放到水体表面，形成二次污染。水体温度升高还会增加微生物酶的活性，所形成的厌氧环境也可对水体生化反应产生影响。另外，水体温度升高会导致富营养化现象，温度对水体富营养化起到决定性影响，因为大部分水华暴发都出现在高温、强光时节，水体温度提前升高会增强微生物的活性进而促进底泥中内源氮和磷的释放使水体中含有较高的营养盐浓度，当水体营养盐浓度达到一定水平时，只要水温、光照等环境条件满足要求，富营养化现象就会加剧，引起藻类的过度繁殖。

如前文所述，气候变化会引起海平面上升，进而可扩大地下水与河口区盐渍化的面积，造成沿岸区淡水供应减少，含水层和河口淡水量也会减小甚至撤退，使海平面上升的作用加剧，进而引起更强的盐渍化和咸潮。

全球气候变化会导致温度、日照、大气湿度和风速发生明显变化，它们进而可影响潜在蒸散发，部分抵消降水增加的效应，并使河川水量减少，进一步加剧降水对减少地表水的影响。

3.2.2.3 气候变化对生态系统的影响

气候变化会对生态系统产生重大影响，20世纪气候变暖主要发生在 1910~1945 年以及 1976 年以后。尽管不同地区的生物体、种群和群落受到的影响不同，但近几十年的气候变化影响了世界上不同地理分布的生物体，气候变暖对生态系统的影响简述如下。

A 物候变化

最近物候变化的趋势体现了生态系统对近来气候变化的反应，一些春季发生的物候行为，比如候鸟的迁徙、蝴蝶的出现、两栖动物的产卵、植物的生长和开花都变得更早。事实上，春季物候行为的提早发生从 20 世纪 60 年代就逐渐开始，秋季物候行为也有推迟的现象。几乎所有的物候行为都与春季先前几个月的气温相关，花期较早的品种和草本植物对冬季变暖的反应比花期较晚的品种和木本植物大，鸟类和植物表现出的物候变化经常是一致的，不过这种春季物候行为的变化具有地理上的差异性，即使在同一地点，不同物种对气候变化的反应也可能是不一样的。

B　物种分布范围变化

物种的生存需要一定的温度和降水量范围，而气候变化会影响温度和降水量范围，从而影响物种分布范围，随着气候变暖，符合物种生存气候条件的地区也向极地和高海拔方向发展，在 20 世纪，物种分布范围向极地方向以及向高海拔方向发展的趋势无论在生物分类群上还是地理范围上都很普遍，但这种分布范围变化的速率在物种间和物种内有很大差异性，如珊瑚虫的分布对光线有要求，所以会受到海拔限制，对温度变化导致的物种分布范围变化就不明显，另外高山植物海拔分布范围的变化就落后于等温线的变化，大约每十年落后 8~10m，而蝴蝶分布范围的变化速率却能够与等温线向北和向上变化的速率相匹配。

随着气候的变化，邻近区域的物种可能会越过边界并成为生物群的新成员。但是若新的栖息地不能为物种提供比原有栖息地更适合的条件，永久性迁移到新栖息地可能不会发生。另外，气候变化也可能导致不需要的外来物种的入侵。总体而言，物种分布范围的变化趋势和冰川、植物以及昆虫分布范围的变化趋势是一致的。

C　群落的组成及群落中物种变化

物种在生态群落中的组合反映了生物体之间的内部联系，同时也反映了生物体与环境之间的关系。快速的气候变化或极端气候事件可以改变群落组成，这种变化通常是不对称的，入侵物种从低海拔和低纬度迁移的速率比当地物种快。这种不对称的结果是群落中生物多样性的增加，如海洋温度升高对珊瑚虫群落结构会产生重要影响。

3.2.2.4　气候变化对人类健康的影响

全球环境变化会影响地球环境系统和生态系统，从而会在许多方面影响人体健康。气候变化对人体健康的威胁主要表现在以下方面：热浪与高温天气、洪灾等极端天气以及传染病事件的增加。

长期以来，一个地区本地居民通过生理、行为、文化的响应来适应当地的气候，而极端天气给当地居民造成的压力会超过其适应限制，从而对其健康带来威胁。

A　热浪及高温天气

特定国家或地区的人的生活总有一个最优化温度，在此温度下死亡率最小。当温度超过舒适范围后，死亡率上升。温度和死亡率的关系随纬度和气候区域的不同而发生很大的变化。生活在较热城市的人对低温比较敏感，而生活在较冷城市的人对高温比较敏感。一些地区房屋抵御寒冷的能力差，这些地区生活的人冬季死亡率比预期的大。热浪以及高温天气对呼吸系统和循环系统有较大影响，还可以增加心脑血管疾病的发病频率。年长人群由于对温度变化的承受能力降低，较容易受到影响，心理不健康人群、孩子或者已经患有疾病的人群比正常人更易受影响。

B 干旱洪灾等极端天气事件

极端天气事件会直接增加死伤率。2020 年联合国发布的一项报告显示，全球与气候相关的灾害数量在 21 世纪的头 20 年出现了惊人增长，极端天气事件已经成为 21 世纪最为主要的灾害来源。该报告的统计数据显示，过去 20 年间，全球共记录发生了 7348 起自然灾害事件，远远超过 1980~1999 年间的 4212 起；这七千多起自然灾害造成 123 万人死亡，带来 2.97 万亿美元经济损失，受灾人口高达 40 亿。数据显示，洪水和风暴是最高频发生的灾害事件。过去 20 年，全球的洪水灾害数量从 1389 起上升到 3254 起，在所有灾害总数中占比 44%，影响全球 16 亿人，在洪灾期间或者洪灾过后很快会出现一些影响身体健康的后果，如外伤、传染病等。人们还可能暴露在有毒污染物中，而随后还可能发生营养不良以及精神健康的紊乱，过量降水还使更多的人类污水和动物废弃物进入生活用水和饮用水中，为水生疾病的蔓延提供了可能。其次是风暴灾害（包括飓风、旋风和风暴潮），发生数量从 1457 起攀升至 2034 起，占到灾害总数的 28%。此外，干旱、山火、极端气温事件，以及地震和海啸等自然灾害的发生次数均出现显著上升。

C 传染病

许多传染病病原体、病媒生物、病原体的复制都对气候变化很敏感，高温尤其会影响媒介和病原体，如沙门氏菌和霍乱细菌在较高温度下能迅速繁殖，而低温、低降水率或缺少病媒生物的栖息地都会限制传染病的传播。此外，应对气候变化所采取的措施也会带来风险，比如在最近几十年里海平面不断上升，一些低海拔的太平洋岛国居民开始搬迁，这种搬迁经常加重营养不良、传染病的传播以及精神健康方面的风险。此外，气候变化可能对生态平衡有扰动，从而引发疫病，传染病也可能由与气候相关的宿主和人类的迁移而导致。

3.2.2.5 气候变化对工业、社会及人居环境的影响

相比于农业和供水服务，工业对气候变化的敏感性相对较低，但也有例外，如位于气候敏感地区（如沿海和洪泛区）的工业设施，以及一些对气候较为敏感的工业部门（如食品加工）。

气候变化对工业活动的直接影响主要是温度以及降水量变化。例如在加拿大，与天气有关的道路交通事故每年的损失至少 1 亿加元，而在美国超过四分之一的飞机延误是与天气有关的。此外，工业设施往往位于易受极端天气事件影响的地区，卡特里娜飓风事件就是一个例子。当极端事件威胁基础设施如桥梁、道路、管道或传输网络时，经济损失会更大。不过也存在例外，即气候变化可能导致工业和基础设施对气候变化的耐受性增加，例如，一些在温带地区的冻融循环可减轻道路和跑道表面的恶化。

另外，气候变化对工业的间接影响有时也很显著。例如，在食品加工及造纸等原材料易受气候变化影响的工业部门，生产投入会受气候变化的影响。还有，在一些易受气候变化影响的工业部门，如果长期受到气候变化的影响，其区域模式会受到影响。工业生产还会间接受与气候变化相关的政策和市场的影响，从而使技术和地点的选择发生变化，影响工业产品和服务的价格和需求。

人居环境方面，几乎可以肯定，会在各个方面受气候变化的影响。定居点容易受到区域特定事件的影响。发达国家和发展中国家越来越多的人口分布在海边、斜坡、峡谷等一

些风险较大的区域。在全球范围内海边人口数在快速增长，但海边聚居点越来越容易受到海平面上升的威胁。在发展中国家一些非正式的聚居点经常建在较危险区域，与气候相关的洪灾，滑坡等灾害对其影响尤其较大。

气候变化导致的海平面上升会对人居环境造成影响，这种影响在海岸基础设施、人口、经济活动上表现得较显著。另外，与气候变化相关的降水量的变化对人居环境也有影响，其显著表现在干旱半干旱等缺水区域以及对冰川和雪水依赖较大的区域。气候变化对人居环境的影响还可以通过其对人类健康的影响来达到。比如，除了热浪和空气污染导致的呼吸窘迫，温度、降水量和湿度的变化都会影响疾病的传播，为疾病的爆发创造条件。

虽然人居环境会受到一些直接气候变化的影响，但这些气候变化通常是与其他因素（如城市的建筑条件、卫生条件、水资源状况等）协同作用来影响人居环境，在一些区域，贫困、政治和经济的不平等和不安全等因素非常显著，以至于气候变化对人居环境的影响非常显著。

气候变化对社会的影响通常随区域地理位置的不同而不同。比如现在居住在极地地区或接近冰川区域的居民以及低海拔岛屿国家已经受到了威胁。但越来越多的人认为气候变化引起的社会影响主要由气候变化与经济社会体制间的相互作用决定，而且这种影响的大小也由相应的经济社会体制决定。

3.3 CO_2 减排

有很多研究致力于减少大气中 CO_2 的浓度，归结起来有三种策略：减少 CO_2 产生量、CO_2 的利用以及 CO_2 的捕集与封存。当前，CO_2 控制技术主要包括：

（1）提高能量使用和转化效率。包括提高发电厂效能，提升燃料的使用效能，减少对汽车的依赖，发展高效能建筑物等。

（2）燃料代替与 CO_2 的捕集及封存。包括使用天然气资源代替煤、捕集及封存燃煤电厂产生的 CO_2、捕集及封存来自综合燃料电厂的 CO_2 等。

（3）使用核能来代替煤发电。

（4）使用可再生资源。包括使用风能发电、加强太阳能使用和加强可再生燃料（包括氢及生物质能）的利用。

（5）加强 CO_2 的资源化利用。包括固定为尿素、无机碳酸盐等小分子化合物，甲醇、甲烷等能源化学品。

（6）加强森林和农业土壤的固碳能力。包括增强对森林的管理和对耕地的管理等。

3.3.1 CO_2 排放源头控制

此类措施意指采取政策、技术、人文等手段充分挖掘 CO_2 减排的潜力和尽量降低碳排放的可能。目前主要提出两种措施来减少 CO_2 的排放，即优化能源结构和提高能量使用效率。

能源是人类社会经济发展的基础，更确切地说，人类社会需要的是能源服务，如取暖所需的热能、照明所需的光能和旅行所需的移动力等，而这些能源服务是通过初始的一次能源（如煤炭、石油、天然气等），经过多个加工、转化、储运环节，以能源载体的形式达到消费侧，然后消费者通过终端能源利用设备获得能源服务。完整的能源系统供应链如图 3-14 所示。

图 3-14　能源系统供应链示意图

图 3-14 所示的每个环节都可能对应着 CO$_2$ 排放，因此，每个环节的效率提高或引入低碳元素都将产生 CO$_2$ 减排效应。

例如：对一次能源供应而言，可行的减碳措施包括：用低碳或无碳能源代替高碳能源，如用天然气代替煤炭，风能代替煤炭作为发电能源等。根据图 3-1 显示，2019 年世界一次能源消费结构中以煤、石油、天然气为主的化石能源占 84%，核能、水力发电及其他可再生能源消耗的比例仅占总能源消费的 16%。因此能源使用造成的 CO$_2$ 排放很大程度上归因于化石能源的消耗，减少化石能源在能源结构中所占的比重，优化能源结构可以有效减少 CO$_2$ 气体排放。

对转化环节而言，可采用先进技术实现高碳能源的高效化、低碳化利用，如用煤炭IGCC 发电代替传统的粉煤发电方式。

对载能体运输环节，以输电为例说明，采用超导传输技术比传统高压传输技术的线损小、效率高，进而可实现碳减排。终端设备的节能更应该引起重视，原因在于某"放大效应"。图 3-15 以煤电产业链为例展示了各环节能流示意图，可见到达终端用户的有效输出只有原开采能源的 20%~25%，终端耗电侧提高 1% 的相对效率就相当于能源源头提高4%~5% 的相对效率，并同时减少 4%~5% 的碳排放。此类放大效应可通过经济、道德、制度等手段来实现。

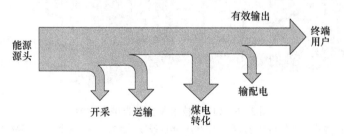

图 3-15　煤电产业链的能流示意图

能源活动的最终目的是满足能源需求，因而，需求的降低能够直接实现化石能源消耗和碳排放的降低。笔者将可降低的需求分成两个类别：刚性需求和柔性需求。所谓刚性需求，是指社会经济发展阶段对应的规律性的能源需求上升，这部分需求可来自城市化的基础设施建设、工业化的原料消耗和机动化的燃料消耗等。降低刚性需求的途径是切断经济增长与能源需求间的必然联系，这可通过优化调整国家经济产业结构，以新型工业代替传统重化工业，并大力发展第三产业来实现。所谓柔性需求，可理解为人类社会生活中可压缩的需求，这部分需求的存在与否并不会对社会生活的正常运转产生较大影响，例如冬季房间取暖的同时开窗而导致供暖的额外耗能。为降低柔性需求，可通过制定合理的价格机制来引导消费者更加高效地利用能源（如按照温度和流量收取冬季的取暖费用，而非按照建筑面积收取）。此外，媒体的宣传功能也可引导人类改变生活理念和行为习惯，倡导回归自然的生活方式和勤俭节约的社会风尚。

3.3.2　CO_2 排放后处理

CO_2 排放后处理指的是针对化石能源系统产生的碳排放，采取后处理方式延缓或阻止 CO_2 进入大气，主要途径为 CO_2 捕集、利用与封存（carbon capture, utilization and storage，CCUS）。

CCUS 是指将 CO_2 从工业过程、能源利用或大气中分离出来，直接加以利用或注入地层以实现 CO_2 永久减排的过程（见图 3-16）。CCUS 在 CO_2 捕集与封存（CCS）的基础上增加了"利用（utilization）"，这一理念是随着 CCS 技术的发展和对 CCS 技术认识的不断深化，在中美两国的大力倡导下形成的，目前已经获得了国际上的普遍认同。CCUS 按技术流程分为捕集、输送、利用与封存等环节（见图 3-17）。

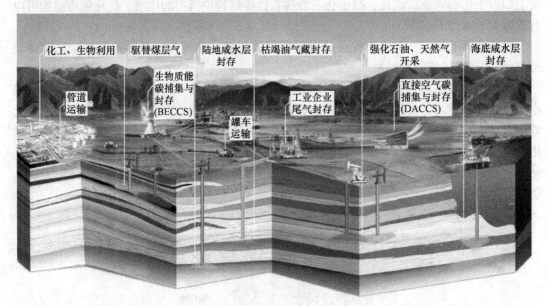

图 3-16　CCUS 技术及主要类型示意图
（中国二氧化碳捕集利用与封存（CCUS）年度报告（2021）——中国 CCUS 路径研究）

CO_2 捕集是指将 CO_2 从工业生产、能源利用或大气中分离出来的过程，主要分为燃烧前捕集、燃烧后捕集和富氧燃烧捕集。

CO_2 输送是指将捕集的 CO_2 运送到可利用或封存场地的过程。根据运输方式的不同，分为罐车运输、船舶运输和管道运输，其中罐车运输包括汽车运输和铁路运输两种方式。

CO_2 利用是指通过工程技术手段将捕集的 CO_2 实现资源化利用的过程。根据工程技术手段的不同，可分为 CO_2 地质利用、CO_2 化工利用和 CO_2 生物利用等。其中，CO_2 地质利用是将 CO_2 注入地下，进而实现强化能源生产、促进资源开采的过程，如提高石油、天然气采收率，开采地热、深部咸（卤）水、铀矿等多种类型资源。

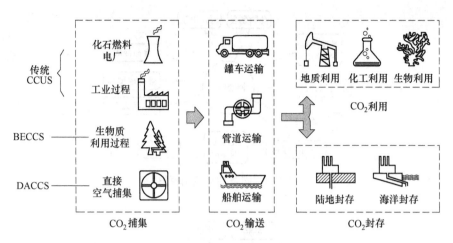

图 3-17 CCUS 技术环节

（来自中国 21 世纪议程管理中心（2021））

CO$_2$ 封存是指通过工程技术手段将捕集的 CO$_2$ 注入深部地质储层，实现 CO$_2$ 与大气长期隔绝的过程。按照封存位置不同，可分为陆地封存和海洋封存；按照地质封存体的不同，可分为咸水层封存、枯竭油气藏封存等。

3.3.2.1　CO$_2$ 的资源化利用

CO$_2$ 的资源化利用意在将 CO$_2$ 变废为宝，将其作为保护气、原料气等应用于工业过程。根据 CO$_2$ 利用时的物理形态不同，其利用可分为液态利用、固态利用和超临界利用三类。图 3-18～图 3-20 分别展示了 CO$_2$ 以液态、固态和超临界状态的应用范围，本书后续章节将对其展开具体阐述。

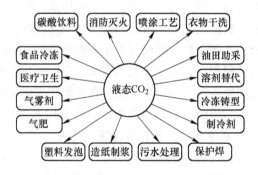

图 3-18　液态 CO$_2$ 应用范围

作为有希望大规模资源化利用的途径，CO$_2$ 在化工中的应用越发引起了科学界和工业界的高度重视，主要包括四类应用：生产化肥、生产无机化工产品、生产精细化工产品以及合成有机碳酸酯。

在生产化肥方面，CO$_2$ 是生产尿素、碳酸氢铵和纯碱的主要原料。对于目前一个中等规模的化肥厂，生产每吨尿素耗 CO$_2$ 730～780kg，每吨碳酸氢铵耗 CO$_2$ 560～650kg，每吨纯碱耗 CO$_2$ 310～400kg。在生产无机化工产品方面，以 CO$_2$ 与金属或非金属氧化物为原料

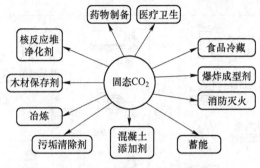

图 3-19　固态 CO$_2$ 应用范围

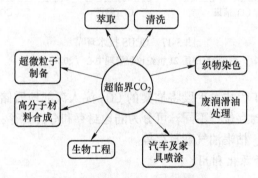

图 3-20　超临界 CO$_2$ 应用范围

可生产 NaHCO$_3$、CaCO$_3$、K$_2$CO$_3$、BaCO$_3$、碱式 PbCO$_3$、Li$_2$CO$_3$、轻质 MgCO$_3$、轻质 CaCO$_3$、超细 CaCO$_3$、精制 CaCO$_3$ 等无机化学品。

在生产精细化工产品方面，CO$_2$ 与胺、醇、活性亚甲基、烯烃、二烯烃等有机物进行合成反应可得到氨基甲酸、碳酸酯、环内酯、吗唑酮或吗唑烷的衍生物。CO$_2$ 还可与环氧化物、直链或环状醚、胺、乙烯基醚、烯烃等共聚制得脂肪族聚碳酸酯，它具有生物可降解性能，是一种医用高分子材料，亦可用于氧的富集。CO$_2$ 催化加氢则可获得诸多产品。

此外，CO$_2$ 在精细化工中还可用于烃烷基化、合成聚脲等高分子化合物，还可合成烷基胺与烷基甲酸胺、对羟基萘甲酸、邻羟基苯甲酸、六亚甲基二异氰酸酯、碳酸亚乙酯、碳酸丙烯酯以及用 CO$_2$ 生产双氰胺等。此处不再逐一赘述。

在合成有机碳酸酯方面，产品包括碳酸二甲酯（DMC）、碳酸乙烯酯（EC）、碳酸丙烯酯（PC）和碳酸二苯酯（DPC）等。其中，碳酸二甲酯是一种绿色化学品，既可代替剧毒的光气作为碳基化剂，又可替代剧毒且致癌的硫酸二甲酯（DMS）作为甲基化剂，碳酸二甲酯还可替代甲基叔丁基醚（MTBE）作为汽油辛烷值添加剂，它还可以作为一种合成聚碳酸酯的低毒原料。碳酸乙烯酯则作为高沸点有机溶剂广泛用于塑料、高分子合成及电介质中。碳酸丙烯酯则用作 CO$_2$ 物理吸收溶剂。碳酸二苯酯与双酚 A 一起可合成聚碳酸酯。

CO$_2$ 与甲醇或乙醇等反应生成碳酸二甲酯、碳酸二乙酯等，反应可在液相中进行，亦可在气相中进行，目前研究较多的是液相合成 DMC。CO$_2$ 与环醚合成环状碳酸酯，如与环氧乙烷反应合成碳酸乙烯酯，与环氧丙烷反应生成碳酸丙烯酯已实现工业化。该反应在高压下进行，合成碳酸乙烯酯在 $2.5 \sim 3.0$ MPa 与 $120 \sim 140$℃下进行，Fe-Hg，Fe-Cd 双金属配合物具有较高的催化活性。合成碳酸丙烯酯则在 $7 \sim 8$ MPa 与 $180 \sim 260$℃下进行。链状碳酸酯多用酯交换法生产，目前亦已工业化。

3.3.2.2 CO₂ 的捕集与封存

尽管存在多种途径对 CO_2 进行资源化处理，但其总的利用规模还十分有限。据政府间气候变化组织（Intergoverment Panel of Climate Change，IPCC）统计，在全球范围内，每年对 CO_2 资源化处理的规模占不到年度总碳排放的 1%。此外，大多数的 CO_2 资源化处理方式只是对碳排放起到了放慢脚步的作用，并不能从根本上阻止向大气排放 CO_2，原因在于经过资源化处理后的产品仍然含碳，其后续的利用不可避免地伴随着等量的碳排放，除非采取进一步的减排措施。所幸的是，CCS 有望实现大规模的碳减排。

CCS 的思路最早是由 Marchetti 于 1977 年提出来的，只是在近十年来才引起人们对其相关技术工艺的广泛重视。CCS 是指从电厂或其他 CO_2 排放大点源中分离回收 CO_2。而后进行再利用或运输至封存地，并注入地质结构中封存起来。因此，CCS 由三部分组成：CO_2 的分离回收、CO_2 的运输和 CO_2 的封存，下文将分别加以描述。

A CO₂ 的分离回收

CO_2 的分离回收指从含有 CO_2 的混合气体（如电厂烟气）中分离出 CO_2 的过程。对于不同性质的混合气体（或称原料气），适合分离回收 CO_2 的方法不同。目前，分离 CO_2 的方法主要有化学溶剂吸收法、物理溶剂吸收法、吸附分离、膜分离和低温分离 5 种，其中以化学溶剂法和物理溶剂法应用得最为广泛。

B CO₂ 的运输

从国际运行经验来讲，目前 CO_2 的运输主要有管道、罐车和油轮等方式。为了减小体积、提高运输效率，通常将集中回收得到的 CO_2 压缩至超临界状态运输，运输压力为 $10.3 \sim 17.2$ MPa，相比之下，管道运输是最为有效的运输手段，尤其对于像 CO_2 封存这样的大规模运输情况，另外，CO_2 管道的事故率同天然气及其他危险气体管道相比，是比较少的。目前，世界上有 6000 多千米长的 CO_2 运输管道，主要分布在美国和加拿大，其用途大多是油田封存以强化石油开采。美国目前每年使用管道运输 CO_2 约为 1.14 亿吨。罐车运输（铁路和公路）可以用于小型的示范项目，油轮运输 CO_2 类似于液化天然气（LNG）的运输，就长途运输而言比较有竞争力。

C CO₂ 的封存

CO_2 封存主要有直接封存和间接封存两大类，如图 3-21 所示。目前，世界范围内研究或应用较多的是直接封存中的地质封存类型，它同时也是目前较经济和可靠的实用技术。地质封存就是将 CO_2 存放在地下地层中的自然孔隙中，主要封存形式包括：强化石油或天然气开采（EOR/EGR）、强化煤层气开采（ECBM）和地下盐水层（Saline Aquifer）封存。

a 强化石油/天然气开采（EOR/EGR）

目前，世界上很多油气田经过多年的一次开采和二次开采，已进入中后期开发阶段，易采资源已经所剩无几，剩下的资源开采需要用各种提高采收率的驱动方式，以延长油气

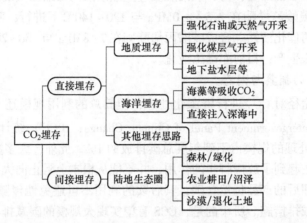

图 3-21　CO₂ 封存类型

田的开采寿命。通过向油藏注入 CO_2 等气体来提高油田采收率（EOR），是三次采油技术中的一种。从世界范围内来看，CO_2-EOR 技术相对比较成熟，且在近年来发展较为迅速。以美国为例，2004 年美国国内有 71 个 CO_2-EOR 项目运行，采用 CO_2-EOR 技术每日生产原油 20.6 万桶，约占全部 EOR 产量增量的 31%，约占原油总产量的 4%。

中国地质封存潜力为 1.21 万亿~4.13 万亿吨。中国油田主要集中于松辽盆地、渤海湾盆地、鄂尔多斯盆地和准噶尔盆地，通过 CO_2 强化石油开采技术（CO_2-EOR）可以封存约 51 亿吨 CO_2。中国气藏主要分布于鄂尔多斯盆地、四川盆地、渤海湾盆地和塔里木盆地，利用枯竭气藏可以封存约 153 亿吨 CO_2，通过 CO_2 强化天然气开采技术（CO_2-EGR）可以封存约 90 亿吨 CO_2。中国深部咸水层的 CO_2 封存容量约为 24200 亿吨，其分布与含油气盆地分布基本相同。其中，松辽盆地（6945 亿吨）、塔里木盆地（5528 亿吨）和渤海湾盆地（4906 亿吨）是最大的 3 个陆上封存区域，约占总封存量的一半。除此之外，苏北盆地（4357 亿吨）和鄂尔多斯盆地（3356 亿吨）的深部咸水层也具有较大的 CO_2 封存潜力。

b　强化煤层气开采（ECBM）

利用相当长时间内、经济上不适合开采的煤层的吸附来储存 CO_2 是除 EOR 外另一种比较有前途的地质封存方式。由于不同气体分子与煤之间作用力的差异，导致煤对不同气体组分的吸附能力有所不同。这种作用力与相同压力下各种吸附质的沸点有关，沸点越高，被吸附的能力越强，CO_2、CH_4、N_2 的被吸附能力依次降低。煤层气就是以吸附状态存在于煤层中的 CH_4，因而可以利用 CO_2 在煤体表面的被吸附能力是 CH_4 的两倍的特点来驱替吸附在煤层中的煤层气，同时达到提高煤层气的采收率和封存 CO_2 的目的。

CO_2-ECBM 技术已经在全世界多个国家范围内试验成功。美国伯灵顿公司在圣胡安盆地北部设立了 4 口 CO_2 注入井，并自 1996 年开始注入 CO_2。加拿大阿尔伯塔研究院于 2002 年完成了在本国实施的由 5 口井组成的 CO_2-ECBM 先导性试验，并将该技术向国际推广。我国的中联煤层气公司通过与阿尔伯塔研究院等国际机构合作，也已经于 2005 年在山西沁水盆地完成了 CO_2-ECBM 技术的微型先导性试验，取得了较为满意的结果。

我国的煤层气资源丰富，埋深 2000m 以内的储量约为 $31.5 \times 10^{12} m^3$，且分布面积广，但煤层的渗透性普遍较低，导致煤层气的可采率低。目前，我国的煤层开采平均深度为400~500m，个别矿区可达600m，随着开采深度的增加，开采难度越来越大，成本越来越高，安全性也越来越差。一般来说，在目前技术水平下，1000~1500m 以下的煤层很难开采。因而，可以利用 CO_2-ECBM 技术，向不宜开采的深煤层中注入 CO_2，同时还能增加煤层气的可采量，从而降低了 CO_2 封存的成本。

c 埋入地下盐水层（Saline Aquifer）

在沉积地层中，一部分岩石具有高孔隙度和高渗透系数；也有一部分岩石虽然可能有较高的孔隙度，但其渗透系数很低。高、低渗透系数岩层往往交替分布，这样，高渗透系数岩石中的流体移动就受到了周围特别是上部低渗透系数岩层的限制，从而长期停留在原处。除石油、天然气外，盆地中有更多的封闭构造，储存的是地层水，如果最初是海水，现在仍然有与海水相近或更高的含盐度，并增添了矿物溶解产生的化学成分，则称为化石水。在这样的封闭构造中，高渗透系数岩层被称为含水层。通过钻孔把 CO_2 注入封闭构造内的含水层中，即可实现 CO_2 的含盐水层封存，如图 3-22 所示。CO_2 的含盐水层封存容量取决于封闭构造内的含水层体积。为保证 CO_2 在地下处于超临界状态而不会转为气态，理想的 CO_2 封存地层深度为 1200~1500m，并应与饮用水源隔离。

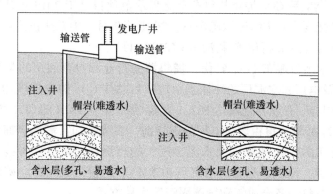

图 3-22 CO_2 地下含盐水层封存的原理

挪威的 Statoil 公司于 1996 年在北海的 Sleipner 天然气田建成了世界上第一个 CO_2 回注含盐水层封存的试验平台。该项目每年向地下注入约 100 万吨 CO_2，Statoil 还与其合作者在白令海 Snhvit 气田开展类似项目，预计年储存 700 万吨 CO_2。Exxon Mobil 公司与印尼国家石油公司也考虑在南海建立类似封存项目。此外，美国能源部也有在西弗吉尼亚州和得克萨斯州开展深部含盐水层封存 CO_2 项目的计划。对我国而言，有关这方面的研究工作处于起步阶段。

值得指出的是，尽管 CCUS 技术已越来越引起人们的重视，但是 CCUS 技术的发展仍面临着技术、资金、政策以及项目执行等诸多挑战，如：从集中排放的化石燃料发电厂捕集 CO_2 通常会增加发电厂的能源需求，配套有 CCUS 技术的大型发电厂的能源需求会增加 10%~40%，由此会带来额外的生产成本，另外，虽然特殊的地质构造如石油天然气储层、深盐沼池、不可开采的煤储层等是最有前途的储存地点，但是储存的长期安全性难以预测，可能会有 CO_2 从储存地点泄漏的危险。因此，CCUS 技术距离大规模工业化应用还有一段距离。

3.3.2.3 中国 CCUS 现状

中国已投运或建设中的 CCUS 示范项目约为 40 个，捕集能力为 300 万吨/年。多以石油、煤化工、电力行业小规模的捕集驱油示范为主，缺乏大规模的多种技术组合的全流程工业化示范。2019 年以来，主要进展如下：

（1）捕集。国家能源集团国华锦界电厂新建 15 万吨/年燃烧后 CO_2 捕集项目；中海油丽水 36-1 气田开展 CO_2 分离、液化及制取干冰项目，捕集规模 5 万吨/年，产能 25 万吨/年。

（2）地质利用与封存。国华锦界电厂拟将捕集的 CO_2 进行咸水层封存，部分 CO_2-EOR 项目规模扩大。

（3）化工、生物利用。20 万吨/年微藻固定煤化工烟气 CO_2 生物利用项目；1 万吨/年 CO_2 养护混凝土矿化利用项目；3000 吨/年碳化法钢渣化工利用项目。

中国已具备大规模捕集利用与封存 CO_2 的工程能力，正在积极筹备全流程 CCUS 产业集群。国家能源集团鄂尔多斯 CCS 示范项目已成功开展了 10 万吨/年规模的 CCS 全流程示范。中石油吉林油田 EOR 项目是全球正在运行的 21 个大型 CCUS 项目中唯一一个中国项目，也是亚洲最大的 EOR 项目，累计已注入 CO_2 超过 200 万吨。国家能源集团国华锦界电厂 15 万吨/年燃烧后 CO_2 捕集与封存全流程示范项目已于 2019 年开始建设，建成后将成为中国最大的燃煤电厂 CCUS 示范项目。2021 年 7 月，中石化正式启动建设我国首个百万吨级 CCUS 项目（齐鲁石化-胜利油田 CCUS 项目）。

中国 CCUS 技术项目遍布 19 个省份，捕集源的行业和封存利用的类型呈现多样化分布。中国 13 个涉及电厂和水泥厂的纯捕集示范项目总体 CO_2 捕集规模达 85.65 万吨/年，11 个 CO_2 地质利用与封存项目规模达 182.1 万吨/年，其中 EOR 的 CO_2 利用规模约为 154 万吨/年。中国 CO_2 捕集源覆盖燃煤电厂的燃烧前、燃烧后和富氧燃烧捕集，燃气电厂的燃烧后捕集，煤化工的 CO_2 捕集以及水泥窑尾气的燃烧后捕集等多种技术。CO_2 封存及利用涉及咸水层封存、EOR、驱替煤层气（ECBM）、地浸采铀、CO_2 矿化利用、CO_2 合成可降解聚合物、重整制备合成气和微藻固定等多种方式。

3.3.3 碳减排政策

温室效应引起的气候变化引起了国际社会的关注。但由于温室效应的全球性特征，理论上讲，只有在国际框架的范围内才有抑制温室效应的可行性。1991 年 2 月，联合国组成气候公约谈判工作组，并于 1992 年 5 月在纽约联合国总部通过《联合国气候变化框架公约》，1992 年 6 月在巴西里约热内卢召开的联合国环境与发展会议期间，143 个国家和区域一体化组织正式签署该公约。1994 年 3 月 21 日，该公约生效，截至 2016 年 6 月，该公约共有 197 个缔约方。公约目标在于将大气中温室气体浓度稳定在防止气候系统受到危险的人为干扰的水平上。但是该公约只规定发达国家应该在 2000 年之前将温室气体的排放稳定在 1990 年的水平，没有规定 2000 年后缔约方应具体需承担的义务，也未规定实施机制。从这个意义上说，该公约缺少法律上的约束力。因此，第一次公约缔约方大会于 1995 年 3 月 21 日在德国柏林召开，缔约方认为应该就 2000 年后发达国家应采取的限控措施进行磋商，并制定后续从属的议定书以设定强制排放限制。自 1995 年起，公约缔约方每年召开缔约方会议以评估应对气候变化的进展。

1997 年 12 月在日本京都召开的公约第三次缔约方大会上，气候变化框架公约的缔约方通过了《京都议定书》。议定书表示要遵循气候变化框架公约中"普遍但有区别的责任"原则，发达国家从 2005 年开始承担减少温室气体排放的法律义务，到 2012 年，发达国家排放的温室气体的数量要比 1990 年减少 5.2%。而发展中国家由于未大量参与工业化时期 CO_2 的排放，造成现在的气候变化，所以将从 2012 年开始承担减排义务。具体来说，与 1990 年相比，2008~2012 年欧盟减少 8%、美国减少 7%、日本减少 6%、加拿大减少 6%、东欧各国减少 5%~8%，而新西兰、俄罗斯和乌克兰可保持不变，爱尔兰、澳大利亚和挪威的排放量分别允许增加 10%、8% 和 1%。

根据 2007 年气候变化框架公约缔约方第十三届会议通过的《巴厘岛路线图》的规定，2009 年在哥本哈根召开的缔约方第十五届会议诞生了《哥本哈根议定书》，以取代 2012 年到期的《京都议定书》。但是在 2009 年的哥本哈根会议上，各方对草拟的《哥本哈根协议》内容有很大分歧。最终哥本哈根会议并未能出台一份有法律约束力的协议文本，也未包含促使发达国家减少排放量的有力措施。所以《京都议定书》第二承诺期是 2011 年在德班举行的公约第十七次缔约方会议的核心议题之一。会议规定了发达国家量化减排指标的《京都议定书》第一承诺期将于 2012 年底到期。而第二承诺期要在 2012 年卡塔尔举行的联合国气候变化大会上正式被批准，并于 2013 年开始实施。

2012 年 12 月 8 日，在卡塔尔举行的第 18 届联合气候大上，通过了《京都议定书》第二承诺期修正案，本应于 2012 年到期的《京都议定书》被同意延长至 2020 年。参与会议的相关发达国家和经济转轨国家设定了 2013 年 1 月 1 日至 2020 年 12 月 31 日的温室气体量化减排指标。会议要求发达国家继续增加出资规模，帮助发展中国家提高应对气候变化的能力，会议还对德班平台谈判的工作安排进行了总体规划。但在减排问题上，尽管《京都议定书》第二承诺期定为 8 年，降低了对发达国家减排力度的要求，但日本、加拿大、新西兰等发达国家仍未接受第二承诺期，俄罗斯也在 2012 年 12 月 31 日宣布将于 2013 年起退出《京都议定书》的第二承诺期。另外，大会也没有就发达国家减排指标做出强制规定。这些使得全球平均气温上升不超过 2℃ 的目标难以实现。

2015 年 12 月 12 日，《联合国气候变化框架公约》近 200 个缔约方在巴黎气候变化大会上达成《巴黎协定》。这是继《京都议定书》后第二份有法律约束力的气候协议，为 2020 年后全球应对气候变化行动作出了安排。《巴黎协定》的最大贡献在于明确了全球共同追求的"硬指标"。协定指出，各方将加强对气候变化威胁的全球应对，把全球平均气温较工业化前水平升高控制在 2℃ 之内，并为把升温控制在 1.5℃ 之内努力。只有全球尽快实现温室气体排放达到峰值，本世纪下半叶实现温室气体净零排放，才能降低气候变化给地球带来的生态风险以及给人类带来的生存危机。

中国在《巴黎协定》提出了自主贡献，CO_2 排放 2030 年到达峰值并争取尽早达峰，单位国内生产总值 CO_2 排放比 2005 年下降 60%~65%，非化石能源占一次能源消费比重达到 20% 左右，森林蓄积量比 2005 年增加 45 亿立方米左右。与此同时，国家主席习近平提出"巴黎协定不是终点，而是新的起点"，我国已经将生态文明建设融入到"十三五"规划，为实现这四大目标我国将采取多项具体措施。2020 年 9 月 22 日，国家主席习近平在第七十五届联合国大会一般性辩论上表示，中国将提高国家自主贡献力度，采取更加有力的政策和措施，CO_2 的碳排放力争于 2030 年前达到峰值，努力争取到 2060 年前实现"碳中和"。

CO_2 减排政策工具多种多样，按其作用的范围划分为国际和国内层面的政策工具。国家层次的主要政策工具主要包括排放税（或能源税、碳税）、排放权贸易、复合排放权交易、补贴、政府规制等。国际层次的主要政策工具包括：排放权贸易、联合履约、清洁发展机制、国际排放税（或能源税、碳税）、直接国际资金和技术转移等。

为了缓解和应对全球气候变化为人类带来的负面影响，《京都议定书》不仅明确了发达国家应当承担主要责任，而且首次为发达国家缔约方订立了量化的温室气体减排目标。但是，由于发达国家的工业化已经完成，技术和设备先进，减排空间较小，减排成本高昂，为了降低此类国家的履约成本和有效实现公约目的，《京都议定书》确立了三个灵活机制——国际排放贸易机制（简称 ET）、联合履行机制（简称 JI）和清洁发展机制（简称 CDM）。其中，JI 和 CDM 属于碳减排项目合作机制，是指通过发达国家之间（JI）或者发达国家和发展中国家之间（CDM）的合作，将通过实施温室气体减排项目获取的碳排放信用作为履约客体的碳排放贸易机制。其中，CDM 是发达国家和发展中国家之间的碳减排项目合作机制，发达国家通过为发展中国家提供资金和技术的方式与发展中国家合作实施碳减排项目，不仅可以降低其减排成本，而且有利于提高发展中国家的气候适应能力。因此，CDM 产生伊始就成为全球碳交易市场的追逐对象，并成为我国参与国际碳市场的主要方式。上述合作机制允许采取以下四种减排方式以完成减排任务：

（1）两个发达国家之间可以进行排放额度买卖，即"排放权交易"。难以完成削减任务的国家，可以花钱从超额完成任务的国家买进超出的额度。

（2）以"净排放量"计算温室气体排放量，即从本国实际排放量中扣除森林所吸收的二氧化碳的数量。

（3）可以采用绿色开发机制，促使发达国家和发展中国家共同减排温室气体。

（4）可以采用"集团方式"，即欧盟内部的许多国家可视为一个整体，采取有的国家削减、有的国家增加的方法，在总体上完成减排任务。

目前国际上和国内层面的各种碳排放政策工具有以下几方面：

（1）碳税。碳税是指对石化能源征收的消费税。设计的税率由三部分构成：一部分由该能源的含碳量决定，所有固体和液体的矿物能源（包括煤、石油及其各种制品）都要按含碳量缴纳碳税。另一部分是 CO_2 税，根据每吨 CO_2 排放量征收。按 1t 碳等于 3.67t 二氧化碳换算，很容易将 CO_2 税转换为碳税；第三部分是能源税，是根据消费的能源量来征收的，相对碳税或 CO_2 税，能源税也包括核能和可再生能源。

碳税的征收会提高石化能源产品的价格，也间接促进石化资源的节约利用，让非石化能源价格上更具有竞争优势，所得的税收也可以用于减排技术的研究和环境的保护，从而最终使得温室气体排放的减少。

（2）排放权交易。CO_2 排放权交易制度的基本内容是：首先设定 CO_2 排放水平的总额度，然后将这一额度分解成一定单位排放权，将这些排放权分配给排放 CO_2 的经济主体，并允许将排放权进行出售。经济主体如果排放的 CO_2 少于初始分配的额度，就可以出售剩余的额度，而如果排放量大于初始分配的额度，就必须购买额外的额度。

（3）复合排放权交易体系。经济学家将以价格为基础的碳税和以数量为基础的一般排放权交易制度结合起来，就是复合排放权交易体系。这一交易体系共有永久排放权和年度排放权两种类型的排放权，这两者加起来就是经济主体被允许排放的 CO_2 总量。永久排放权决定了经济主体每一年允许排放的 CO_2 量，复合排放权决定了经济主体在一个特定年份允许排放的额度。

（4）财政补贴。财政补贴就是通过国家财政对有利于减少 CO_2 排放的能源及其相关产品如可再生能源、节能技术投资与开发等项目进行补贴，来促进二氧化碳减排。

（5）政府规制。政府规制又称政府管制，是指政府运用公共权力，通过制定特定的规则，对 CO_2 排放的个人和组织的行为进行限制与调控。政府规制一般分为政府定价和指令标准两种。前者就是对能源产品价格的直接设定，后者是通过对一些高能耗行业制定标准来限制能耗，促进 CO_2 减排。政府规制是我国以及世界上其他国家经常用到的一种方法。

3.4　未来能源结构下 CO_2 的排放——评述与展望

本章详细论述了工业化进程以来世界能源结构的变迁过程以及未来的发展趋势，并介绍了大气层中 CO_2 含量的变化以及 CO_2 等温室气体导致的气候变化，另外就可能采取的措施以及国际上为抑制气候变化所制定的政策进行了简要介绍。

目前排放 CO_2 较少的核能、水力发电以及太阳能、风能、潮汐地热能等可再生能源尚处于初期发展阶段，到 2030 年全球一次能源消耗还会以石油、煤、天然气等化石能源为主。这样必然将导致 CO_2 排放量的增加。随着各个国家减排压力和能源压力的增大，需要发展较清洁的能源。从主观上来讲，这会迫使 CO_2 的排放速度减缓，比如可能会逐渐增加天然气等在化石能源中消费的比重。从长远来看，核能、水力发电以及其他可再生能源也会逐渐发展。但若要使得清洁能源取得较大进展，更多的要靠技术或者经济因素来推进，比如设法使清洁能源相比于化石能源来讲更高效、更经济、成本更低。另外，一些措施需要落实以使大气中二氧化碳稳定在不会引起气候变化威胁人类生存的水平，比如减少 CO_2 的排放、CO_2 的储存和 CO_2 的利用，通常在实际操作中，这些措施是综合采用的。

参 考 文 献

［1］英国石油公司 . 世界能源统计年鉴 2020 ［R］. 2020.

［2］国际能源署 . 世界能源展望 2019 ［R］. 2019.

［3］世界资源研究所 . 世界温室气体排放量：2016 ［R］. 2020.

［4］荷兰环境评估署 . 全球二氧化碳和温室气体总排放量的趋势报告（2020 年）［R］. 2020.

［5］国际能源署 . 来自燃料燃烧的二氧化碳排放 2018：回顾 ［R］. 2018.

［6］英国石油公司 . 世界能源统计年鉴（第 70 版）［R］. 2021.

［7］美国国家海洋和大气管理局 . 大气二氧化碳的趋势 ［Z］. 2021.

［8］政府间气候变化专门委员会 . 第五次评估报告 ［R］. 2014.

［9］生态环境部 . 中国二氧化碳捕集利用与封存（CCUS）年度报告（2021）——中国 CCUS 路径研究 ［R］. 2021.

习　题

3-1　温室气体过量排放可以引起哪些气候问题？

3-2　气候变化对人类生存有哪些影响？

3-3　二氧化碳减排有哪些途径？

3-4　要构建更加低碳的社会，从政策角度来说有哪些进展？

4 集中排放 CO_2 的捕集技术

4.1 概　述

中国的 CO_2 排放绝大部分来自化石燃料的燃烧过程，排放量在前几位的行业是发电行业、水泥行业、交通运输行业、钢铁行业和化工行业等。其中，发电行业的 CO_2 排放占中国碳排放总量的 40% 以上。相比交通运输行业，其他大型 CO_2 排放源均为固定点源形式，便于集中实施大规模 CO_2 减排。在固定点源碳排放中，化工行业排放的 CO_2 浓度均在 80% 以上，这样的高纯度使得 CO_2 捕集难度小、成本低，经过简单处理后就可以直接送去运输、利用和封存。而其他固定点源碳排放，例如发电行业、水泥行业、钢铁行业等的 CO_2 浓度很低（20% 以下），需要采取复杂的 CO_2 捕集技术，且成本较高。因此，在 CO_2 减排的初级产业阶段，更适合考虑高纯度的碳排放源，尤其是规模很大的煤化工项目。随着 CO_2 减排力度的不断增大，逐渐考虑发电行业、水泥行业和钢铁行业等。然而，从技术储备的角度而言，低浓度碳排放源（尤其是发电厂）的 CO_2 捕集需要及早开始研发和示范，为后续大规模产业化提供技术保障。

按照 CO_2 捕集位置的不同，工程界通常将 CO_2 捕集系统分为以下三种：燃烧后捕集（post-combustion）、燃烧前捕集（pre-combustion）和富氧燃烧捕集（oxyfuel），图 4-1 为 CO_2 捕集系统的流程示意图。

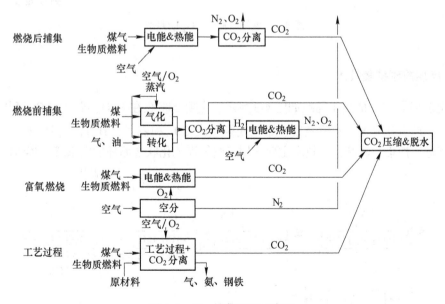

图 4-1　CO_2 捕集流程示意图

4.1.1　燃烧后碳捕集技术

燃烧后捕集即在化石燃料燃烧后排放的烟气中捕集 CO_2。该技术适用范围广，原理相对简单，与现有电厂匹配性好。目前绝大多数火力发电厂，包括新建和改造电厂，主要采用燃烧后捕集的方法开展 CO_2 的捕集。早在 20 世纪 70 年代，该捕集原理就已被用于烟气中 CO_2 的回收。化学吸收法捕集 CO_2 是最成熟的工艺，常用的吸收剂主要有醇胺水溶液、碱水溶液（氨水）和碱金属基水溶液等，其中基于醇胺溶液的化学吸收法是目前最为成熟的 CO_2 捕集技术。

由于电厂通常用空气（80%为氮气）助燃，产生的烟道气通常为常压气体且 CO_2 浓度低于15%。因此，与脱硫（硫化物）或脱硝（脱氮氧化物）不同，脱碳（脱 CO_2）的难点在于 CO_2 的化学性质稳定且排出的 CO_2 常常被空气中的氮气稀释，CO_2 浓度较低（10%~15%）。由于燃烧后烟道气体积流量大、CO_2 分压小，导致脱碳过程的能耗较大，设备的投资和运行成本较高，从而致使捕集成本相对较高。尽管有以上缺点，从短期来看，燃烧后捕集技术在减少温室气体排放方面还是最有潜力的，预期2/3的发电厂会采用燃烧后脱碳技术。

图 4-2 是燃烧后捕集 CO_2 的路线，其中将烟道气冷却后进行 CO_2 吸收，富 CO_2 液体直接送往再生器。

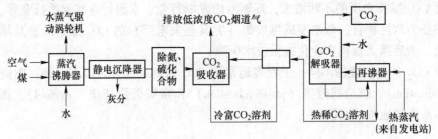

图 4-2　燃烧后捕集 CO_2 的路线

4.1.2　燃烧前碳捕集技术

燃烧前捕集 CO_2 的技术路线如图 4-3 所示，主要是将煤在 H_2O、空气或 O_2 环境下使其高压气化，产生合成气，然后经过水煤气变换生成 CO_2 和氢气（H_2），此时 CO_2 浓度很高便于对其进行捕集、联产，该技术主要运用于整体煤气化联合循环发电系统（IGCC）。

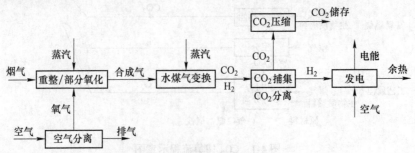

图 4-3　燃烧前捕集 CO_2 的路线

　　燃烧前捕集技术就是在碳基原料燃烧前，将煤在 H_2O、空气或 O_2 环境下使其高压气化，产生合成气，然后经过水煤气变换生成 CO_2 和氢气（H_2）。即将化学能从碳中转移出来，然后再将碳和携带能量的其他物质进行分离，从而达到脱碳的目的。整体煤气化联合循环发电系统 IGCC（integrated gasification combined cycle）就是将煤气化技术和高效的联合循环相结合的先进发电技术。IGCC 是最典型的可以进行燃烧前捕集技术的系统，由于 IGCC 系统中的气化炉都采用富氧或纯氧加压气化技术，这使得所需分离的气体体积大幅度减小，CO_2 浓度显著增大，从而大大降低了分离过程的能耗和设备投资，成为未来电力行业捕集 CO_2 的优选方案。采用燃烧前碳捕集技术，燃料所具有的热值可转载给 H_2 等能量载体，即在电厂或其他的热量供给过程中，在期望的能量转化进行之前，就把 CO_2 从过程中分离出去。这里富 CO_2 气体和富 H_2 气体的生产通常通过部分氧化反应、水蒸气重整反应或自热重整反应，以及随后的水煤气变换等过程来完成。如采用 IGCC 系统，燃烧前合成煤气中的 CO 富集度高，且可通过转化反应（$CO + H_2O = CO_2 + H_2$）把 CO 转化为 CO_2 和氢气，转化后 CO_2 的富集度提高到 30%～40%，再通过成本较低的物理吸收系统将 CO_2 分离，剩下的大部分为理想的富氢燃料气。与燃烧后碳捕集方法相比，由于分离与吸收 CO_2 是在未被氮气稀释的合成煤气中进行，减少了分离器的尺寸以及溶剂分离量，原料气气量大幅度减少，仅为燃烧后碳捕集技术的 1%，总压和 CO_2 分压均较高，且原料气不含 O_2、灰尘等杂质，从而大大降低了成本，能耗也大幅度降低。不过，该过程也存在不足之处，一方面是增加燃料气转化反应环节后，会降低总的燃料气效率。另一方面，在转化过程和分离、回收 CO_2 过程时需对煤气进行冷却，同时在溶剂再生过程中均需要冷却，导致能量损失，使系统净输出功降低，效率下降。

　　据中国 IGCC 多联产峰会官方网站的统计，目前我国拥有 12 个 IGCC 项目。2016 年位于华能集团天津 IGCC 电站的中国首套燃烧前 CO_2 捕集装置经过连续三天的满负荷运行测试，标志着我国在燃烧前 CO_2 捕集技术领域取得了重要进展，为实现污染物和 CO_2 近零排放的煤基清洁发电技术进一步发展奠定了基础。自投产以来，天津 IGCC 已累计为社会供应了超过 39 亿千瓦时的绿色电能。然而 IGCC 在我国发展应用缓慢，面临巨大的挑战，主要原因是 IGCC 需在高温高压条件下运行，对设备要求较高，投资成本高，电站建设周期长，大规模商业化运行尚有困难。进一步降低造价、提高效率，是 IGCC 未来的发展方向，是实现发电厂 CO_2 近零排放的重要基础。

4.1.3　富氧燃烧技术

　　由上述可知，从常规燃烧方式产生的烟道气中捕集 CO_2 的主要问题是由于烟道气中的 CO_2 含量较低，分离设备复杂导致一次投入较高。如能在燃烧过程中大幅度提高燃烧产物中的 CO_2 浓度，则有望降低捕集成本。富氧燃烧技术（O_2-CO_2 燃烧技术）利用空分系统制取富氧或纯氧，然后将燃料与氧气一同输送到专门的纯氧燃烧炉进行燃烧，生成烟气的主要成分是 CO_2 和水蒸气。燃烧后的部分烟道气重新回注燃烧炉，一方面降低燃烧温度，另一方面进一步提高尾气中 CO_2 浓度，最终尾气中 CO_2 浓度可达 95% 以上。由于烟道气的主要成分是 CO_2 和 H_2O，可不必分离而直接加压液化回收处理，从而显著降低 CO_2 的捕集能耗。

　　图 4-4 为富氧燃烧原理示意图，由于在制氧的过程中绝大部分氮气已被分离，其燃烧

产物中 CO_2 的含量将可达 95%，从而无需分离直接将大部分的烟道气液化回收处理，少部分烟道气（再循环烟气）与氧气按一定的比例送入炉膛进行与常规燃烧方式类似的燃烧过程，再循环烟道气的量基于其理论燃烧温度值与常规空气燃烧温度值相等的原则确定，以保证常规燃烧室的正常工作。

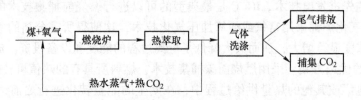

图 4-4　富氧燃烧原理示意图

该技术的主要优点在于：

（1）燃烧产物中 CO_2 的浓度高（约 95%），可以直接回收。

（2）硫化物 SO_2 也能被液化回收，可省去烟道气脱硫设备。

（3）氮氧化物 NO_x 的生成量减少，因此有可能不用或少用脱氮设备，减少成本。

（4）在常规燃烧中，过量空气确定后燃烧产物的量也相应确定，因此在考虑燃烧与传热最优化设计时从未将烟道气量作为一个可变的因素加以考虑。而采用富氧燃烧技术后，由于燃烧中的 CO_2 再循环的比例是可变因素，即燃烧产物的量是可以选择的，有可能在燃烧、辐射传热、对流传热等方面作最优化设计，使煤粉的燃烧与燃尽水平、污染物的产生、传热及阻力损失、材料消耗、运行费用等方面达到最优化。

目前大型的富氧燃烧技术仍处于研究阶段，原因在于富氧燃烧技术必须采用专门的纯氧燃烧技术，由于燃烧温度高，对燃烧设备的材料要求很高。此外，富氧燃烧所需的氧气需要由空分系统供给，将大幅度提高一次投资成本。

与不需要考虑 CO_2 捕集的传统工艺流程相比，燃烧后脱碳、燃烧前脱碳和富氧燃烧三个过程都会降低流程的热效率，且要求额外设备和操作单元。由于这些过程通常存在不同气体间的分离过程，尤其是 CO_2 的分离（从烟道气中或从 $H/CO/CH/H_2O$ 中分离 CO_2），加上从空气中分离 O_2 的过程，使得工艺流程变得复杂，操作成本提高，因此如何提高这些新流程的能量利用效率，并降低操作成本，是决定其能否在工业上获得规模应用的关键。表 4-1 比较了不同捕集方式对电厂热效率、投资成本、发电成本及 CO_2 附加成本的影响。

表 4-1　电厂加装 CO_2 捕集系统前后性能比较

技术名称	热效率 （低热值）/%	投资成本 /美元·$(kW \cdot h)^{-1}$	发电成本 /美分·$(kW \cdot h)^{-1}$	CO_2 附加成本 /美元·t^{-1}
无捕集燃气电厂	55.6	500	6.2	—
燃烧后捕集燃气电厂	47.4	870	8	58
燃烧前捕集燃气电厂	41.5	1180	9.7	112
富氧燃烧燃气电厂	44.7	1530	10	102
无捕集燃煤电厂	44	1410	5.4	—

续表 4-1

技术名称	热效率 (低热值)/%	投资成本 /美元·(kW·h)$^{-1}$	发电成本 /美分·(kW·h)$^{-1}$	CO_2 附加成本 /美元·t^{-1}
燃烧后捕集燃煤电厂	34.8	1980	7.5	34
燃烧前捕集燃煤电厂	31.5	1820	6.9	23
富氧燃烧燃煤电厂	35.4	2210	7.8	36

从表 4-1 中可以看出：对燃气电厂而言，CO_2 附加成本由高到低排列为燃烧前 > 富氧燃烧 > 燃烧后；而对燃煤电厂而言，CO_2 附加成本由高到低排列为富氧燃烧 > 燃烧后 > 燃烧前。

每种 CO_2 捕集系统均有其各自的适用场合：燃烧后捕集可用于粉煤电厂烟气、水泥厂烟气、钢铁厂烟气等的脱碳，该系统适用范围广、原理简单、对现有碳排放源继承性好。但是，由于燃烧后烟气体积流量大、CO_2 浓度低，脱碳的过程会有高能耗，设备的运行成本会较高，因而会造成 CO_2 捕集成本较高。燃烧前捕集可以用于基于煤炭气化的整体煤气化联合循环（IGCC）发电厂、基于煤基气化的化工合成厂等的脱碳。该系统所需分离的气体体积大幅度减小、CO_2 浓度显著增大，会大大降低 CO_2 捕集过程的能耗和成本。中国的绿色煤电（GireenGen）、日本的鹰计划（Eagle）、澳大利亚的零排放发电（ZeroGien）以及欧洲的氢电联产（HypoGen）等项目均计划以 IGCC 为基础，进行燃烧前捕集。燃烧前捕集被视为未来最具前景的脱碳技术，适合采用燃烧前脱碳的 IGCC 电站已经成为世界上新建燃煤电站的重要选择。富氧燃烧捕集可用于现有化石燃料燃烧装置的技术改造，将这些装置从用空气助燃改造为用氧气助燃，进而实现脱碳。由于烟气的主要成分是 CO_2 和 H_2O，很容易分离，可显著降低捕集能耗。但是该技术必须采用专门的纯氧燃烧技术，由于该技术燃烧温度高，对纯氧燃烧设备的材料要求很高。此外，富氧燃烧系统需要匹配空分系统，这将大幅度提高系统的投资和运行成本。

迄今为止，几类 CO_2 捕集系统在国内外均已有相当程度的发展，其中，电厂燃烧后烟气脱碳工业示范装置在我国已经建成若干套，包括我国华能集团位于北京高碑店热电厂 3000t/a 的燃烧后捕集系统、华能集团位于上海石洞口第二热电厂的 $1×10^5$ t/a 燃烧后捕集系统等。燃烧前脱碳技术在煤化工行业早已有广泛应用，只是规模较大型商业化的要求小一些。富氧燃烧技术的发展相对滞后，迄今为止，全世界只有德国的黑泵电厂建成了一座 30MW 的示范装置。目前我国的清华大学、华中科技大学、东南大学、中科院工程热物理研究所等研究机构也开展了相关的研究工作，而实际的应用或示范尚未正式提上日程。

以上介绍了不同的 CO_2 捕集系统。无论哪种系统配置，其关键技术均是 CO_2 的分离提纯，即将 CO_2 与其他物质进行分离。根据分离的原理、动力和载体等进行分类。CO_2 分离技术主要包括：吸收法分离、吸附法分离、膜分离、深冷分离等。

4.2　吸收法 CO_2 分离技术

4.2.1　物理吸收技术

物理吸收技术是指吸收剂对 CO_2 的吸收是按照物理溶解的方法进行的，所采用的吸

收剂对 CO_2 的溶解度高于其他气体组分，且对吸收 CO_2 有一定的选择性，如水（加压水洗法）、N-甲基吡咯烷酮、低温甲醇（Rectisol 法）、乙二醇醚（Selexol 法）、碳酸丙烯酯（Flour 法）等。物理吸收法一般在低温、高压条件下进行操作，吸收能力强，吸收剂耗量少，吸收剂再生可采用降压或常温气提的方法，无需加热，因而能耗较低，且溶剂不腐蚀设备。但由于 CO_2 在物理溶剂中的溶解过程服从亨利定律，因此此类方法仅适用于 CO_2 分压较高，而且 CO_2 脱除程度要求不高的情形。

吸收剂脱碳主要有物理吸收法、化学吸收法和物理化学复合吸收法。在三种吸收方法中物理吸收法总能耗最小，适用于 CO_2 分压较高，脱碳度要求较低的情况。化学吸收法在吸收剂再生时需加热，能耗较高，适用于 CO_2 分压较低，脱碳度要求高的情况。物理化学复合吸收法总能耗介于化学吸收法与物理吸收法之间，适用于脱碳度要求较高的情况。

4.2.1.1　CO_2 物理吸收剂的性质

CO_2 吸收分离过程的优劣很大程度上取决于吸收剂的性质，特别是吸收剂与混合气体之间的相平衡关系，优良的吸收剂通常具备以下性能：

（1）对 CO_2 具有较大的溶解度，而对混合气体中的其他组分溶解度要小，即吸收剂选择性好。

（2）吸收剂容易再生，且再生能耗低。

（3）吸收剂的蒸气压要低，以减少吸收和再生过程中吸收剂挥发造成的损失。

（4）吸收剂化学性质稳定，且价格合理。

要找到完全满足以上要求的吸收剂是非常困难的，实际操作中可将多种吸收剂按以上条件进行全面的比较，以便做出经济合理的选择。

4.2.1.2　物理吸收剂

物理吸收剂分离气体混合物是基于各组分在吸收剂中的溶解度差异以及亨利定律，即一定温度下的气体在液体溶剂中的溶解度与该气体的压力成正比。因此可选用亲 CO_2 溶剂，提高压力以增加 CO_2 溶解度，从而使其从混合气体中分离出来，再用降压闪蒸的方法使其解吸，达到 CO_2 捕集的目的。工业上常用的物理吸收剂包括聚乙二醇二甲醚（Selexol^{TM} 或 Coastal AGR®）、N-甲基吡咯烷酮（Purisol®）、甲醇（Rectisol®）和碳酸丙烯酯（Fluor Solvent^{TM}）等。

聚乙二醇二甲醚（dimethyl ether of polyethylene glycol，DEPG）是不同乙氧基链长的聚醚混合物 $[CH_3O(C_2H_4O)_nCH_3，n=2\sim9]$，用于从气流中脱 H_2S、CO_2 及硫醇等酸性气体，相关工艺由美国 UOP 公司开发成功，又称为 Selexol 工艺。聚乙二醇二甲醚蒸气压很低，整个分离过程的溶剂损失很小，且具有低毒性和低腐蚀性的优点，但与其他吸收剂相比，聚乙二醇二甲醚的传质速率和塔板效率较低，尤其在低温时对填料和塔板要求较高。甲醇脱碳工艺由德国 Lurgi 公司和 Linder 公司联合开发，又称 Rectisol 工艺。由于甲醇的蒸气压相对较高，为减少溶剂损失，吸收和解析都在 0℃ 以下进行，因此该工艺又称为低温甲醇法。低温下 CO_2 的溶解度随温度下降而显著上升，因而操作所需要的溶剂量较少，设备也较小，但低温对设备的要求较高，制冷能耗也较大。碳酸丙烯酯（PC）吸收工艺是 Fluor 公司的专利，PC 的蒸气压比 DEPG 稍高。实际工艺中的吸收剂损失很小，

且低碳烷烃和 H_2 等在 PC 中的溶解度很小，因此特别适用于合成气脱碳。N-甲基吡咯烷酮（NMP）法脱碳也是德国 Lurgi 公司的技术，NMP 蒸气压比 DEPG 和 PC 大，但也远小于甲醇，工作温度为室温或 -15℃，该工艺对选择性脱除 H_2S 的效果最好。各工艺流程的主要情况见表 4-2。

表 4-2 物理吸收分离 CO₂ 工艺的性能情况

工艺名称		Rectisol	Selexol	Fluor solvent	Purisol	Sepasolv MPE	Estasolvan
开发公司		德国 Lurgi 公司和 Linder 公司	美国 Norton 公司	美国 Fluor 公司	德国 Lurgi 公司	德国 BASF 公司	法国 IFP Uhde 公司
溶剂		甲醇	聚乙二醇二甲醚	碳酸丙烯酯	N-甲基吡咯烷酮	聚乙二醇甲基异丙基醚	磷酸三正丁酯
工艺操作参数	典型吸收温度/℃	-55~-35	0~15	0~15	室温	0~15	室温
	最高操作温度/℃	—	175	65		175	
气体净化指标（净化后气体）	CO₂ 含量（体积分数）/%	0.01	1	1	0.1	—	
	H_2S 含量（体积分数）/%	0.1×10^{-4}	1×10^{-4}	$<4 \times 10^{-4}$	$<4 \times 10^{-4}$	$<4 \times 10^{-4}$	$<4 \times 10^{-4}$
	工业化时间	1954 年	1965 年	1961 年	1963 年	1978 年	
	工业装置数量/套	>100	>55	14	7	4	2

下面以典型的 Selexol 工艺为例介绍物理吸收法分离 CO₂ 的流程机理，如图 4-5 所示。煤基合成气中除含有大量的 CO₂ 外，往往还含有一定量的 H_2S（煤中 S 元素通过气化生成），Selexol 工艺所使用的聚乙二醇二甲醚溶剂和很多其他物理溶剂对 H_2S 的溶解度都比 CO₂ 高一个数量级。因此在使用物理溶剂脱碳时，有两种方案可以选择：一种方案是一次性脱除 H_2S 和 CO₂；另一种方案是通过设计合理的系统配置和参数，使吸收剂对 H_2S 和 CO₂ 的吸收分别在两个吸收塔中进行。Selexol 选择了两段式吸收的工艺流程。Selexol 流程用于合成气的 CO₂ 分离的工作流程如下所述。

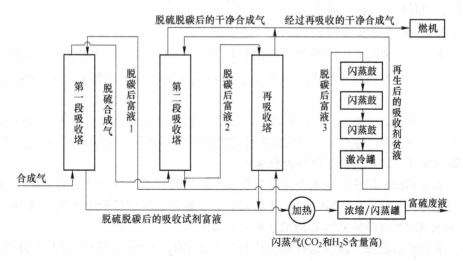

图 4-5 典型的 Selexol 工艺流程图

第一段吸收塔脱除含硫组分。合成气首先从塔底被送入第一段吸收塔（H_2S 吸收塔），并沿塔体向上流动；同时，来自第二段吸收塔（CO_2 吸收塔）吸收了 CO_2 的部分富液从塔顶被喷淋入塔中，并向下流动。在此过程中，合成气与吸收剂逆流接触，合成气中的 H_2S 组分被溶解吸收。由于合成气中 H_2S 的浓度很低，所以为实现充分脱硫。H_2S 吸收塔的工作温度需要被降到较低温度（30~40℃）。

第二段吸收塔脱除 CO_2。脱硫后的合成气从第一段吸收塔塔顶流出，随后进入到第二段吸收塔塔底，并沿塔体向上流动。同时，新鲜的吸收试剂（贫液）从塔顶喷淋入塔，并向下流动，与合成气逆流接触。在此过程中，合成气中的 CO_2 被溶解吸收。脱碳后的合成气从 CO_2 吸收塔的塔顶流出。此时合成气中绝大多数 H_2S 和 CO_2 组分都已经被脱除，已经达到后续的燃烧或是化工合成单元的要求，并送往后续工段。

吸收试剂的再生过程如下：吸收了 CO_2 之后的吸收试剂富液从 CO_2 吸收塔塔底流出，并随后被分为一大两小共三股：（1）大股的富液（脱碳后富液 3）立刻被送往一系列串联的闪蒸鼓中进行再生。在闪蒸鼓中，富液在较低的压力下释放出 CO_2，同时实现吸收溶剂的再生。CO_2 气体随后被送往后续的除杂和压缩流程；再生后的吸收溶剂被冷却后送回到脱碳塔的顶部，进入下一轮的脱碳-再生循环。（2）其中一小股吸收剂富液（脱碳后富液 2）被送往再吸收塔中。（3）另外一小股（脱碳后富液 1）则被送往脱硫塔塔顶。从再吸收塔底流出的吸收剂富液以及从脱硫塔底部流出的吸收剂富液汇合（含有吸收的大量 CO_2 和少量 H_2S），该股富液首先被从吸收剂闪蒸罐出来的贫液加热，随后被送往 H_2S 浓缩器，并在其中被部分闪蒸，在此过程中 CO_2、H_2S 气体都被释放。释放出的 CO_2 和 H_2S 气体随后从塔底进入再吸收塔中，被喷入的脱碳后富液 1 吸收，进一步被分离。从 H_2S 浓缩器流出的含硫含碳废液随后被送往后续处理工段。

4.2.2 化学吸收及解吸技术

化学吸收和解吸技术是指先利用 CO_2 与吸收剂在吸收塔内进行化学反应形成一种弱联结的中间体，然后在还原塔内加热富含 CO_2 的吸收液使 CO_2 解吸，同时吸收剂得到再生。具体操作上通常是采用碱性溶液对 CO_2 气体进行吸收分离，然后通过解吸分离出 CO_2 气体，同时对溶液进行再生。

4.2.2.1 化学吸收法

化学吸收法是利用 CO_2 和吸收液间的化学反应将 CO_2 从混合气中分离出来的方法。最初采用氨水、热钾碱溶液吸收二氧化碳，随后发现利用有机胺作 CO_2 吸收剂的效果较好。

（1）热钾碱法。该法包括加压吸收阶段和常压再生阶段，吸收温度等于或接近再生温度。采用冷的支路，特别是采用具有支路的两段再生流程可以得到较高的再生效率，从而使脱碳后尾气中的 CO_2 分压降到很低水平。

（2）苯菲尔法。该法是在热钾碱法的基础上发展起来的，可有效地将脱碳后的尾气中 CO_2 含量降到 1%~2%。其中"改良苯菲尔法"是在碳酸钾溶液中加入活化剂，以提高 CO_2 的吸收速率并降低 CO_2 在溶液表面的平衡能力。

（3）有机胺吸收法。该法是以胺类化合物吸收 CO_2 的方法，该法出现于 20 世纪 30

年代，是目前工业分离 CO_2 最主要的方法之一。与其他方法相比，有机胺吸收法具有吸收量大、吸收效果好、成本低、可循环使用并能回收到高纯产品的特点，因此应用最为广泛。

化学吸收分离 CO_2 是由一系列复杂的步骤实现的，如图 4-6 所示。

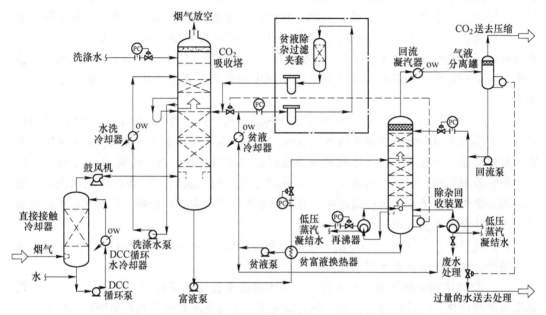

图 4-6 化学吸收法分离 CO_2 的系统流程

（1）烟气精脱硫单元。由于煤炭中一般都含有一定量的硫元素，因此在常规煤粉发电锅炉、水泥窑炉等产生的烟气中除含有大量的 N_2、CO_2 和水蒸气成分外，大都还含有一定量的 SO_2。SO_2 是主要的大气污染物；另外，SO_2 会与化学吸收试剂发生不可逆的化学反应，生成热稳定的盐，造成吸收剂的损失，同时热稳定盐还会在系统中不断积累，堵塞管路系统，所以需要脱除 SO_2。工业上常用 FGD（flue gas desulfurization）装置脱硫。FGD 单元的脱硫效率一般可达 98%，从 FGD 单元流出的烟气的含硫量一般为 $0.38\mu L/L$，这已经达到大气排放的标准，但是仍无法满足减少吸收剂损失的要求，需要将烟气含硫量进一步降低到 $0.1\mu L/L$。因此在 FGD 单元之后，还需要设置精脱硫环节。经过 FGD 和精脱硫两套装置的处理之后，烟气才能进入化学吸收脱碳单元。

（2）CO_2 吸收单元。脱硫后的烟气从底部进入 CO_2 吸收塔，然后沿塔向上流动；同时化学吸收剂贫液从塔顶喷射到塔中向下流动，烟气和吸收试剂逆流接触。在此过程中，CO_2 通过与化学试剂之间的反应被吸收，从而实现 CO_2 和烟气中其他组分的分离。CO_2 与化学试剂之间的反应是放热反应，低温对吸收有利，所以进入吸收塔的烟气一般需降温至 $40\sim50℃$。化学吸收的 CO_2 分离效率可达 90% 以上。吸收 CO_2 后的吸收剂富液从吸收塔底被泵出。脱除了 CO_2 后的烟气作为尾气从吸收塔顶排向大气。由于机械夹带或挥发等原因，脱碳尾气中不可避免地会含有一定量化学吸收试剂蒸汽。为尽量减少由此导致的吸收试剂损失，同时减少环境污染（吸收试剂本身一般都是大气污染物），CO_2 吸收塔顶一般设置水洗装置。在水洗装置中，脱碳尾气与循环水蒸气直接接触，在此过程中尾气中绝大部分的化学吸收试剂蒸汽都被循环水蒸气吸收，而后尾气被排放到大气中，而吸收了化学试剂的循环水蒸气则被送回 CO_2 吸收塔。

（3）化学吸收试剂再生单元。从吸收塔底部流出的富液首先被送往贫富液换热器，在其中与来自吸收剂再生塔的热贫液换热，而后被送往再生塔。富液一般从再生塔的顶部被喷入塔中，并沿塔体向下流动。在此过程中，富液被同时喷入塔中的大量高温蒸汽加热。CO_2 与化学试剂反应生成的化合物受热分解。CO_2 被释放，从而实现了 CO_2 的分离和吸收试剂的再生。为保证吸收试剂充分再生，再生塔的工作温度一般在 $100\sim140℃$ 的范围内。为保证再生塔的塔底温度达到吸收剂再生的要求，再生塔的底部一般设置蒸汽再沸器。

再生过程得到的 CO_2 与部分水蒸气形成热湿蒸汽，由于其夹带作用以及吸收剂的挥发，热湿蒸汽中也会含有少量的吸收剂蒸汽。为减少吸收剂和水蒸气损失，在再生塔顶设置冷凝回流器，热湿蒸汽在其中被部分冷凝后被送往回流罐，在回流罐中 CO_2 和水（含有少量吸收剂）得到分离。分离的水一部分被作为补充水送到 CO_2 吸收塔的水洗段，另外一部分则作为回流送回到分离塔中。考虑到在再生流程中的水损耗，因而在再生塔回流罐的出口处设置补充水口。

从此流程中分离得到的 CO_2 的纯度能达到 99.9%，压力一般为 $50kPa$，然后 CO_2 气流被送往后续的压缩和脱水等单元。

（4）吸收试剂贫液除杂回收单元。从再生塔底部流出的吸收剂贫液先经过贫富液换热器与富液换热，而后被分为一大一小两股支流。大股支流首先被送往贫液冷却器进一步冷却，而后又分为一大一小两股，其中小股经过过滤夹套，除去其中在吸收流程中形成并积累的热稳定盐等杂质，而后和较大的流股汇合后被送入 CO_2 吸收塔，开始进行下一轮的脱碳-再生循环过程。

而小股支流则被送往再生塔的除杂回收装置中。在除杂回收装置中，在 NaOH 溶液的化学反应以及低温蒸汽加热的共同作用下，这小股贫液支流中含有的热稳定盐类（主要是由吸收剂与烟气中 SO_2 等酸性气体反应生成）和其他的微量杂质被脱除，脱除的杂质被作为废水送往污水罐中等待进一步的处理；除杂后的吸收剂贫液则被送回吸收剂再生塔中再次循环。该过程中 NaOH 的消耗量一般为每吨 CO_2 $0.03\sim0.13kg$。

该步骤的主要作用在于防止热稳定盐以及其他杂质在吸收剂以及脱碳循环系统中不断积累，从而有效减少杂质对脱碳循环系统的腐蚀，同时减少系统起沫、积垢等问题的发生。在脱碳循环过程中，虽然在 CO_2 吸收塔和再生塔的顶部分别设置了水洗和冷凝单元，以减少吸收剂随尾气或 CO_2 带出而导致吸收试剂损失，但是实际上仍然会有少量的吸收剂蒸汽随脱碳尾气以及 CO_2 离开而损失。此外，烟气中 SO_2 等杂质组分与吸收剂生成热稳定盐的反应也会导致吸收试剂的损失。

化学吸收法是脱除和回收 CO_2 最有效的方法，此法脱除 CO_2 的程度较高，主要适合于 CO_2 分压低、流量大的各类混合气体处理，但溶液再生的能耗高，对设备有一定的腐蚀性，投资和操作费用高。

4.2.2.2　化学吸收法的基本原理

化学吸收/解吸捕集 CO_2 的基本原理体现在吸收剂与 CO_2 的正向、反向化学反应平衡的控制，因此反应条件对传质系数、扩散系数、气液平衡、化学平衡等的影响是化学吸收法最受关注的研究内容，为此提出了几类反应机理，总结如下：

（1）双膜模型。惠特曼（Whitman）在 1923 年提出了双膜理论，按照该理论，不论界面上的流体是滞流还是紊流，传质的阻力主要集中于紧靠界面上的一层滞流不动的膜中，这层膜的厚度要比滞流内层的厚度大，它对分子扩散的传质阻力相当于实际对流过程的阻力。

该模型既可用于传热也可用于传质，它把复杂的流动阻力简单归结为一层停滞的薄膜，虽然不尽合理，但对一些带化学反应的气体吸收过程可给出相当可信的传质速率。马友光教授等发现在距界面 0.01mm 处测定的浓度仍远离平衡，说明在液面附近确有一个阻力薄层。由于膜的厚度较薄，可以认为在薄膜中不存在质量的累积，因此可以把它看成是稳态传质过程，通常该模型可用于相界面无明显扰动的气-液和液-液传质过程，因为对于湍动反应很激烈的新型传质设备或产生界面自发扰动的液-液系统，停滞膜的存在是不符合实际情况的。

根据双膜模型，在浓度不高时某一相内的传质系数 k 为：$k = D/\delta$。式中，D 为扩散系数；δ 为膜厚度，取决于流体力学状态，而且其他条件的影响，如流体的黏度、搅拌速度等都可归因于对薄膜的厚度的影响。由于 δ 为未知数，故 k 并不能从双膜模型本身得出。

（2）渗透模型。1935 年希格比（Higbie）提出了渗透模型，其基本要点是：由于气、液两相在界面上接触时间较短，因此不可能像双膜模型所设想的那样建立起一个稳定的浓度梯度。渗透理论假设在界面的液相中有许多微元，任何一个微元和气体接触后，可在很短的时间内使部分气体溶入其中，随后该微元很快进入液体内部与主体会合。由于该模型假设所有的微元在界面上和气体接触的时间是相同的，因此仍然是建立在双膜模型的基础上，而且主要针对从气液界面至液相主体的传质。

当浓度均匀的液体（c_0）与气体接触并开始传质时，在液相界面上立刻达到与气相平衡的浓度 c_1，溶质开始向深度渗入。在初期，即液体与气体的接触时间 θ（被称为"年龄"）很短时，溶质的渗入也很浅，其在界面处的瞬间浓度梯度很大。随着年龄 θ 的增长，溶质的渗入深度逐渐增大，瞬间的浓度梯度和传质速率也随之逐步减小。当 c_1、c_0 及 δ 不变时，浓度分布也不再随 θ 变化，即溶质渗透的过程已经完成，此时浓度梯度和传质速率达到最小值，渗透模型过渡到双膜模型。因此，按渗透模型预计的传质速率（时间平均值）比双膜模型大，在每次气液接触时间（最大年龄或"寿命"）θ_0 甚短、渗入深度仅占膜厚 δ 的一小部分时，传质系数（时间平均值）k_P 为

$$k_P = 2\sqrt{D/(\pi\theta_0)}$$

（3）表面更新理论。Danckwerts 认为渗透理论中每个微元在表面和气体有相同的接触时间是不合理的，进而提出了表面更新理论，即把液相分成两个区：一个是主体区，另一个是界面区。在界面区的质量传递通过渗透模型进行解释，但与渗透模型不同的是，这里的微元不是固定的，而是不断地与另一个主体区进行交换，而在主体区内全部的流体达到均匀一致的浓度。这个不断交换就是表面更新的概念，即把渗透模型作为整个传质过程的一部分。表面更新模型的传质系数 k_s（对整个液面的平均值）为：$k_s = \sqrt{DS}$。式中，S 为更新频率，表示表面更新的快慢。显然，液体的湍动越激烈，则频率 S 越大。传质系数与扩散系数的 1/2 次方成正比。与渗透模型相同，这一模型也是针对吸收时的液相传质而提

出的。表面更新现象易于从下述的事实看出：在快速流动的明渠或强烈搅拌的容器中，对水面撒些滑石粉，可以看到不断出现的无粉小区域，说明这些区域被其下方涌上来的单元所置换。应用仪器计数，还可以测得更新频率 S，只是现在尚不能在普通情况下测得 S，故这一模型的实际应用也受到很大限制。由于气、液之间的动力学本质还是个未知的难题。因此通常以众所周知的双膜理论、渗透理论、表面更新理论为基础，对反应吸收过程进行某些假设和简化。但是到目前为止，就传质模型的实际应用来说，仍以最简单的双膜模型应用最为广泛。

4.2.2.3　化学吸收剂

利用液态溶剂或者固态基质进行 CO_2 吸收的过程可从烟道气中分离 CO_2。吸收是个依赖溶剂的化学亲和力对某一种物质优先溶解的过程，化学吸收法则是通过 CO_2 与化学溶剂发生化学反应来实现 CO_2 的分离，并借助其逆反应进行溶剂再生。在吸收 CO_2 过程中，溶剂是用来溶解烟道气中的 CO_2，而不是氧气、氮气或其他化合物。富含 CO_2 的溶液通常用泵输送到再生柱中，在这里 CO_2 从溶液中脱离，而剩余溶液循环用于下一批烟道气的脱碳。通常 CO_2 吸收装置应该设在脱硫装置之后和烟囱之前，低温和高压是提高 CO_2 吸收效率的最佳条件。此外，大部分溶剂容易被灰尘、硫氧化合物 SO_x（SO_2、SO_3）、氮氧化合物 NO_x（NO_2、NO_3）等所分解，因此 CO_2 吸收必须在静电除尘装置和脱硫装置之后。

A　醇胺吸收剂

醇胺吸收剂可分为非空间位阻醇胺和空间位阻胺，非空间位阻醇胺有伯胺如一乙醇胺（MEA）、二甘醇胺（DGA）等，仲胺如二乙醇胺（DEA）、二异丙醇胺（DIPA）等，以及叔胺如三乙醇胺（TEA）、N-甲基二乙醇胺（MDEA）等。采用一级和二级醇胺作为吸收剂时，醇胺与 CO_2 反应形成两性离子（zwitterion），该两性离子将和胺反应生成氨基甲酸根（carbamate）离子，具体反应机理如下（其中 R 和 R′为直链烷基醇基或 H）：

$$RR'NH + CO_2 \rightleftharpoons RR'NH^+COO^- (\text{zwitterion})$$

$$RR'NH + RR'NH^+COO^- \rightleftharpoons RR'NCOO^- (\text{carbamate}) + RR'NH_2^+$$

总反应为

$$2RR'NH + CO_2 \rightleftharpoons RR'NCOO^- + RR'NH_2^+$$

因此一级和二级醇胺吸收 CO_2 时会受到热力学的限制，即 1mol 醇胺最大的吸收能力为 0.5mol CO_2，但由于有些氨基甲酸根可能会水解生成自由醇胺：

$$RR'NCOO^- + H_2O \rightleftharpoons RR'NH + HCO_3^-$$

故其吸收能力有时可能会小幅超过上述限制。尽管采用一级和二级醇胺为吸收剂，其与 CO_2 反应速率快，但 CO_2 吸收容量相对较小。三级胺的氮原子上没有多余的 H 原子，因而在与 CO_2 反应时不会形成氨基甲酸根，其在吸收过程中扮演 CO_2 水解时的催化剂，而使被吸收的 CO_2 形成碳酸氢根离子。

$$RR'R''N + H_2O + CO_2 \rightleftharpoons RR'R''NH^+ + HCO_3^-$$

空间位阻胺类吸收剂中至少有一个仲氨基与一个仲碳或叔碳原子连接，由于与氮原子相连的碳原子是一带有支链的取代基，有非常明显的空间位阻效应，使氮从不同位置与 CO_2 反应，大大加快了反应速率，理论上 1mol 位阻胺最大能吸收 1mol CO_2，吸收剂利用率增加，过程收率提高。此外，由于生成的氨基甲酸盐很不稳定，使 CO_2 更容易解吸，降低了整体的蒸汽消耗。

关于空间位阻胺对 CO_2 的吸收机理，尽管还没有形成一致的理论，但以研究最广泛的2-氨基-2-甲基-1-丙醇（AMP）为例，通常认为其反应机理与伯胺、仲胺相同，按两性机理进行的主要反应如下：

$$2AMP + CO_2 \rightleftharpoons AMPCOO^- + AMPH^+$$

$AMPCOO^-$ 为 AMP 的氨基甲酸盐阴离子，由于空间位阻的影响，又水解生成 AMP 和 HCO_3^-。

$$AMPCOO^- + H_2O \rightleftharpoons HCO_3^- + AMP$$

氨基溶液吸收法是目前最适用于燃煤电厂烟道气脱碳的方法，已经被证实为商业可行，且当今仍在应用。其原因如下：（1）对稀 CO_2 气流更为有效，比如煤燃烧烟道气中 CO_2 体积含量仅为 10%~15%；（2）与其他应用于电厂烟道末端的环境控制技术类似，装置可在通常的温度压力下运行。不过该法也存在一些问题：高反应热导致冷却成本增大；高再生能耗引起低压蒸汽流量需求增大，再生塔尺寸变大；（3）需要大型的填料吸收塔以提供足够的化学反应传质面积；（4）由于 CO_2 负荷限制，需要足够的胺液循环量；（5）因需克服再生塔内压力损失，导致整体功率损失较大。单乙醇胺（monoethanolamine）即 MEA，是一种伯胺，价格相对低廉，且分子量在胺类吸收剂中最小，因此其单位质量 CO_2 吸收量较高，目前被广泛应用于天然气脱碳工艺。但是 MEA 的缺点也很明显：第一，MEA 溶液吸收 CO_2 后生成稳定的氨基甲酸盐，解吸能耗高，如日本 Rite 的报告显示 MEA 工艺 $1tCO_2$ 的能耗为 4.0GJ，其中用于释放 CO_2 和再生单乙醇胺的能耗占据了运转成本的 70%~80%；第二，MEA 在有氧气、COS 和 CS_2 气体的环境下容易变质；第三，MEA 解吸温度为 120℃ 左右，高温解吸导致溶剂因大量蒸发而损失；第四，MEA 相对于其他醇胺对设备腐蚀性大，在高浓度时通常需要添加防腐蚀剂。

N-甲基二乙醇胺（methyldiethanolamine，MDEA）是一种叔胺，它与 CO_2 反应生成不稳定的碳酸氢盐，反应热小，再生能耗较低。缺点是 MDEA 水溶液与 CO_2 反应速率较慢，通常需要添加活化剂以提高反应速率（如德国 BASF 公司的改良 MDEA 脱碳工艺），所采用的活化剂有：哌嗪、甲基单乙醇胺、咪唑或甲基取代咪唑等。另外，MDEA 吸收剂还具有蒸气压低、再生损失小、热稳定性好、对设备腐蚀性小、CO_2 分离回收率高等优点，近年来在国内外得到广泛的应用。但是，MDEA 的碱性较弱，与 CO_2 反应速度慢，当 CO_2 在烟气中分压很低时，单一使用 MDEA 溶液很难达到脱碳目标的要求。所以，目前使用醇胺脱碳的工艺很少仅使用某一种醇胺，大多将多种醇胺配合使用，以达到预期的脱碳性能要求。

B 多氮有机胺吸收剂

寻找性能优异的 CO_2 吸收剂一直是该领域的研究重点，其中具有较高的吸收负荷的一类吸收剂是结构中含有多氮的有机胺。羟乙基乙二胺（AEE）中的氨基比 MEA 中的氨基吸收 CO_2 能力要强，但在解吸能力方面 AEE 则比 MEA 差，在相同浓度下，再生后的 AEE 比再生后的 MEA 吸收 CO_2 的能力更强。由于 AEE 的结构中包括了两个氨基，使其比 MEA 溶液更有利于吸收和解吸 CO_2。此外，烯胺和哌嗪作为脱碳溶液活化剂常常见于文献报道，在 MDEA 加入少量烯胺（如 DETA 或 TETA）或哌嗪，均可显著提高 CO_2 吸收速率和吸收容量，其吸收效果优于常用的 MEA 和 DEA。

C　氨水吸收工艺

氨水是氨气的水溶液，是一种弱碱性溶液，能够与 CO_2 气体发生多种反应，最重要的是氨、CO_2 和水反应生成碳酸氢铵：

$$NH_3(l) + CO_2(g) + H_2O(l) \Longleftrightarrow NH_4HCO_3(s)$$

氨与水反应生成氢氧化铵：

$$NH_3(g) + H_2O(l) \Longleftrightarrow NH_4OH(l)$$

水解反应产物 NH_4HCO_3 与 NH_4OH 反应生成 $(NH_4)_2CO_3$：

$$NH_4HCO_3(s) + NH_4OH(l) \Longleftrightarrow (NH_4)_2CO_3(s) + H_2O(l)$$

最后，$(NH_4)_2CO_3$ 吸收 CO_2 形成碳酸氢铵：

$$(NH_4)_2CO_3(s) + H_2O(l) + CO_2(g) \Longleftrightarrow 2NH_4HCO_3(s)$$

上述所有反应均是可逆反应，碳酸铵和碳酸氢铵在受热的条件下都容易分解，重新得到 CO_2 和氨水。由于氨水的再生能耗比醇胺溶液要低，用氨水脱碳具有显著降低化学吸收法脱碳能耗的潜力，所以用氨水脱碳近年得到了越来越多的重视。此外，与有机胺溶液吸收工艺相比，氨水吸收工艺还有如下优点：吸收容量相对较大，吸收再生过程无降解，吸收剂不氧化，吸收剂价格低并且可以在高压条件下再生。氨水还可以与烟气中的其他污染物如 SO_x 和 NO_x 反应生成肥料以作为补偿型副产物。不过，由于氨水的碱性比醇胺溶液还弱，所以脱碳过程中溶液的循环量较大。而且氨水的挥发性很强，循环过程中挥发损失较大。从目前的研究进度来看，氨水与 MEA 或 MDEA 相比尚没有明显的优势，还需要未来进行更多的研究和改进工作。

D　固体吸收剂

固体吸收剂如氢氧化钙和氢氧化锂等也被用作 CO_2 吸收剂，但是这类固体吸收剂吸收过程的温度约为 800℃，解吸过程的温度约为 1000℃，不过吸收速率相对较快，1h 之内就能达到 50% 的吸收，而且能在 15min 内完全再生。

4.2.3　物理与化学联合捕集技术

化学吸收剂吸收量较大，吸收速率较高，分离回收纯度高，但由于发生了化学反应，再生必须通过破坏化学键才能解吸出 CO_2，因此能耗高，同时化学吸收剂抗氧化能力差，易降解，腐蚀性强，还易出现起泡、夹带现象，因而给工业化应用带来了很多困难。物理吸收剂尽管选择性较差，回收率较低，但其解吸时不需要破坏化学键来产生 CO_2，因而能耗比化学吸收剂低。为了能够找到吸收性能和解吸性能俱佳的吸收剂，一个很自然的想法是采用物理化学复合吸收剂来吸收 CO_2，即吸收 CO_2 时既存在物理吸收又有化学反应，从而兼具物理吸收法和化学吸收法的优点。一些机构已经开发出了使用化学试剂与物理试剂的混合试剂进行 CO_2 分离，这被称为物理化学吸收法。目前，已经基本成熟的物理化学吸收剂有 Sulfinol 和 Amisol 等，基本情况见表 4-3。

表 4-3　主要物理化学吸收法的基本情况

工艺名称	Sulfinol 工艺	Amisol 工艺	Optisol 工艺	Selefining 工艺
开发公司	荷兰 Shell 公司	德国 Lurgi 公司	美国 C-E Natco 公司	意大利 Snampregetti 公司
吸收剂	MDEA/DIPA+环丁砜	甲醇+醇胺	叔胺+物理组分	—
工业装置数量/套	>200	4	6	3
工业化时间	20 世纪 60 年代	20 世纪 60 年代	20 世纪 80 年代	20 世纪 80 年代

4.2.3.1　Sulfinol 吸收剂

萨菲诺（Sulfinol）吸收剂是由环丁砜与二异丙醇胺（DIPA）、水混合而成，通常 Sulfinol 吸收剂中含有 40%~45%（质量分数）的环丁砜，15%（质量分数）的水，其余为 DIPA，环丁砜在常温下是一种无色无味的固体，熔点为 28.5℃，可以和水以任意比互溶，易溶于芳烃及醇类，而对石蜡及烯烃溶解甚微，对热、酸、碱稳定性高。环丁砜是物理吸收溶剂，可以溶解合成气中的酸性气体（CO_2 或 H_2S），适用于酸性气体含量较高的合成气的净化。二异丙醇胺是化学吸收剂，可以与合成气中的酸性气体发生可逆化学反应。

萨菲诺吸收剂由于添加了大量的环丁砜（30%~64%），国内常将其称为环丁砜法或砜胺法，是 1963 年壳牌公司在乙醇胺法的基础上开发成功的。该吸收剂在低温高压下吸收酸性气体，在低压高温下可解吸而得以再生。考虑到体系较为黏稠，需加入一定量的水以便于吸收。溶液中水的存在有利于降低溶液黏度，有利于传热和再生，通常溶液配方中的水含量应保持在 10%（质量分数）以上。

由于 Sulfinol 吸收剂兼具物理和化学吸收剂的特点及耐酸性气氛，其对 CO_2 和有机硫又有很强的脱除能力，故该工艺以及类似的物理化学混合净化工艺的发展极为迅速。我国于 20 世纪 70 年代末首次成套引进的天然气净化厂就是采用该工艺，解决了原料气中有机硫的脱除问题。

Sulfinol 法吸收 CO_2 的过程包括物理溶解和化学吸收两部分，由于该方法具有酸气负荷高的特点，特别适用于原料气中酸性气体含量高、压力高且含硫的混合气中分离 CO_2。Sulfinol 法吸收 CO_2 的能耗低，一方面是由于其可以通过闪蒸，释放出物理溶解的酸气，减少再生过程的能耗，另一方面则是因为环丁砜的比热容小，30℃ 下仅为 0.36cal/（g·℃）（1cal=4.18J，下同），导致砜胺溶液的比热容远低于相应的胺液，在升温的过程中需要的热量较少，在降温的过程中需要的冷却能量也较少，因此解吸过程蒸汽消耗量比较低，另外砜胺溶剂溶解有机硫化合物的能力很强，可以脱除有机硫化合物，故该工艺成为最有效的酸气净化工艺，我国川东天然气脱硫就大量采用此方法。不过砜胺溶剂也能够溶解两个碳以上的烃类，增加对重烃的吸收，使酸气中烃含量增加，而且不容易通过闪蒸分离，因此该法不适于重质烃类含量较高的原料气中 CO_2 的分离。

与普通胺的水溶液体系相比，砜胺溶液在 CO_2 分压较低时两者的平衡溶解度差别不大，但是砜胺溶液特别适用于酸性气体含量高、压力高的原料气，这主要得益于砜胺溶液中环丁砜的物理溶解能力，使得溶液有高酸气负荷，有机硫脱除效率高，分离所得的 CO_2 中总硫含量显著下降。不过，砜胺溶液对重烃的吸收较好，吸收过程中溶液中烃含量会增加，使溶液黏度增大而影响传热，增加了能量消耗。砜胺溶液中二异丙醇胺也是化学吸收剂，能同时吸收 HS_2、CO_2、COS 等。

砜胺溶液中高二异丙醇胺含量有利于 H_2S 和 CO_2 的脱除，但不利于有机硫的脱除，导致设备腐蚀严重，溶液黏度增大而影响传热，增加了能量消耗。通常砜胺溶液的黏度较高，是相应胺的水溶液的数倍。水含量对砜胺溶液的黏度有重要影响，水可调节溶液的黏度，水还是传热的载体，加热可使溶液中的水汽化产生二次蒸汽，携带热量的二次蒸汽进入再生塔可与富 CO_2 液体换热。通常提高砜胺溶液中的水含量有利于 CO_2 的脱除，降低溶液黏度，有利于传热，使再生更容易，但也使溶液热容增加，净化汽水含量增加，增大脱水装置的负荷，使动力消耗增加，而且使溶液吸收酸性气体的能力下降。当砜胺溶液中水的含量过低时，溶液黏度增大、比热容下降，在较高酸气负荷下操作，吸收塔的温度分布会发生显著的变化，反应段上移，导致有机硫的脱除效率大幅度下降。故应严格控制溶液中的砜、水、胺的含量在规定范围内，对装置的稳定运行非常重要。

MEA 法回收 CO_2 的工艺过程中，MEA 先与 CO_2 反应生成不稳定的氨基甲酸盐，当酸性气体分压比较低时，对 CO_2 的吸收几乎完全是由胺与酸性气体发生化学反应所致，吸收量相对较高。与单纯用水吸收时的吸收量对比，作为物理溶剂的水在低酸性气体分压下的吸收作用是可以忽略的，即使在中等及高酸气分压下，水的吸收作用仍然不明显，化学吸收仍占主要地位，但此时溶液的吸收量已达到每分子胺吸收一分子酸性气体的当量限度。只有在很高的酸性气体分压下，水的作用才变得显著。单纯用水的曲线是负荷与分压成正比的典型物理吸收。不过由于在高吸收量下 MEA 容易发生降解变质、出现泡沫泛塔等现象，实际吸收量常常只能达到平衡数值的一半。

也有采用改良的萨菲诺法，即采用环丁砜复合吸收剂（环丁砜+MEA）。环丁砜复合吸收剂中，在低分压下胺起主要作用，与纯 MEA 溶剂的吸收效果差不多，吸收量比较高；在高酸气分压下，环丁砜复合溶剂一般能达到很高的吸收量，甚至接近平衡数值，这是因为环丁砜是一种比水好的优良溶剂，吸收量能达到 MEA 的 2 倍，因此吸收量随着酸气分压增高趋向接近环丁砜本身的吸收量。另外，溶剂的再生即酸性气体从溶剂中解吸出来，其本质是随着温度的升高酸性气体的平衡分压增大，与 MEA 溶剂相比，环丁砜复合吸收剂更容易再生。

砜胺复合吸收剂法的优点如下：

（1）负荷高，至少能达到平衡值的 85% 以上，而 MEA 法的实际吸收量只有平衡数值的约 50%，因此砜胺法的溶剂循环量比 MEA 小，溶剂消耗低。

（2）砜胺复合溶剂不易发泡，而且具有一定的抗泡性，在高酸气负荷，有液态烃甚至原油存在时，也不发生泡沫泛塔现象。因此绝大多数的砜胺装置无须加抗泡剂，吸收塔的尺寸设计可以不考虑通常的泡沫容许余量，且运行过程稳定。

（3）砜胺复合溶剂热稳定性好，不易化学降解。因为环丁砜性质十分稳定，COS 和 H_2 均不能使其化学降解，尽管 CO_2 能使二异丙醇胺逐渐降解为噁唑烷酮，但砜胺复合溶剂的降解变质速度比 MEA 低很多，如每处理 $1000m^3$ CO_2，仅有 $0.4 \sim 1.2kg$ 二异丙醇胺发生降解。

（4）由于砜胺复合溶剂的黏度比相应的胺液高，因此润滑性比较好，腐蚀速率低，即使在高酸性气体负荷下，砜胺复合溶剂对碳钢的腐蚀也很轻，从而延长了泵等设备的使用寿命。

（5）砜胺复合溶剂性质比较稳定，挥发性很低，因而蒸发损失及夹带损失很小。另外由于砜胺复合溶剂的比热容要比烷醇胺溶液低，使其在升降温时需要的热能和冷能都比较少，砜胺复合溶剂对热交换器表面的污染很小，热传导系数很高，因此能耗比较低，再生辅助设施的需求量也很少，进一步降低了成本。

（6）砜胺复合溶剂几乎能完全脱除原料气中含有的硫醇等有机硫化合物，MEA 则不能。

（7）砜胺复合溶剂不同于胺的水溶液，它在凝固时不膨胀，因此管线、热交换器和设备没有破裂的危险。

（8）在环丁砜溶液中，环丁砜既是一种物理性吸收剂，也是一种缓蚀剂。因此，环丁砜复配液基本不用添加缓蚀剂，比 MEA 法节省了一部分投入。

当然，砜胺法也存在一些不足：

（1）砜胺复合溶剂价格较高，国内环丁砜售价约为每吨 18000 元，MEA 售价仅每吨 10000 元左右。

（2）砜胺复合溶剂能吸收原料气中的重质烃和芳烃，因此如果原料气中的重质烃和芳烃的含量超过一定限度，最好将酸性气体先经过一个活性炭吸附装置再通过砜胺复合溶剂进行吸收。

（3）砜胺复合溶剂中环丁砜含量不宜过高，若环丁砜含量太高会造成二氧化碳的解吸困难，加重溶液对塔体腐蚀，还会造成溶液黏度过大，减小各组分扩散系数，使得二氧化碳吸收速率下降。一般在砜胺复合溶剂中环丁砜含量要低于 60%（质量分数），以环丁砜+MEA 复配液为例，一般环丁砜的含量在 40%左右，MEA 15%~20%，其余为水。

（4）砜胺复合溶剂对酸性气体如 CO$_2$、H$_2$S、SO$_2$ 等没有选择性，因此若仅仅需要回收 CO$_2$，而不需要回收 H$_2$S，SO$_2$ 等气体，通常需要添加一个预处理过程。

4.2.3.2 Amisol 吸收剂

Amisol 吸收剂是甲醇和仲胺的混合物，由于吸收液中甲醇含量高，吸收、再生又近乎在常温进行，国内常称为常温甲醇洗。常温甲醇洗吸收液的质量百分组成为 40%有机胺，50%~58%甲醇，2%~10%水，还有少量缓冲剂。从溶液组成不难看出常温甲醇洗实际是从有机胺水溶液脱硫脱碳演变过来的，是将有机胺水溶液中大部分水换为甲醇。常温甲醇洗是物理化学吸收相结合脱除酸性气体的一种方法，可脱除 CO$_2$、H$_2$S、COS、硫醇等有机物，常用于天然气、煤气化制合成气、蒸汽转化合成气和炼厂气等净化等。

采用此法的净化装置投资较省，运行费用低，经减压蒸馏即可再生。由于工艺操作压力低，吸收温度为常温，也是一种较理想的酸性气体净化工艺。

由于物理化学吸收法兼有物理吸收和化学吸收的特点，溶剂能适用于较宽的酸气分压范围，但是烷醇胺的种类应根据其物化特性和使用场合来选择，尤其是考虑酸气的吸收能力、选择性、溶剂的降解情况、再生的热耗、腐蚀性、溶剂的来源以及价格等。

由于烷醇胺吸收酸性组分是按化学当量关系而不是按质量比例进行的，因此采用低相对分子质量的烷醇胺较为有利。从选择性来看，烷醇胺是一种有机碱，能同时吸收 H$_2$S 和 CO$_2$，但由于它们对 H$_2$S 的吸收速率大于 CO$_2$，因此仍表现出一定的选择性吸收能力，其中甲基二乙醇胺（MDEA）具有最大选择性，它们对酸性气体的选择能力依次为 MDEA> DEA（二乙醇胺）> MEA（一乙醇胺），不过烷醇胺在操作中的降解是一个相当复杂的问题，胺类的降解主要是由气源和溶剂混入杂质以及与气体中某些组分如 CO$_2$、COS、CS$_2$

起反应或局部过热产生的，通常烷醇胺的化学降解程度依次为 MEA > DEA > DIPA（二异丙醇胺）。从再生能耗来看，溶液加热到再生温度所需要的能量除与溶液的比热容有关外，还和酸气的反应热有关，DIPA 的再生能耗最小，MEA 的最大。从腐蚀性来看，也是 DIPA 最小，DEA 次之，MEA 最大。事实上，由于 DIPA 具有再生能耗小，副反应少，腐蚀性小等优点，因而得到广泛应用。

热能消耗是一项非常重要的技术经济指标，决定了该净化技术能否被广泛应用。常温甲醇法由于再生温度低，因而所消耗的热量低于化学吸收法（如 MEA、DEA 法），也低于目前广泛采用的物理-化学吸收法（如砜胺法）。工业操作数据表明，Amisol 法再生时酸气的蒸汽消耗为 0.49~0.54kg/m^3，仅为通常使用其他方法的 1/6~1/4。其次，由于再生温度低，因而可利用工艺过程中的低热值的热源。

另外，胺类在吸收过程中会发生热降解和化学降解，其中与 CO_2、COS、CS_2、O_2 等作用则以化学降解为主，在 Amisol 法操作过程中，与 CO_2、COS 发生副反应引起的烷醇胺消耗要比单独使用烷醇胺溶液低得多。

Amisol 法的工艺流程与常见的烷醇胺法类似。吸收过程在常温和加压下操作，富集液经减压后入常压（或稍高于常压）的热再生塔。由于再生温度比较低（大约 80℃），因而可利用 90℃ 左右的低位能废热。再生塔包括一个再沸器及一个冷却器，由于溶剂是低沸点溶剂，因而净化气和再生气中的甲醇蒸气用水洗涤后，经蒸馏即可回收。尽管为了从甲醇洗涤液中蒸馏出甲醇需外加热量，但蒸馏出的甲醇蒸气可作为再沸器的热源。Amisol 法的再生酸气主要含 CO_2、H_2S，可视其浓度不同，选择适当方法加以处理。

根据工艺的需要，Amisol 法可采用不同的烷醇胺与甲醇配合使用，由甲醇-烷醇胺-水组成的溶液与一般烷醇胺的差别在于用甲醇替代了其中大部分的水，有如下特点：

（1）甲醇的凝固点低（-97.8℃），可在较宽的温度范围内进行吸收操作，另外由于溶剂为物理-化学吸收剂，因而可在较宽的酸气分压范围内使用，溶剂吸收酸气的容量和净化度都能达到较高的水平。

（2）由于溶剂中含有大量甲醇，因而对有机硫化物具有很大的亲和力，再加上烷醇胺溶解在甲醇中，也提高了对酸性气体的反应性能。另外，由于甲醇黏度低（0℃ 时 0.82cP，1cP = 1mPa·s，下同），所以该混合溶剂的黏度也低，这样从总体上提高了吸收剂脱除酸性气体以及羰基硫等有机硫化物的性能，因此即使在常温下也能达到与低温甲醇法大致相同的净化度。

（3）由于甲醇是一种低沸点溶剂，因而 Amisol 溶剂的再生温度也低（大约 80℃）。这不仅使再生能耗降低，而且还可利用低位能废热为再生热源。

（4）由于再生温度低，因而与 CO_2、COS 等产生副反应所引起的烷醇胺损失比普通的烷醇胺低。

Amisol 法也存在一些不足，一方面为了回收净化气和再生气中甲醇蒸气所形成的稀甲醇溶液，需设置低压甲醇蒸馏装置；另一方面，甲醇具有一定的毒性，在操作时应采取必要的安全措施。

4.2.3.3 复合吸收剂

除了 Sulfinol 法和 Amisol 法之外，新型复合吸收剂的研发也很受关注，如利用物理吸收剂和化学吸收剂的混合溶剂作为复合吸收剂，或在保留物理吸收剂本身性质的同时，加入改性剂提高气体在溶液中的溶解性等，一些典型的复合吸收剂如下所述。

（1）碳酸丙烯酯（PC）-三乙醇胺（TEA）复合吸收剂。使用 PC 改性剂能同时保留主溶剂的许多优点，如化学稳定性、低腐蚀性、低挥发性、低可燃性，而且 CO_2 在 PC/TEA 复合吸收剂中的溶解度相比纯 PC 提高了很多。

（2）N-甲基吡咯烷酮（NMP）-乙醇胺复合吸收剂。该体系是物理吸收剂（NMP）和化学吸收剂（MEA/DEA）的混合体系，添加 15%（质量分数，下同）MEA 的 NMP 溶液与纯 NMP 溶液相比，CO_2 溶解度得到了明显提高。

（3）PVM 的复合吸收剂。PVM 是在纯碳酸丙烯酯（PC）中加入 6% 甲基二乙醇胺（MDEA），2% 水和 0.05% 活化剂所形成的复合吸收剂，相对于 PC，该吸收剂对 CO_2 有更大的吸收量和更大的吸收速率，同时具有优良的再生性能及不腐蚀设备等特点。

4.3 吸附法 CO_2 分离技术

吸附法分离 CO_2 是利用固体吸附剂对混合气体中 CO_2 进行选择性吸附，然后在一定的再生条件下将 CO_2 解吸，实现 CO_2 的浓缩。一个完整的吸附工艺通常分为吸附和解吸两个过程。根据吸附剂与吸附质相互作用性质的不同，可分为物理吸附和化学吸附。吸附分离 CO_2 的技术可行性由吸附步骤决定，但经济可行性却是由解吸过程决定的。根据解吸方法不同可分为变压吸附、变温吸附以及变温变压耦合吸附过程等。物理吸附剂选择性较差、吸附容量低，但吸附剂易再生，吸附操作通常采用能耗较低的变压吸附法。化学吸附剂选择性较好，但吸附剂再生比较困难，吸附操作须采用能耗较高的变温吸附法。一般而言，吸附剂与 CO_2 的结合力越强，CO_2 的吸附容量越大，选择性越好，对吸附过程越有利，但同时也意味着解吸过程越难，再生能耗越高。由于温度调节速度较慢，工业规模的 CO_2 吸附分离工艺主要以变压吸附为主。

气体吸附操作是利用多孔固体颗粒选择性吸附一个或几个气体组分，实现气体混合物的分离。通常固体表面性能与其本体结构性能不同，如作用在其表面的力是不饱和的，当暴露在气体中的时候，会与气体分子产生作用力。由于范德华力的作用，吸附质的单层或多层分子会覆盖在吸附剂表面，这种吸附属于物理吸附。当然，若吸附是由吸附质与吸附剂表面原子间的化学键合作用造成的，则属于化学吸附。

吸附剂是设计吸附装置以及工艺的基础，吸附过程的决定因素一方面是吸附剂的基本物理特性如孔径和分布、比表面积，另一方面，吸附质在吸附剂上的吸附平衡和吸附动力学性能也至关重要。因此，用于 CO_2 捕集的吸附材料通常具备以下特点：

（1）在工作环境下对 CO_2 有比较高的吸附选择性和吸附容量；

（2）CO_2 在吸附剂内有较好的吸附动力学行为；

（3）在多次吸附解吸循环之后，吸附剂仍有较高的吸附容量；

（4）吸附剂在较大的压差下有足够的机械强度；

（5）易于解吸。

在吸附过程中，利用吸附剂对不同组分吸附能力的不同，可实现对混合气体中某些目标组分的选择性吸附，进而实现其他组分的提纯。另外，吸附质在吸附剂上的吸附容量随吸附质的分压上升而增加，随吸附温度的上升而下降，从而实现吸附剂在低温、高压下吸附，并在高温、低压下解析再生，上述吸附与再生循环是实现 CO_2 气体连续分离的关键。

4.3.1　吸附分离基本原理

吸附剂与吸附质之间通常存在以下三种效应：

（1）立体效应。受吸附剂内部孔道形状和大小的限制，只允许小于孔道大小的气体分子进入孔道内而被吸附，从而达到与其他成分分离的目的。

（2）动力学效应。利用吸附剂对不同气体的吸附速率的差别，通过缩短循环时间实现混合气体分离的效果，即不平衡吸附。

（3）平衡效应。利用吸附剂对各成分不同的平衡吸附量来达到分离的目的。

基于上述三个效应，混合气体的吸附分离可按以下两个原理来实施。

（1）利用吸附剂对各气体组分的选择性不同来分离混合气体。在吸附过程中，强吸附性气体被吸附剂吸附的量较多，所以剩余气体中弱吸附性气体浓度较高，从而在吸附过程中得到高浓度的弱吸附气体；而在脱附过程时，由于吸附剂吸附的强吸附性气体较多，故而低压脱附后可得到较高浓度的强吸附性气体，这样通过高压吸附、低压脱附循环进行即可达到混合气体的分离。

（2）利用吸附剂对混合气体中各组分吸附速率的不同分离气体。吸附速率快的气体停留的时间较短，吸附速率慢的气体需停留的时间较长，控制吸附过程的操作时间即可分离气体混合物，该原理适用于分离平衡吸附量相近的气体。

4.3.2　吸附分离方式

4.3.2.1　变温吸附（temperature swing adsorption，TSA）

根据待分离组分在不同温度下的吸附容量差异而实现分离。由于采用升降温的循环操作，低温下被吸附的强吸附组分在高温下得以脱附，吸附剂得以再生，冷却后可再次在低温下吸附强吸附组分。TSA 法吸附剂容易再生，工艺过程简单、无腐蚀，但存在吸附剂再生能耗大、装备体积庞大、操作时间长等缺点。变电吸附（electricity swing adsorption，ESA）也被应用到 CO_2 吸附分离上，采用整体蜂窝状活性炭为吸附剂，在常压常温下进行吸附，脱附时施加低压电流使吸附剂温度快速升温，该技术本质上仍属于变温吸附法，与其他 TSA 技术不同的是，ESA 技术脱附过程是在吸附剂上直接施加低压电流，利用焦耳效应使吸附剂快速升温达到脱附温度，可以大幅度缩短升温时间。

4.3.2.2　变压吸附（pressure swing adsorption，PSA）

根据吸附剂对不同气体在不同压力下的吸附容量或吸附速率存在差异而实现分离。通过压力升降的循环操作，使得强吸附组分在低分压下脱附，吸附剂得以再生。变压吸附主要有两种途径，一种是高压吸附，减压脱附；另一种是真空变压吸附，即在高压或常压吸附，真空条件下脱附。其基本原理是利用不同分压下吸附剂对吸附质有不同的吸附速率、吸附容量及吸附力，在一定压力下能选择性地吸附混合气体中各组分，因此通过加压除去混合气中需分离的组分，并在减压后使这些组分脱附而使吸附剂再生。为实现连续分离气体混合物，通常采用多个吸附床，并循环变动各吸附床的压力。变压吸附法工艺过程简单，适应能力强，能耗低，但吸附容量有限、吸附解吸操作频繁、自动化程度要求较高。近年来，关于变压吸附的研究工作较多，也有实现工业化的报道，但该工艺成本较高，如能在高效吸附剂研制方面取得突破并进一步优化工艺，可望成为一种有竞争力的技术。

图4-7为典型的单室变压吸附的操作工艺，烟道气经过冷却后进入吸附室（阶段1），随着气体温度从烟道气温度降到约30℃，采用压缩机对烟道气在腔室内加压以实现 CO_2 吸附量的最大化，同时烟道气中的剩余组分离开腔室，随后利用真空减压将 CO_2 从吸附剂中释放出来（阶段2），然后送往分离罐储存。

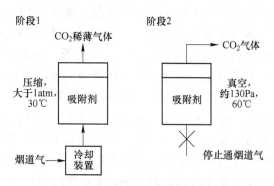

图 4-7 单室变压吸附系统（1atm）

（1atm＝101325Pa，下同）

图4-8揭示了单一吸附剂下的双室连续变压吸附操作工艺，两个腔室可进行连续循环升降压操作，首先烟道气被送往其中一个腔室后进行升压实现 CO_2 吸附，然后将压力转移到另一个腔室，前一个腔室吸附完 CO_2 后产生的废气就会引进到现在的腔室。当现腔室升压后，相应的第一个腔室就会降压，CO_2 低压解吸，从而收集到 CO_2。随着上述循环的持续进行，废气按顺序注入两个腔室中，控制 CO_2 流向一个收集点，剩下的烟道气废气（N_2、O_2 等）则流向另外的收集点。

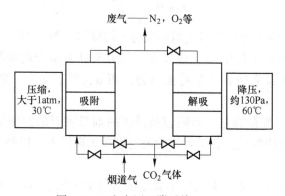

图 4-8 双室变压吸附系统（1atm）

4.3.3 物理吸附的优缺点

物理吸附只要求容器能承受小范围的压力改变，而变温分离技术要求设备承受大范围温度变化，同样液体吸收技术则通常面临溶剂同烟道气接触后形成腐蚀性溶液等问题。变压吸附（PSA）同化学吸收一样，其效率依赖于吸附剂的再生能力。如图4-7和图4-8展示的那样，吸附剂在 CO_2 分离过程中可多次重复使用，采用吸附方法捕集 CO_2 浓度（摩尔分数）为 28%~34%的能量成本为每吨 6.94 美元，但是当 CO_2 浓度（摩尔分数）在 10%~11.5%时，捕集 CO_2 的能量成本将增加 4 倍。

但是目前物理吸附还难以成为一个独立的过程，第一个问题是该体系难以处理低浓度的 CO_2（0.04%~1.5%，摩尔分数），好在大多数发电厂的烟道气中 CO_2 的浓度（摩尔分数）大约为 15%。第二个问题是现有吸附剂不能有效地从烟道气中分离 CO_2，由于吸附剂的吸附能力通常依赖于其孔径大小和孔径分布状况，通常以 CO_2 为选择分离的目标分子时，比 CO_2 分子小的气体也能渗透到细孔中，如 N_2 是最常见的填充在吸附剂微孔中的气体，在每一个吸附循环中 CO_2 的分离度降低，从而降低了吸附过程效率。第三个问题是现有吸附剂的吸附速率相对较慢，通常吸附剂达到最大吸附量的滞留时间需要 20min，当处理大体积烟道气时，这种速度显然太慢，影响吸附效率。

尽管存在上述三个问题，在 CO_2 吸附分离系统中物理吸附仍有重要的应用价值，由于物理吸附需要高 CO_2 浓度才能达到最佳性能，因此可以将其安装在另一个分离系统之后串联使用。当然，若能发现选择性更强、吸附量更大、运转条件更好且更加有效的吸附剂，物理吸附仍然有望成为未来分离 CO_2 的一个切实可行的方法。

4.3.4　常见 CO_2 吸附剂

吸附剂是吸附法捕集分离 CO_2 的关键，通常 CO_2 吸附剂应具备以下条件才具有一定的应用价值。

（1）对 CO_2 具有优良的选择性吸附。所谓的选择性也就是分离因子，以 α_{AB} 表示，代表了利用吸附剂把某一成分从混合气体中分离出来的难易程度，其定义如式（4-1）所示：

$$\alpha_{AB} = \frac{X_A / X_B}{Y_A / Y_B} \tag{4-1}$$

式中，X_i、Y_i 为平衡条件下吸附相与气相中成分 i 的摩尔分率。当 α_{AB} 等于 1 时表示吸附剂对 A、B 两成分的吸附力相当。α_{AB} 值越大，吸附剂对 A 成分的吸附能力越高。当 α_{AB} 大于 3 时，吸附过程即具有较好的经济竞争力，而 α_{AB} 低于 2 时，则说明该吸附剂经济性差。

（2）对 CO_2 具有高吸附容量。吸附容量是吸附剂最重要的性能指标，通常吸附剂比表面积的大小决定了吸附容量，若吸附剂的吸附容量大则设备可以缩小设备尺寸，提高经济竞争力。

（3）具有良好的使用寿命。对气体中其他成分（如 SO_2、NO_x、Hg 和 H_2O 等）耐受性好，易再生。若吸附剂活性太低或稳定性不够，显然不具备商业化价值。

此外，选择吸附剂的其他条件还有：良好的机械强度和热稳定性、吸附和脱附速率快、价格相对便宜等。

4.3.4.1　物理吸附剂

如前所述，根据吸附剂与 CO_2 的相互作用情况，吸附剂通常分为物理吸附剂和化学吸附剂。物理吸附剂如活性炭、沸石分子筛是依靠它们特有的笼状孔道结构将 CO_2 吸附到吸附剂表面。这些吸附剂具有无毒、比表面积大以及相对价廉、易得的优点，较多应用于常温或低温吸附，如燃气存储、气体分离、催化反应等方面，但存在吸附选择性低、吸附过程受 H_2O 的影响大且再生能耗大等问题。而化学吸附剂是利用吸附剂表面的化学基团与 CO_2 反应结合而达到吸附分离目的。目前研究较多的物理吸附剂是多孔固体材料，包括活性炭、活性炭分子筛、活性炭纤维、分子筛、活性氧化铝、硅胶、树脂类吸附材料等，下面进行简单介绍。

（1）活性炭。活性炭是一种应用最广泛的吸附剂，是一种多孔颗粒或粉末，也有成型活性炭和活性炭纤维，含碳量约为 90%，它是利用木炭、木屑、椰子壳等的坚实果壳、果核及优质煤等做原料，经过高温炭化，并通过物理和化学方法，采用活化、酸性、漂洗等一系列的工艺过程而制成的黑色、无毒、无味的固体物质，来源广泛、成本较低。活性炭的比表面积通常为 $600 \sim 2000 m^2/g$，它含有 $1000Å$（$1Å = 0.1nm$，下同）以上的大孔，$100 \sim 200Å$ 的过渡孔，以及 $20Å$ 以上的微孔结构。活性炭性质稳定，不易溶解，耐酸耐碱，且失效后容易再生，因此有很高的吸附性能。活性炭兼有物理吸附和化学吸附作用，其吸附特性主要取决于它的孔隙结构和表面化学结构。作为 CO_2 的吸附剂，活性炭在常温下吸附性能优良，但由于吸附性能随温度升高下降很快，难以应用在燃煤烟气中 CO_2 的捕集分离领域。

（2）活性炭分子筛。活性炭分子筛是一种非极性的炭质吸附剂，是表面充满微孔晶体的黑色颗粒，比表面积为 $600 \sim 800 m^2/g$，具有疏水性，其吸附主要与范德华力有关，来源于煤及其衍生物、植物的坚果壳或有机高分子聚合物。活性炭分子筛通常通过炭化法、炭沉积法和活化法等方法制备。与活性炭相比，活性炭分子筛孔半径分布概率最高的是在小于 1nm 范围，这正好是永久性气体（常温下不能液化的气体，如 O_2、N_2、H_2、CO 和 CH_4 等）的半径范围，虽然活性炭分子筛的吸附能力不如常规的活性炭，但是它犹如分子筛一样，不仅可阻止大分子进入活性炭表面，而且能使得不同直径分子在微孔中的扩散速率不同而使其选择性提高，达到气体分离的目的。

（3）活性炭纤维。活性炭纤维是直径为 $5 \sim 20 \mu m$ 的纤维炭质吸附剂，是继粉末状活性炭和粒状活性炭之后的第三类活性炭功能吸附材料。将木质素、纤维素、酚醛纤维、聚丙烯纤维和沥青纤维等有机纤维经过预处理、炭化和活化可制备活性炭纤维，具有一定的导电性，耐酸碱和化学稳定性好，且吸附和脱附速率快，缺点是价格高，通常是活性炭的 10 倍以上。

（4）分子筛。分子筛中最主要的是沸石，分子式为 $Al_2O_3 \cdot nSiO_2 \cdot mH_2O$，主要有天然沸石族矿物和合成沸石，具有很大的比表面积（$500 \sim 1000 m^2/g$），因而可用作吸附剂。分子筛具有强的吸附能力，能将比孔径小的分子通过孔道窗口吸附到孔道内部，比孔径大的物质分子则排斥在孔道外面，因而能把形状直径大小、极性程度、饱和程度不同的分子分离开来，即具有"筛分"分子的作用，故称为分子筛。根据分子筛晶型和组成的硅铝比（即 SiO_2 和 Al_2O_3 的摩尔比）不同，可分为 A、X、L、Y 型分子筛。沸石分子筛作为 CO_2 的吸附剂，常用的有 4A、5A、13X 等。分子筛的吸附过程属于物理吸附，温度升高时吸附容量下降较大，而且分子筛对水分有强烈吸附，再生能耗很大，由于与 CO_2 形成竞争吸附，很难应用在烟气分离 CO_2 上。

（5）活性氧化铝。活性氧化铝（$Al_2O \cdot xH_2O$）是白色多孔物质，由三水氧化铝经过高温焙烧脱水形成，外形多为球状和柱状。由于活性氧化铝表面存在羟基活性中心和较高浓度的酸性点，因此是一种极性吸附剂。与硅胶相比，活性氧化铝耐热性和耐水性好，便于多次再生。与分子筛相比，活性氧化铝强度好，再生温度低，价格较低，因此成为工业气体干燥剂的主要品种，同时活性氧化铝也可应用于石油的脱硫、催化重整装置上氢气中脱除氯化氢以及氟废气的净化。

（6）硅胶。硅胶（$SiO_2 \cdot nH_2O$）是多孔材料，其孔径大小比较一致，在 2~20nm 范围，是高活性气体吸附剂。由于硅胶表面上保留约 5% 的羟基，是其吸附活性中心，正是由于它的存在，使硅胶具有一定的极性。硅胶性质稳定，在酸性介质（除氢氟酸外）中也不会被分解，且硅胶吸附主要发生在表面，这使其具有较好的吸附、脱附能力，另外硅胶比表面积大，且具有可控性，可对某一组分进行选择性吸附，而且硅胶制备简单，价格低廉。

（7）树脂类吸附剂。大孔吸附树脂是一类不含离子交换基团并具有大孔结构的高分子吸附材料，常用的有聚苯乙烯树脂和聚丙烯酸树脂。大孔吸附树脂的理化性质稳定，且不溶于酸、碱及有机溶剂：对有机物有浓缩和分离的作用，并且不受无机盐类、低分子化合物及强离子的干扰。大孔吸附树脂的吸附性能与范德华力或氢键有关，加之其具有网状结构和高比表面积，使其具有良好的筛选性能。根据树脂的表面性质，大孔吸附树脂可分为极性、中等极性和非极性三类。极性树脂含有酚羟基、酰氨基和氰基等功能基团，可通过静电相互作用吸附极性物质。中等极性树脂含有酯基，其表面具有亲水和疏水基团，不仅可以从非极性溶剂中吸附极性物质，还可以从极性溶剂中吸附非极性物质。非极性树脂是由偶极距很小的单体聚合而制得的，它不含任何功能基团且孔表面的疏水性较强，可通过与小分子内的疏水部分相互作用吸附溶液中的有机物，最适用于从极性溶剂（如水）中吸附非极性物质。球形大孔树脂吸附剂的性能与树脂的结构、孔径、比表面积和极性有关，也与被分离物质的极性、溶液 pH 值、分子体积、树脂柱的清洗、洗脱液的种类等因素有关。

4.3.4.2 化学吸附剂

化学吸附剂通过吸附剂表面的化学基团和 CO_2 结合，从而达到分离捕集 CO_2 的目的。化学吸附剂大致可分为以下三类：金属氧化物（包括碱金属和碱土金属类）、类水滑石化合物（hydrotalcite-like compounds，HTlcs）以及表面改性多孔材料等。

（1）金属氧化物类化学吸附剂。由于 CO_2 是弱酸性气体，因此在一些金属氧化物的碱性位点上更容易被吸附，其中粒子半径和价态均较低的金属氧化物能提供更多、更强的碱性位点。金属氧化物类吸附剂包括氧化锂、氧化钠、氧化钙、氧化铷、氧化铯、氧化钡、氧化铁、氧化钽、氧化铜以及氧化铬等，可吸收 CO_2 形成单齿或多齿物质，其中研究较多的是氧化钙、氧化钠、氧化镁、锆酸锂等。

（2）类水滑石化合物。类水滑石类化合物是一类具有层状结构的无机材料，包括混合金属氢氧化物和水滑石（LDHs）。

类水滑石化合物的主体层板化学组成与其层板阳离子特性、层板电荷密度或者阴离子交换量、超分子插层结构等因素密切相关。只要金属阳离子具有合适的离子半径和电荷数，均可形成层板，层间无机阴离子不同，层间距不同。其晶体结构中，层板上金属离子以一定方式均匀分布，且每一个微小的结构单元中的化学组成是不变的。

类水滑石化合物对 CO$_2$ 的脱附过程一般分为三个阶段：1）在温度小于 200℃ 时脱去层间的水，此时层状结构不变；2）在 250~450℃ 温度范围内，层板上的 OH$^-$ 脱水，CO$_3^{2-}$ 分解并释放出 CO$_2$ 气体；3）在 450~550℃ 温度范围内，OH$^-$ 脱除完全，并生成具有较高孔容和比表面积的 Mg-Al-O 混合氧化物。在焙烧温度不高于 500℃ 时，Mg-Al-O 混合氧化物可恢复至最初的状态，而当焙烧温度高于 600℃ 时，由于生成了具有尖晶石结构的副产物而导致其结构难以恢复。

水滑石的 CO$_2$ 吸附能力通常低于其他化学吸附剂，且材料中或待分离混合气中水分子的存在会影响其 CO$_2$ 吸附能力，在潮湿的环境中材料 CO$_2$ 吸附能力有略微增加。

（3）表面改性多孔材料。通过对多孔材料如活性炭、碳纳米管、硅胶、分子筛、聚酯等进行表面改性连接上羟基、羧基等官能团，从而与吸附质发生化学反应或者通过成键方式将吸附质固定下来。性能优良的吸附 CO$_2$ 的多孔材料通常具有以下特点：

1）孔径较大（大于 2nm）可控，且孔径分布窄；

2）比表面积高；

3）有规则的孔道，在纳米尺度有序排列；

4）易于合成，且成本低廉；

5）有较好的机械强度，进行表面改性时，孔道结构能保持不变。

多孔材料表面改性的典型例子是活性炭表面氧化或表面还原改性。活性炭表面改性主要是通过酸碱浸泡、浸渍、热处理等方式改变其表面官能团的种类和数量，从而使其具有某些特殊的吸附性能。由于表面改性后活性炭表面存在许多不同性质的官能团，根据官能团种类和数目的不同，活性炭呈现出不同的性质，如酸性、碱性和中性等，同时产生不同的吸附和催化效果。活性炭表面的酸性官能团越丰富，活性炭在吸附极性化合物时具有较高的效率，而碱性官能团较多的活性炭易吸附极性较弱的或非极性的物质。表面官能团的影响在从水溶液中除去无机物和金属离子方面效果显著。

（1）表面氧化处理。表面氧化处理是炭材料改性中常用的方法，活性炭在适当条件下经过强氧化剂处理，可提高其表面酸性官能团的含量，从而提高其对极性物质的吸附能力，常用的氧化剂有浓 H$_2$SO$_4$、浓 HNO$_3$、H$_2$O$_2$、O$_3$ 等。

（2）表面还原处理。表面还原改性主要是通过氢气等还原剂在一定温度下对活性炭表面基团进行还原处理，提高活性炭表面含氧基团中碱性基团的含量，减弱活性炭表面的极性，从而提高其对非极性物质的吸附性能。由于活性炭的碱性主要来自其无氧的路易斯碱表面，因此可以采用在 H$_2$ 或 N$_2$ 等还原性气体或惰性气体气氛下高温处理得到更多的碱性基团。也有采用 NH$_3$·H$_2$O 等进行还原处理，活性炭经表面还原改性后，氮成功插入了活性炭中（表现为氰基和酰氨基官能团），在较高温度如 100℃ 下活性炭的表面碱性会发挥更重要的作用，CO$_2$ 吸附量相对于未处理前有大幅度提高。

4.4 膜分离法 CO$_2$ 分离技术

膜分离技术是利用具有选择透过性的膜来分离混合体系，在分离复合膜两侧的两种或多种推动力（如压力差、浓度差、电位差、温度差等）的作用下，混合体系从原料侧通过复合膜传递到渗透侧，通过这一过程混合体系得到分离、提纯、浓缩或富集。物质通过分离膜的推动力一般分为两种：一种是利用外界的能量，物质可以由低位向高位流动，另一种是将化学位差作为传质推动力，物质由高位向低位流动。物质通过分离膜的速度受到三方面的影响：一是物质进入膜的速度，二是物质在膜内的扩散速率，三是物质从膜的另一表面解吸的速率。物质通过分离复合膜的速率越大，那么，其透过时间就越短，如果混合体系中各物质通过分离复合膜的速率相差非常大，那么分离的效果就会越好。分离膜可为固相、气相或液相，主要有无机膜、金属膜、聚合物膜及固体液体膜等，目前工业应用较多的分离膜为固相分离膜。

聚合物膜的选择性与其同目标分子相互作用的能力密切相关，无论分子是通过与膜相互作用还是通过扩散而分离，原理上都是溶液扩散机理或吸附扩散机理。多孔陶瓷膜和金属膜的分离原理为：只有一定尺寸大小的气体分子才能通过膜的孔隙，这些膜就像是筛子一样，将 CO_2 从大气体分子中分离出来。来自化石燃料发电厂的烟道气在常压下输送到一个被膜分隔的腔室，CO_2 通过膜进入腔室的另一部分，在这里被低压收集（通常为原料压力的 10%）。

气体吸收膜也是目前研究较多的，气体吸收膜是固体膜和液体吸收剂的复合，这些含微孔的固体膜中充满了液态吸收剂，CO_2 能够选择通过膜，从而被液体吸收剂捕捉和去除，该方法能单独控制气体和液体流，极大减少液泛、沟流、鼓泡等现象。膜的厚度对透过性起重要作用，如 $10\mu m$ 厚的膜比 $100\mu m$ 厚的膜快 20 倍。

4.4.1　气体膜分离技术

气体膜分离技术（GS）根据不同气体透过膜的速率不同而实现气体分离，其实质是一个压力驱动的过程。与传统的分离技术（低温蒸馏、吸附分离）不同，气体膜分离技术不需要相变过程，因而能耗较低，设备尺寸较小，在减小环境负荷、降低工业成本方面有重要价值。

根据选择透过机制的不同可将 CO_2 分离膜分为扩散选择膜、溶解选择膜、反应选择膜及分子筛分选择膜四大类。

（1）扩散选择膜。扩散选择膜对气体的亲和性不强，主要依靠不同大小的分子在膜内扩散速率的不同来实现分离。目前商用气体分离膜主要有醋酸纤维素（CA）膜、聚酰亚胺（PI）膜、聚砜（PS）膜、聚苯醚（PPO）膜、聚二甲基硅氧（PDMS）膜等，其选择透过机制都为扩散选择，不过目前商品膜 CO_2 选择性还远不能满足捕集 CO_2 的要求。

（2）溶解选择膜。溶解选择膜根据不同组分在膜中溶解度的差异而达到分离目的，这类膜适用于极性相差较大的气体分离。CO_2 为四极矩分子，根据相似相溶原理，在膜内引入极性基团可能增加 CO_2 在膜中的溶解度，进而增加膜对 CO_2 的透过选择性。通过研究含有不同极性基团的聚合物膜的 CO_2、N_2 透过分离性能发现，增加羧基、酰氨基等基团会大幅降低 CO_2 渗透系数，而增加醚氧键则会大幅度提高 CO_2 渗透系数。

（3）反应选择膜。反应选择膜是通过在膜中引入能与某一组分发生可逆反应的官能团来强化该组分在膜中的传递，这类膜也称促进传递膜。官能团通常称为载体，用于分离 CO_2 的固定载体膜的载体主要有吡啶基、氨基、羧酸根等，目前含氮基的固定载体膜研究较多。

（4）分子筛分选择膜。分子筛分选择膜中具有与气体分子大小相当的孔结构，通过气体分子与膜中孔大小的比较，决定气体分子能否透过膜以及透过速度的大小。无机多孔膜如玻璃膜、沸石膜、陶瓷膜和炭膜等，其选择透过机制大多为分子筛分选择。与有机高分子膜相比，无机多孔膜具有良好的热稳定性、化学稳定性和机械稳定性，在涉及高温和腐蚀性气体的分离过程中具有很大的优越性。当然这些膜材料也有一些缺点：如成本高、易脆、膜的比表面积低，以及高选择性致密膜（金属氧化物在低于400℃时）所带来的低渗透性等问题。

选择气体膜材料的主要依据是其物理化学性质，如膜材料的渗透性和分离系数、膜的结构和厚度（浸透性）、膜的构造（中空纤维）、膜组件和体系设计等。

膜材料的渗透性和选择性影响气体膜分离过程的经济性。渗透性是化合物穿透过膜的速度，依赖于热力学因素（将原料相和膜相间的物质分开）和动力学因素（如在致密膜扩散或在多孔膜表面扩散）。膜的选择性是膜完成一个给定分离过程（膜对原料物质的相对渗透性）的能力，是获得高回收率和高产品纯度的关键。

膜分离技术中工艺设计十分重要，合适的膜系统（膜组件）对膜选择性和工艺性能有重要影响。如聚合物中空纤维膜大量用于气体分离膜，因为每个中空纤维模块含有成千上万的纤维，比表面积高（大于 $1000m^2/m^3$），单位体积生产效率高，可大幅度降低生产成本，适合大规模工业应用。

通常聚合物不能承受高温和苛刻的环境，而且当应用于石化厂、精炼厂、天然气处理厂时，原料气流中的重烃会破坏中空纤维组件，原因在于聚合物暴露在烃或高分压 CO_2 中，即使是低浓度下也能被溶胀或增塑，大大降低其分离能力，甚至导致膜发生不可逆的破坏。通常的解决办法是设计一个合适的气体分离组件，对待分离的混合气体进行预处理和浓缩处理。

与无机多孔材料相比，聚合物膜的自由体积更低，选择性较高，但渗透性较低。此外，聚合物膜在渗透性和选择性方面有一个平衡限制，当选择性增加，渗透性降低，反之亦然。通常采用计算机模拟气体分子扩散通过无定形或半结晶高分子膜的过程，研究在分子水平上气体在高聚物中的传输机理，获得气体在聚合物膜中的溶解性和扩散系数。目前，在聚合物气体膜分离领域，最大的挑战是如何在保证较高分离因子的同时，大幅提高聚合物膜的 CO_2 透过速率，以满足工业应用的经济性要求。

在几类 CO_2 分离技术中，变压吸附需要能变压的设备，低温蒸馏则需要能够忍受极端温度的设备，而膜分离技术所需要的主要设备就是膜组件和辅助的动力系统，几乎没有运动的部件，不需要再从外界加入其他设备或者材料，投资较低。此外，膜分离过程不存在相变过程，因此能耗较低。尽管气体膜分离技术要求烟道气必须在分离之前稍作压缩（理想压力约为 1.01atm），但是这个压缩比变压吸附所需要的压力小得多。不过膜分离技术用于烟道气的 CO_2 捕集时，仍面临一个重要难题，即对 CO_2 的选择性和渗透性难以同时满足工业应用的经济性要求，因为选择性好的膜透过性不好，而透过性好的膜还允许除 CO_2 外的其他气体通过，导致 CO_2 的纯度较低，因此需要二级分离。聚合物膜分离技术目前面临的另一个难题是待分离的混合气体中可能含有某些化学物质，能破坏聚合物中空纤维膜，降低其分离性能，因此需要研究新型的高分子复合膜材料，或研发金属、陶瓷及氧化铝膜，以便更好地抵抗气体进入时所带来的高温（如350℃），以及气流通过腔室所引起的压力改变。总之，分离膜对使用环境和工况的稳定性决定了其能否成为 CO_2 捕集的单独技术，或成为整个系统分离技术的一部分。

4.4.2　膜接触器技术

膜接触器技术属于一类广义的膜过程，是膜分离技术与吸收技术相结合且不通过两相的直接接触而实现相间传质的新型膜分离过程，其内容涵盖了渗透萃取、渗透抽提、气体吸收、膜基溶剂萃取、液-液萃取、膜基气体吸收和气提、中空纤维约束液膜等多种分离技术。

膜接触器通常用中空纤维膜把两种流体隔开，两流体接触面在膜孔出口处，组分 i 通过扩散传质穿过接触界面进入膜的另组分 i 侧。如图4-9所示，传质过程分3步进行：从进料相进入膜，然后扩散通过膜，接着从膜下游传递到接收相。

与大多数的膜分离操作不同，膜接触器的分离性能取决于组分在两相中的分配系数，而膜本身则没有分离功能，因此膜接触器用的膜材料不需要对流体有选择性，只充当两相间的一个界面。膜接触器的推动力是浓度差，因此只需要很小的压力差即可实现膜分离过程。

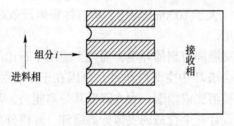

图4-9　膜接触器示意图

4.4.2.1　膜接触器的分类

膜接触器的分类比较复杂，按照膜接触器结构可分为平板式膜组件、卷式膜组件、中空纤维膜组件等，其中平板式膜组件和卷式膜组件的架构和制备工艺过于复杂，且不易得到较高的填充率，目前只限于实验室使用，而中空纤维膜组件因其制造工艺简单，能提供较大的比表面积等优点而备受关注。另外，若根据膜两侧流体形态划分，膜接触器可分为气-液膜接触器，液-气膜接触器，液-液膜接触器。也有按膜结构分类的，此时膜接触器可分为多孔膜接触器、无孔膜接触器、复合膜接触器。而按工作原理分类时，膜接触器可分为连续萃取膜接触器、气体吸收膜接触器、气体气提膜接触器、膜蒸馏等。

4.4.2.2　膜接触器组件

分离膜必须封装成膜组件才能使用，由于中空纤维膜组件能提供最大的比表面积，在膜接触器领域得到广泛研究。

A　膜组件设计标准

对于过滤装置的传统膜组件设计来说，尽管其改善了传质效率，膜壳侧的流量条件通常还是很模糊的。而对于膜气体吸收装置，通常需要膜两侧明确的流量条件来获得好的传质，组件设计的重点包括：纤维规整性（纤维的多分散性和空间排列）、填充密度、相对流向及两相横流等。

B　膜组件分类

根据两相的相对流向，膜组件可以分为平行流组件和错流组件。平行流组件的特征是管程与壳程的流体以并流或逆流的形式平行流动，这是工业上最常用的膜组件，原因在于其制造工艺简单，造价较低。但由于在平行流组件中纤维通常是不均匀装填的，容易导致壳程流体的不均匀分布，进而影响传质效率。错流组件是为了改进平行流组件的不足而发展出来的，其主要特点是引入了多孔中心分配管和折流板，分配管的存在一方面能使中空纤维膜以某种特定形式的编织结构分布在中心分配管周围，从而最大限度地保证了纤维的均匀分布，另一方面促进了流体在壳程的均匀分布。折流板的作用一方面是减少在壳程发生短路的可能性，另外它能产生一个垂直于纤维表面的分速度，从而提高了传质系数。错流组件的缺点是封装困难，而且造价较高，限制了其工业应用。

C 膜接触器的特点

在开发和设计膜接触器的过程中，一般需考虑以下几个因素：流体流动状态、死角和短路、装填密度、压力损失、稳定性和制造成本等。最近几年，中空纤维膜接触器受到广泛关注，因为与传统设备如填料塔、喷淋塔、泡罩塔等相比，膜接触器显示出如下优点：

（1）运行灵活。气液两相流向中空纤维的相反面（外壳和内腔），因此可以分开操作，一方面消除了液泛、沟流或雾沫夹带等在常规接触器中常见的问题，另一方面使膜接触器在各种流速条件下都能保持恒定的接触面积。

（2）更大的传质比表面积。自由扩散柱的传质比表面积仅为 $1 \sim 10 m^2/g$，填料柱的传质比表面积达到 $10 \sim 100 m^2/g$，机械促进柱的传质比表面积达到 $50 \sim 150 m^2/g$，而膜接触器的比表面积达到 $500 \sim 2000 m^2/g$，远大于传统的塔、柱设备等各类接触装置。

（3）经济性更佳。由于膜接触器装置紧凑的特点，能源消耗更低，体积更小，更经济。比较填充柱和膜接触器从烟道气中清除 CO_2 的情况，膜接触器能使吸收器体积减小10倍。

此外，采用膜接触器，膜组件的可组合性使设计更加简单，利于线性扩大规模。而且由于膜接触器两相界面的面积已知且恒定，不依赖于操作条件如温度、液体流速等的变化，因此更易预测膜接触器的性能。另外，当使用黏性液体为吸收剂时，泡罩塔也是膜接触器相对于传统设备的一种优势。当然，膜接触器也存在不足之处。由于纤维直径和纤维周围的经脉都很小，气体流和液体流通常是层流的，尽管膜接触器也可以得到湍流，但在现实操作中经济性不够，因为维持湍流耗能很大，且在高液压下膜可能被液体润湿，此时由于膜孔有停滞的液体层存在，会大大降低传质，导致膜接触器的传质系数不如传统设备好。膜接触器的另一个问题是由膜的存在增加了传质阻碍，不过该问题可以通过膜接触器更大的界面面积来解决。

D 膜接触器使用时的具体要求

a 液体吸收剂的选择

目前可以选择的液体吸收剂较多，如纯水、氢氧化钠、氢氧化钾、胺类化合物、氨基酸盐的水溶液等，通常液体吸收剂的选择遵循以下标准。

（1）与 CO_2 反应活性高。当两相接触时，CO_2 和吸收剂在膜孔中发生反应，高的反应性能促使高的吸收速率，而且化学反应可以抑制液相的阻力。

（2）表面张力低。用于吸收 CO_2 的膜通常是疏水的，低表面张力的液体有更大的倾向渗入膜孔中。理想的液体最好不能浸润膜，这样膜在高液压下也能保持充满气体的状态。非浸润膜的传质阻力相对于气液相更小，而在浸润膜中，膜孔停滞液层产生的阻力更大，降低了整体传质速率，即使膜微量润湿（低于 2%），也能将膜阻力增加到整体传质阻力的 60%。

（3）与膜材料的化学兼容性好。化学兼容性决定了膜组件的长期稳定性，因为吸收剂与膜的反应能润湿膜，使膜表面或孔的形态发生改变，降低临界点压力。

（4）蒸气压低，热稳定性好。对一个不可逆反应，比如 CO_2 与 NaOH，高温能提高化学吸收。然而，如果溶剂易挥发，其蒸气就能充满膜孔，甚至透过膜进入气相，增加总体传质阻力，因此，需要低蒸气压的吸收剂。此外，吸收剂在一定的温度范围内应保证良好的热稳定性和化学稳定性，避免热降解。

（5）容易再生、吸收效率高。如果吸收剂经常需要回收，这个因素就十分重要，另外也应该考虑其吸收效率，操作经济、低 CO_2 负载量是其竞争力的体现。

　　b　润湿性能

膜润湿性对接触器的操作性具有重要影响，如果吸收剂是无机物的水溶液，表面张力较高，通常不会润湿聚丙烯（PP）、聚四氟乙烯（PTFE）等疏水膜。但是如果吸收剂含有有机化合物，即使是很低的浓度，表面张力也会大幅度降低。当有机化合物的浓度超过了一个临界值，液体表面和膜表面的接触角就会小于 90°，溶剂就会润湿膜表面，甚至可渗透到微孔膜孔内，通常将有机溶液恰好渗透入膜的浓度称为"最大允许浓度"，由于泵加在液体上的压力，有机化溶液的浓度远小于"最大允许浓度"时，液体就能渗透穿过分离膜。

增加临界压力的方法一般通过增加液体的表面张力，也可通过改变膜性质来实现。对于一个给定的膜材料和液压的体系，应控制液体的表面张力或活性有机化合物的浓度以防止润湿现象。由于通过降低吸收剂浓度来解决润湿问题会降低吸收效率，因此对于给定的液体，一般通过改变膜性质来提高临界压力。增加临界压力可以有以下两种方法：（1）使用更小孔径尺寸的膜；（2）通过提高液体和膜材料的极性差来增加接触角的余弦值。

为了防止润湿问题，应控制实际压力低于临界压力，通常采用以下方法：

（1）使用疏水膜。用于吸收 CO_2 的溶剂一般是水，疏水膜的接触角较大，可有效减弱润湿现象。最好的疏水膜是聚四氟乙烯膜，但缺点是成本较高，因此成本更低的聚丙烯纤维有更好的商业应用价值。但与聚四氟乙烯相比，聚丙烯化学稳定性较差，如聚丙烯膜与二乙醇胺间可发生化学反应，降低了聚丙烯膜的表面张力及疏水性。

（2）膜表面修饰。除了使用疏水膜，对膜表面进行疏水性修饰也能控制润湿，膜表面的疏水性修饰可通过很多技术来实现，如表面接枝、孔填充接枝、界面聚合及原位聚合，如在聚乙烯膜表面用氟碳材料进行疏水性处理，能大幅度提高疏水性能，也可通过在膜表面覆盖一层非常薄的可渗透膜来缓解润湿问题。

（3）使用复合膜。使用含有致密上层和多孔支撑的膜同样对防止润湿现象非常有效，其中上层膜同液相接触起稳定膜作用，该层膜对目标气体组分渗透性高，并有良好的疏水性以防止水的润湿。

此外，除了疏水性控制之外，更致密的中空纤维膜对原料气的压力有更好的适应性，但是使用这种膜会产生更大的膜阻抗，此时需使用更大的气相压力来补偿。

　　c　膜接触器操作条件的控制

膜吸收过程很大程度上依赖于气液体系和所使用的膜。操作条件如液压对整体吸收性能也有很大作用，液相的操作压力通常要比气相高，以阻止气泡形成，避免有价值气体的大量损失，降低分离效率。值得注意的是，膜接触器长期在较高液压下运转，能使膜全部润湿或部分润湿，从而影响分离效率，因此作为膜吸收过程整体设计的一部分，通常必须用液体检查膜的润湿性。

　　d　膜长期稳定性

　　到目前为止，CO_2 膜吸收分离的研究还处于实验室阶段，文献很少报道具有长期稳定性的膜，而从经济运行的角度而言，膜的长期稳定性十分重要。普通的膜应用技术如微过滤技术中，膜污染是一个主要问题，能降低膜性能和膜的长期稳定性。不过在气体吸收应用中，膜接触器对污染不是很敏感，因为没有对流通过膜孔。然而在实际应用中由于纤维直径很小，如果烟道气含有大量的悬浮颗粒，堵塞可能会成为一个主要问题，因此通常需要一个预过滤过程除去悬浮颗粒。

　　另外，膜材料的化学稳定性对其长期稳定有很大影响。如溶剂和膜材料间的反应能够影响膜的整体和表面结构，当 CO_2 的液体吸收剂有腐蚀性质时，膜材料易受化学进攻而影响使用性能，而当溶剂容易诱导多孔膜形态改变时同样能降低膜性能，为保证膜的长期稳定性，保持分离效率，必须研究膜和溶剂的兼容性。目前所使用的膜材料中，聚四氟乙烯膜化学稳定性最好，当然表面处理和使用复合材料也是提高膜化学稳定性的方法。

　　此外，膜的热稳定性也很重要。因为在高温下，膜材料可能会发生降解或分解，因此对无定形聚合物而言玻璃化转变温度（T_g）是十分重要的参数，而对结晶聚合物而言熔融温度（T_m）是重要参数，一旦超过这些温度，聚合物的性质会发生很大变化。因此，应该使用具有合适 T_g 的膜材料，在近海从天然气中去除 CO_2，可以使用具有中等 T_g 的膜，因为分离可以在常温下进行；而对于从烟道气中吸收 CO_2，需使用具有高 T_g 的膜，因为烟道气通常是在高温下释放，可能超过 $100℃$。在如此高的温度下，膜材料的热稳定性决定了膜性能和运行的经济性。通常选择含氟聚合物，因为它们具有高疏水性和高化学稳定性。

　　E　膜接触器分离 CO_2 的发展现状

　　国内于 20 世纪 70 年代中期，进行气体分离膜研究，80 年代中期投入工业运行。目前，国内开发的气体分离膜主要是用于合成氨工业中氢回收、氮气制备、富氧、二氧化碳/甲烷分离、烃类物质分离等，而应用于分离酸性气体的气体分离膜和膜接触器还处于起步阶段。国外在膜接触器传质过程及吸收液吸收机理的研究方面较为突出，如美国、日本、荷兰、挪威及韩国等已经研究了分离膜的性能、传质机理和应用的可行性等。尽管国内外对采用膜接触器分离不同混合气体中的 CO_2 进行了广泛的研究，但是目前真正具有经济性的成套技术还很少，亟待加强该领域的工业化应用研究。

4.5　CO_2 捕集新技术

4.5.1　离子液体技术

　　以胺类吸收剂为主的捕集技术是从燃煤电厂等集中排放 CO_2 的过程中捕集 CO_2 的通用技术，如单乙醇胺（MEA）、二乙醇胺（DEA）以及 N-甲基二乙醇胺（MDEA）等已经

广泛用于 CO_2 的收集。不过这些技术还存在很多缺点，主要是捕集效率与成本之间的矛盾，另外胺类试剂的降解有可能会产生腐蚀性的副产物，在解吸阶段胺试剂也有损失，再生阶段的能耗及成本也很高，总而言之，胺类吸收剂的 CO_2 捕集技术目前仍然存在能耗较高、投资较大、存在物料损耗等问题，为此人们一直在探索新的低能耗高效捕集技术。

一些新颖的 CO_2 捕集技术已经在实验室或工业规模上实现，这些技术包括物理吸收、化学吸收、膜分离、物理化学吸收、将 CO_2 矿化成碳酸盐等。

离子液体也是最近几年发展起来的一种潜在的酸性气体吸收剂，室温下离子液体对 CO_2 有较好的溶解性，而离子液体的物理化学性质还可以通过阴阳离子基团的设计而改变，因此可通过对离子液体进行特定的裁剪使其用于 CO_2 的捕集。离子液体不仅能溶解 CO_2，且其在宽广的温度区间保持稳定，同时蒸气压很低，几乎可忽略不计，使其成为捕集 CO_2 的理想吸收剂。因为大多数离子液体和 CO_2 之间的相互作用是通过其阴离子与二氧化碳之间弱的路易斯酸碱作用实现的，所以通过很少的热量消耗就能实现处理液的再生。

4.5.1.1 咪唑类离子液体

目前已经设计了多种离子液体用于溶解 CO_2，阳离子主要为咪唑基和吡啶基，阴离子则为四氟化硼、六氟化磷、三氟甲基磺酰亚胺、三氟甲基磺酸等。由于和 CO_2 结构上有一定的相似性，早期用于吸收 CO_2 的离子液体中阳离子主要以咪唑为基础，通过研究 1-丁基-3-甲基咪唑六氟磷酸盐（[bmim]PF_6）等几种离子液体对 CO_2 的溶解性，探讨 CO_2-离子液体的相行为，可以找到提高溶解度的方法。

对咪唑基离子液体而言，咪唑基团和 CO_2 之间的相互作用对其溶解和解析 CO_2 的能力十分重要。这种相互作用与 C2 原子上连接的酸性最强的质子有密切关系。离子液体中阴离子的变化对二氧化碳溶解性的影响也很特殊。

4.5.1.2 离子液体的修饰

氟烷基对 CO_2 有较强的吸附作用，因此将离子液体上的基团进行氟代是增加其对 CO_2 溶解度的常用方法。尽管在离子液体的阳离子部分进行氟代也可增加其对 CO_2 的溶解性，但是考虑到离子液体的阴离子部分对 CO_2 的溶解性更重要，因此通常采用对阴离子的氟代来增加其亨利常数，从而增加溶解性。

一方面，由于氟代离子液体的毒性较大，限制了其作为绿色溶剂的应用。另一方面，氟代离子液体由于黏度较大，用于 CO_2 捕集会大大增加捕集成本。为此，采用含氧官能团的离子液体代替氟代离子液体。模拟有机胺类在离子液体上引入氨基官能团，也是增加离子液体对 CO_2 溶解性的方法，如在咪唑基离子液体的烷基链上引入氨基官能团，通过化学吸收的方式对 CO_2 进行吸收。不过运用这种氨基功能化的离子液体吸附 CO_2 存在一些问题，首先是这种离子液体在常温下黏度较大，且与 CO_2 发生化学反应后黏度会继续变大，从而降低 CO_2 的传质过程和解析速率。其次是这些离子液体通常需要几步进行合成，成本较高，商业化比较困难。

4.5.2 多孔金属有机骨架吸附技术

4.5.2.1 MOFs 概述

结晶多孔材料——金属有机骨架（MOFs）有望成为 CO_2 的新吸收剂。MOFs 中含有机配体桥连的金属节点（单个粒子或者金属簇），有机配体和金属通过强配位键有规律地组合成一维、二维结构，甚至三维网状结构。MOFs 可分为刚硬和柔顺两种类型，刚硬的 MOFs 和传统多孔骨架相似，孔隙率永久不变，而柔顺的 MOFs 在外界刺激比如温度或压力变化的情况下，孔隙率会发生变化，对 CO_2 吸收的效果也会发生变化。

MOFs 是通过所谓的模块化合成方法制备的，将金属离子和有机配体组合在一起可以得到一种结晶多孔的结构。通过真空干燥或者加热的方法除去所用的溶剂致孔，从而使 MOFs 有较大的表面积可以与 CO_2 接触。虽然模块化合成 MOFs 的方法比较简单，但如何优化反应条件以得到高收率和高结晶度的 MOFs 还是一个值得关注的课题，因为即使反应条件中一个微小的变化，如反应物浓度、共溶剂的存在、溶液、pH 值、金属浓度、反应温度及反应时间等，就会对产物有较大影响。即使是同一种金属骨架，在合成过程中也会生成不能用于气体分离的结构。

与其他多孔材料比如活性炭相比，MOFs 有以下优点。第一，可以通过调节金属节点和有机配体的结构来调节 MOFs 的表面结构及孔隙率，从而调节 MOFs 的性能。第二，MOFs 在已知的多孔材料中有极高的表面积，可通过调节表面结构、孔隙率、比表面积使 MOFs 应用于 CO_2 的捕集。第三，MOFs 比较容易规模化制备，有一定的经济价值。相比于烷基胺类吸收剂，固体吸附剂的比热容较低，将吸附材料加热到解吸温度时需要的能量较少。将极大降低解吸过程中的能耗。

4.5.2.2　CO_2 在 MOFs 中的吸附

MOFs 对 CO_2 的选择性主要体现在以 MOFs 孔径大小为基础的选择性（动力学分离）以及 MOFs 的吸附选择性（热力学分离）。

MOFs 对 CO_2 的动力学分离是指 MOFs 的孔径足够小使得只有动力学半径低于此孔径的分子才能通过，对于 CO_2/N_2 或 CO_2/H_2 混合气而言，由于拥有相似的动力学半径，MOFs 必须具有非常小的孔径才能实现 CO_2 的分离，从而使气体的扩散变慢，因此尽管可以制备孔径大小满足要求的 MOFs，但大多数 MOFs 是通过吸附选择性实现 CO_2 分离的。

MOFs 对 CO_2 的吸附选择性根据混合气体中不同组分和孔表面的相互作用力大小的不同而实现气体分离。对以物理吸附机理为基础的选择性来讲，分离依赖于不同气体分子物理性质的不同，如极化性和四极矩的不同会使某些气体分子的吸收焓比其他分子大。以燃烧后脱碳的 CO_2/N_2 分离为例，由于 CO_2 具有较大的极性和四极矩，CO_2 和 MOFs 之间亲和力更大。此外，利用极性的差别，引入带电荷的基团如暴露的金属阳离子点或引入极性较大的基团均可以使选择性更高，通过气体混合物中的一些组分与 MOFs 表面官能团的相互作用也能实现化学吸附，而化学吸附的选择性比物理吸附更大。如在 CO_2/N_2 分离过程中，CO_2 中的碳原子易被亲核试剂进攻，因此带有强路易斯碱官能团的吸附材料很受重视，如烷基胺水溶液可与带有氨基的金属有机骨架形成 C—N 键，从而提高对 CO_2 的选择性。

吸附容量是评价 MOFs 材料是否适用于 CO_2 捕集的一个重要指标，通常分为 CO_2 吸收率和吸收容量。CO_2 吸收率是单位重量的 MOFs 材料吸收的 CO_2 量，决定了吸附床所需的 MOFs 的量，CO_2 吸收容量则是 CO_2 在材料中堆积的密集程度，决定吸附床的体积。这两个参数对决定吸附床的热效率非常重要，而热效率会影响 MOFs 再生过程中所需的能量大小。

除了吸附容量，CO_2 的吸收焓是决定材料对 CO_2 吸收的另外一个重要参数。吸收焓的大小表示 CO_2 和空洞表面结合的密切程度，但是吸收焓不能太大也不能太小，若吸收焓太大，材料和 CO_2 结合紧密，MOFs 再生消耗的能量就较大；若吸收焓太小，虽然 MOFs 容易再生，但对 CO_2 的吸附选择性降低，会增加吸附床的体积。

由于气体吸附性质主要取决于孔洞表面的官能团，可以通过调节孔洞表面基团与二氧化碳的作用力对金属有机骨架进行优化，因为合适的孔洞表面性质不仅可以提高吸附容量及吸附选择性，还能减少再生所需能量。目前通常接入以下三种官能团提高 MOFs 对 CO_2 的选择性：胺类基团、强极性基团和暴露的金属阳离子点。

（1）采用含氮碱性基团对 MOFs 材料进行修饰。含氮官能团增加 CO_2 吸附的主要原因是 CO_2 的四极矩与 MOFs 中杂原子产生的局部偶极之间的相互作用，另外氮原子孤对电子和 CO_2 的酸碱相互作用也能增加 CO_2 的吸附。含氮官能团增加 MOFs 对 CO_2 吸附的程度与官能团本身性质有关，可采用有三种含氮的官能团对 MOFs 进行功能化：含氮杂环（比如吡啶）、芳香胺类（如苯胺类衍生物）和烷基胺类（如乙二胺）。

（2）强极性基团修饰。在 MOFs 表面接上强极性基团，如羟基、疏基、硝基叠氮等基团，CO_2 吸附容量的增加与这些基团的极性有关，极性越大，吸附容量越大。

（3）暴露的金属阳离子点修饰。在 MOFs 孔表面形成带有暴露金属阳离子的结构，这些金属阳离子是通过真空加热的方法除去和金属配位的溶剂得到的。这些金属离子位点有利于 CO_2 更加接近孔洞表面，从而增加吸收焓并增大气体的储存密度。在燃烧后脱碳过程中，这些暴露金属离子点起电荷密集点作用，和四极矩较大的 CO_2 有很强的相互作用。

为使 MOFs 用于 CO_2 的吸附/解析过程，通常需要考虑以下性能：

（1）MOFs 的循环性。经历多个独立的吸附/解吸循环后，其对 CO_2 的吸附能力变化幅度较小。

（2）MOFs 的机械稳定性。虽然有零星的关于 MOFs 结构和力学性能关系的研究，但 MOF 的力学性能至今还不清晰。而 CO_2 的捕集与分离对 MOFs 的力学性能稳定性要求较高，在较高压力下，即使结构上或者化学基团的轻微扰动也会对捕集效果产生影响。

（3）MOFs 的导热性。MOFs 的导热性将影响吸附过程中热效率以及解吸附过程的持续时间。

（4）MOFs 的耐水性。在燃烧后脱碳产生的气流中水分是饱和的，占体积分数的 5%~7%。在处理之前将气流完全干燥成本较高，因此在使用 MOFs 进行 CO_2 捕集时，要考虑金属有机骨架在水存在时的稳定性以及在少量水存在下，MOFs 对 CO_2 的选择性。

4.6 总结与展望

燃煤电厂、水泥厂、发酵厂、矿石加工厂等工业工程集中排放的尾气是 CO_2 的主要排放源，从集中排放的尾气中捕集 CO_2 是当今 CO_2 捕集领域的重中之重，能耗、CO_2 浓度、压力和总量是目前衡量其捕集经济性的关键因素。尽管以胺类吸收剂为代表的捕集技术已经实现商业化，但从吸收解吸的综合能耗、吸收剂的损耗、设备投资规模和收益等能源和经济因素综合考虑，目前的技术仍然存在很大的改进空间。发展离子液体、MOFs 为代表的新一代 CO_2 吸收剂，同时探索膜分离技术等低能耗捕集技术，能进一步改进目前设备投资过大、工艺流程过长的瓶颈问题。若能使 CO_2 的捕集成本降低到碳交易税之下，如每吨 20~30 美元，集中排放的 CO_2 捕集技术将展示出很强的生命力。

参 考 文 献

［1］骆仲泱，方梦祥，李明远，等．二氧化碳捕集封存和利用技术［M］. 北京：中国电力出版社，2012.

［2］朱跃钊，廖传华，往重庆，等. 二氧化碳的减排与资源化利用［M］. 北京化学工业出版社，2010.

［3］张东明，杨晨，周海滨. 二氧化碳捕集技术的最新研究进展［J］. 环境保护科学，2010，36（5）：7-9.

［4］绿色煤电有限公司. 挑战全球气候变化——二氧化碳捕集与封存［M］. 北京中国出版社，2008.

［5］陈健，罗伟亮，李晗，有机胺吸收二氧化碳的热力学和动力学研究进展［J］. 化工学报，2014，65（1）：12-21.

［6］包炜军，李会泉，张懿. 温室气体 CO_2 矿物碳酸化固定研究进展［J］. 化工学报，2007，58（1）：1-9.

［7］Zhang Y, Chen C C. Thermodynamic modeling for CO_2 absorption in aqueous mdea solution with electrolyte nrtl model［J］. Industrial & Engineering Chemistry Research，2011，50：163-175.

［8］Versteeg G F, Van Djck L A J, Van Swaai W P M. On the kinetics between CO_2 and alkanolamines both in aqueous and non-aqueous solutions, An overview［J］. Chemical Engineering Communications，1996，144：113-158.

［9］Bai H L, Yeh A C. Removal of CO_2 greenhouse gas by ammonia scrubbing［J］. Industrial & Engineering Chemistry Research，1997，36：2490-2493.

［10］Zhang M K, Guo Y C. Process simulations of NH_3 abatement system for large-scale CO, capture using aqueous ammonia solution［J］. International Journal of Greenhouse Gas Control，2013，18：114-127.

［11］Chen H, Obuskovic G, Majumdar S, Sirkar K K. Immobilized glycerol-based liquid membranes in hollow fibers for selective CO_2 separation from CO_2-N_2 mixtures［J］. Journal of Membrane Science，2001，183：75-88.

［12］Chen H, Kovvali A S. Sirkar K K. Selective CO_2 separation from CO_2-N_2 mixtures by immobilized glycine-na-glycerol membranes［J］. Industrial & Engineering Chemistry Research，2000，39：2447-2458.

［13］Mimura T, Simayoshi H, Suda T, et al. Development of energy saving technology for flue gas carbon dioxide recovery in power plant by chemical absorption method and steam system［J］. Energy Conversion and Management，1997，38：57-62.

［14］Mimura T, Yagi Y, Takashina T, et al. Evaluation of alkanolamine chemical absorbents for CO_2 from vapor-liquid equilibriummeasurements［J］. Kagaku Kogaku Ronbunshu，2005，31：237-242.

［15］Mimura T, Kumazawa H, Yagi Y, et al. Evaluation of alkanolamine chemical absorbents for CO_2 from kineticmeasurements［J］. Kagaku Kogaku Ronbunshu，2006，32：236-241.

习　题

4-1 按照 CO_2 捕集位置的不同，CO_2 捕集系统可以分为哪几类？

4-2 物理吸收 CO_2 技术中吸收剂性质有哪些？

4-3 化学吸收法主要分为哪几种？基本原理有哪几类？

4-4 吸附分离方式有哪几类？简述优缺点。

4-5 CO_2 分离膜主要分为哪几类？分类原理是什么？

4-6 阐述当前 CO_2 捕集新技术及基本原理和优缺点。

5 空气中 CO_2 的捕集

5.1 空气中捕集 CO_2 的迫切性

5.1.1 生物体利用 CO_2 的局限性

在自然界碳循环过程中，植被、浮游生物、藻类等利用太阳能进行光合作用从空气中固定 CO_2，创造新的生物体。这些生物体经过亿万年，被厌氧生物逐渐转化成如今的煤炭、石油、天然气等化石燃料。然而光合作用将太阳能转化成糖、纤维素、木质素等化学物质的过程效率并不高，是长期而缓慢的。大多数植物的光合效率，一般只有 0.5%～2%，即使是转化太阳能效率较高的甘蔗，也仅有 8% 左右，比太阳能电池效率（商业系统中 10%～20%）低很多。当然生物质可以作为生产生物材料和作为有用的化学物质来源，用来燃烧转化成热能或者电能，还可以转化成乙醇、甲醇或生物柴油等液体燃料。但按照目前的世界能源消耗情况，生物质仅能满足能源需求的 10% 左右。

生物质作为能量来源有许多优点。一方面生物质能源不像其他可再生能源，它可以以化学键的形式稳定地储存能量。而生物质提供的能源形式多种多样，包括固体燃料，如木材或作物残留物；液体生物燃料，如乙醇和生物柴油；气体燃料，如沼气或合成气。另一方面从环保的角度来看，生物能源是植物利用光合作用捕获空气中的 CO_2 所形成的，整个过程中没有净二氧化碳排放，这无疑可以帮助减缓温室效应带来的气候变化的速度。但是，由于近些年粮食的价格大幅度增长，用粮食作物生产生物乙醇和生物柴油等生物燃料的新能源产业饱受社会舆论的非议。粮食作物越来越高的价格和政策补贴使得大量的森林、草原和牧地被开垦成农田，尤其是在东南亚和美洲。而通过这种方式增加耕地面积的过程中，树叶和其他植物组织腐败过程中产生了大量的 CO_2，这些 CO_2 被称为 "CO_2 负债"。虽然一些研究认为可以通过使用生物燃料替代化石燃料减少 CO_2 排放的方式来清还这笔 "负债"，但却需要 35～450 年。这笔 "负债" 不得不让人对用农作物生产生物能源减少 CO_2 排放的方式产生质疑。除了会排放温室气体，生物能源的生产过程还会对环境产生其他负面影响，例如大量开垦热带雨林来种植单一的甘蔗或是棕榈树会减少生物的多样性；灌溉会用掉大量的水；而肥料和杀虫剂的使用则会危害环境。以现在的科技发展水平，如果要用生物能源满足能源需求，则越来越多的耕地需要被用来种植能源作物而不是粮食。如内燃机燃烧的液体燃料可以用纤维素生产，但若完全替代则要求单位面积的土地能生产更多的生物能源。考虑到科技发展水平以及生物质能源自身的局限性，未来生物能源至多能稳定满足人类 10%～15% 的能源需求。

5.1.2 CCUS 的局限性

CCUS 是减缓空气中 CO_2 浓度上升速度的一个重要举措，其原理和可行性已经在第 2 章和第 3 章进行了详细的论述。

CCUS 项目存在的最大难题是运输成本太高。管道运输是输送大量 CO_2 的最经济方法，其成本主要由三部分组成：基建、运行维护以及其他如设计、保险等费用。由于管道运输是成熟技术，其成本下降空间不大，对于 250km 的距离，管道运输 CO_2 的成本一般为每吨 1~8 美元。当然运输路线的地理条件对成本影响很大，如陆上管道成本比同样规模的海上管道高 40%~70%。当运输距离较长时，船运将具有竞争力，船运的成本与运距的关系极大。当输送 500 万吨 CO_2 到 500km 的距离，每吨 CO_2 的船运成本为 10~30 美元。当运距增加到 1500km 时，每吨 CO_2 的船运成本为 20~35 美元，与管道运输成本相当。

以目前的速度，人类每年向空气中净排放 150 亿吨 CO_2，一半来自于发电厂和水泥制造厂之类的集中排放，另一半则来自于家庭和办公室供暖、降温、交通运输工具等分散的排放源，以这样的数百万甚至几十亿的化石原料利用单位作为 CO_2 的捕集源是难以想象的，技术操作性或是经济可行性均很低。虽然从技术角度来讲，从汽车上直接捕集 CO_2 是可行的，但成本过高，而且 CO_2 捕集之后需要运送到封存点，这需要很多庞大而昂贵的配套基础设施。而从飞机上捕集 CO_2 的可行性则更低，因为这会增加飞机的载重。而以家庭或办公室为基本单位，捕集和运输的成本也过高。

正如前面所论述，目前 CCUS 技术主要针对发电厂这样集中、固定的 CO_2 排放源。根据世界政府间气候变化问题组织（IPCC）关于 CCUS 的描述，世界上每年排放 CO_2 量超过 10 万吨的排放点的排放总量是 135 亿吨，而每年全球 CO_2 排放量是 257 亿吨，即使集中排放源的 CCUS 全部采用 CCS 技术，且达到 90% 的捕集率，仍然会有超过 50% 的 CO_2 排放到空气中，使空气中 CO_2 的含量以目前一半的增速，即约是每年 $1.1mL/m^3$ 的速度增加，长期来看这种增速对气候变化的影响还是很严重的。

5.1.3 空气中直接捕获 CO_2 的技术

从空气中除去 CO_2 从概念上讲并不新颖，人们早在几十年前就已经能制备不含 CO_2 的空气，只是目前大部分从空气中直接捕集 CO_2 的技术，最大的目标是生产不含 CO_2 的空气，而不是得到纯净的 CO_2 气体。

自从 19 世纪 30 年代开始，除去空气中 CO_2 的技术就被用来防止设备污染和运转不畅，同时 CO_2 还可以制备干冰。另外在如潜水艇和宇宙飞船等封闭的呼吸系统中，必须持续地从空气中吸收多余的 CO_2，使系统中 CO_2 的浓度在一定范围内（通常分压低于 7.6mmHg，1mmHg＝133.322Pa，下同），以保证人类的正常生命活动。NASA 为空间应用研发了一种吸附剂，其在一个可再生的 CO_2 清除系统中显示了良好的吸附能力，并且呈现出良好的吸附/解吸动力学过程。该系统在变压吸附模式下利用真空环境完成此吸附剂的再生，能维持一个 7 个人的密封呼吸环境中（大概每天有 7kg 的 CO_2 排放量）的 CO_2 浓度相对稳定。

维持相对稳定的 CO_2 浓度在医疗行业、采矿和救援以及潜水中都非常重要，如美国环境保护署（EPA）推荐持续暴露的 CO_2 浓度的最大值是 0.1%，而美国国立研究所职业安全及健康研究所（NIOSH）推荐的工作环境中 CO_2 浓度的最大值为 0.5%，同时要求在 CO_2 浓度为 3% 的空气中呼吸的时间最长不得超过 10min。考虑到这些标准，在呼吸系统中，当 CO_2 清除装置处理的空气中 CO_2 浓度为 0.1%~0.5% 时，就必须再生或是定时更换 CO_2 吸附剂。此外，在碱性燃料电池中，及时清除体系中的 CO_2 也是必须的，否则 CO_2 能够迅速和碱性的电解质溶液（通常是 KOH）反应，严重影响电池性能。虽然碱性燃料电池制造成本低并且还用于空间技术中（比如阿波罗空间战略中或是在空间航天飞机轨道器中），对 CO_2 的敏感性还是阻碍了其更广泛的商业应用。

若能发展具有经济性的直接从空气中捕集 CO_2（DAC）技术，则可稳定甚至降低空气中的 CO_2 含量，对于最终解决 CO_2 问题是十分理想的方案。与 CCUS 相比 DAC 具备一定优势。首先是运输优势，DAC 的项目选址相对灵活，而 CCUS 需考虑运输问题，即发电厂所需的燃料运输、所捕集的 CO_2 运输封存、生产的电能输运，但 DAC 工厂可直接建在封存点，省去庞大的交通运输成本。另外，公众对建设新的气体和电力输送的管道及其他基础设施的抵制态度已经成为一个严重的社会问题，CCUS 技术的发展无疑会激发这个问题，而 DAC 技术某种程度上能缓解此社会矛盾。第三，由于 DAC 技术基本不需要用到现有的能源输送的基础设施，因此 DAC 系统可以设计得非常大，以发挥规模效应最大的优势。之前 CCUS 技术有吸引力的原因之一是它与现有的化石能源体系相容性较好，但这种相容性同时也限制了 CCUS 应用的速度和 CCUS 工厂的设计规模。一个整合 CCUS 技术的发电厂必须在地理位置和规模上和一个现有的发电厂相匹配，过快的建造会增加调整的成本。相反，DAC 设备不是一个能源中介，它只是一个能源使用终端，也就是说 DAC 与现有的能源体系的交点只是它需要现有的能源体系输送正常运行所需的能量。这种性质决定了 DAC 设备的规模只需要与所处的地理环境以及采用的技术相匹配，并且可以按照需求尽快地建造。此外，与生物体利用 CO_2 相比，DAC 直接从空气中捕集和利用 CO_2，效率比生物质要高很多，且理论上 DAC 技术能从任何地方捕集 CO_2，成本几乎恒定，有望真正维持甚至降低空气中 CO_2 的浓度成为可能。

5.2 DAC 技术的能耗分析

从空气中捕集 CO_2 是从一个体积巨大的混合气体中分离出一种惰性的极稀浓度组分的过程。空气中的 CO_2 分压大概是 40Pa，从这么低的分压捕集 CO_2，单纯靠物理过程难度还是很大的。考虑到 CO_2 是一种有反应活性的酸性气体，则可选择合适的吸收剂高效吸收气流中的 CO_2，使残余的 CO_2 分压小于 1Pa。随着气流中 CO_2 浓度的减小，提取 CO_2 的难度会增加，同时也需要反应活性更高的吸收剂。

当前空气中 CO_2 的体积浓度大概是 420μL/L，如此低的浓度很大程度上限制了吸收剂的种类，因为对于吸附捕集，消耗的能量只是与捕集的 CO_2 量相关，而与所处理的空气体积无关。与之相反的是，对于加热、降温、气体压缩和膨胀等过程来说，能量消耗与处理的气体体积成正比。除非处理每单位的空气所需的能量非常小，否则总能量需求是极其庞大的。目前从类似燃煤电厂（$10\% \sim 15\%$ CO_2）的集中排放的点源中提取 1t CO_2 的成本预计为 $30 \sim 100$ 美元，但 DAC 的成本则在 $20 \sim 1000$ 美元之间。从空气中直接捕捉 CO_2（DAC）的成本在很大程度上影响利用空气中 CO_2 的整体经济可行性。

以交通运输业的 CO_2 捕集来分析，汽油或柴油燃烧产生 1mol 的 CO_2 产生的能量是 $650 \sim 700$kJ。这为 CO_2 捕集技术消耗的能量提供了一种标尺。如果捕获 1mol 的 CO_2 同时会因为能量消耗而产生 1mol 的 CO_2，那么这个过程中碳的零排放是以牺牲能产生大约 700kJ 能量的化石燃料为代价的。

由于发电的方法有很多种，用电量作参比的结果与当地具体的能源结构相关。每排放 1mol 的 CO_2 在美国对应 230kJ 的电量，在德国则是 290kJ 的电量，巴西由于主要以水力发电为主，每排放 1mol CO_2 对应的电能是 1700kJ，法国由于主要依赖核电，这一数值高达 1900kJ。我国 85% 以上的发电来自化石能源，每排放 1mol 的 CO_2 对应的电能仅仅只有 190kJ。

尽管空气中 CO_2 的浓度非常低，但储量极大每立方米空气中含 0.016mol 的 CO_2。以汽油或柴油燃烧产生 1mol 的 CO_2 产生的能量为 $650 \sim 700$kJ 计算，每立方米的空气对应的能量约为 10000J。对风力发电而言，风速在 6m/s 左右，对应的能量密度是 20J/m^3。这个对比是为了说明风车利用的空气中的能量只是一个空气捕集器所捕集的 CO_2 对应能量的 $1/500$。也就是说，如果把 CO_2 捕集器和风车装在同一地理位置，前者捕集 CO_2 对应的能量比后者转换的能量高两个数量级。如果一个 CO_2 捕集器空气流通过的截面面积是 $1m^2$，而气流流速为 6m/s，则该截面的能量密度是 120W，CO_2 的流速是 3.7g/s。这样一天内这种尺寸的 CO_2 捕集器可捕集 300kg CO_2，大约是美国人均年排放 CO_2 量的 5 倍。从另一方面说，平均每个美国人消耗能量的速率是 10kW/d，大约是相同截面积的风车转换能量速率的 80 倍。

传统的发电厂应用燃烧后 CO_2 捕集技术，可以作为 DAC 的参考。从经济角度看，空气捕集不会比烟道气捕集的成本高很多，虽然烟道气中 CO_2 的浓度相对高很多，CO_2 捕集也相对容易。以天然气作燃料的发电厂烟道气中 CO_2 的含量是 $3\% \sim 5\%$，而以煤作为燃料的发电厂烟道气中 CO_2 的含量是 $10\% \sim 15\%$，是空气中 CO_2 浓度的 $100 \sim 300$ 倍。两种捕集技术都是以吸收剂为核心的。由于 CO_2 的浓度相对高很多，烟道气需要的吸收剂活性不需要太强，捕集器的尺寸也比空气捕集需求小很多。空气捕集的优点则在于不需要将处理的空气中的 CO_2 全部捕集，只需保证效率。而烟道气捕集若要达到碳零排放目标，必须对烟道气中所有的 CO_2 进行捕集。

虽然与烟道气捕集器相比，空气捕集器的尺寸大很多，但是空气其绝对尺寸实际上还是比较小。所以，吸附剂与空气接触所需的能量消耗也很小。这种能量消耗用于给液体与气体创造尽量大的接触面积，它不包含将 CO_2 从吸收剂分离所需的能量。在简化的模型中，假设空气的流速是 6m/s，那么根据前面的论述，利用风车发电的成本是每千瓦时 0.05 美元，而捕集 CO_2 的成本是每吨 0.5 美元，不过还要加上吸收剂再生的成本，烟道气捕集吸收剂再生的成本是每吨数十美元，可见吸收剂再生是 DAC 经济性的关键因素。

由于在 CCUS 和 DAC 两种 CO_2 捕集技术中，自由能都比较小，而且是与吸收器出口处 CO_2 分压的对数呈线性关系，这保证了两种技术中自由能的差异在各种条件下都比较小。另外，两种 CO_2 捕集技术中 CO_2 与吸收剂分离的过程也相似。所以只要找到一种不会造成环境污染或其他问题的吸收剂，DAC 技术中吸收剂再生环节的成本与目前估算的发电厂烟道气 CO_2 捕集技术的吸收剂再生成本将比较接近。只是目前吸收剂再生成本远远超过吸收剂与气流接触的成本。由于两种技术中吸收剂与 CO_2 反应的结合能比较接近，空气捕集技术的吸收剂再生成本应该比烟道气捕集技术的小。上述模型虽然过于简化，但这种分析依然能得到以下两个重要的结论：

（1）对于一个设计合理的空气捕集设备，吸收剂与气体接触环节的成本不是总成本的压力所在，吸收剂再生的成本才是总成本最大的决定因素。

（2）空气捕集技术中吸收剂再生成本应该比烟道气捕集技术中的再生成本低，我们相信未来通过技术创新，尤其是低再生能耗的吸收剂的研发，能使 DAC 技术真正具有经济性。

5.3 DAC 吸收塔的设计

一个基于化学吸附的 CO_2 吸收器可看作是放置在空气流中的吸收塔，其内表面为对 CO_2 有吸附作用的吸附剂，空气流在与吸附剂表面接触的过程中发生反应，其中的 CO_2 被吸收剂慢慢吸附，被吸附的 CO_2 量与接触面积和接触时间成正比，但是过大的接触面积会增大吸收塔的压力差，同时降低空气流经吸收塔的速度。另外，CO_2 吸收的速率会随着气流中 CO_2 的分压下降而变小，故吸收塔的厚度不应过大，避免 CO_2 的浓度下降过大。在一个风力驱动的过滤系统中，压力差和气流速度之间可以相互调节，这样停滞在吸收塔前端的空气便能够拥有一定速度通过吸收塔。一个精心设计的空气捕集系统的目标是优化气体的流速和 CO_2 的分压下降的程度。在风力驱动的系统中，因为空气阻力和 CO_2 吸收遵循类似的动力学定律。在没有湍流的情况下，黏滞阻力是影响气体流动的最主要因素，而 N_2，O_2，CO_2 的扩散常数比较接近，因此在吸收剂表面的 CO_2 分压比整个气流中 CO_2 的分压低很多，另外动量扩散与 CO_2 的扩散原理虽基本相同，仍存在如下的一些差异。

尽管湍流混合有助于 CO_2 传输，但能产生大强度湍流的吸收器会浪费部分压力差，因为这部分压力差形成热能，却无助于输送 CO_2 到吸收剂的表面。

CO_2 的传送过程与动量沿着压力梯度扩散的过程不一样，动量扩散的效率更高。

CO_2 浓度梯度不是决定 CO_2 输送的主要因素，只是部分制约了吸收剂表面从气流中吸收 CO_2 的能力，因此 CO_2 的浓度边界不能达到 0，而且 CO_2 吸收速率比动量扩散的速率小。

空气吸收塔可以选取的几何学构造有很多，通常可将其设计成类似热交换器的构造，这样其表面结构不仅有很多平整的表面，还有与这些表面相切的曲面。或设计成一个有很多狭窄笔直孔道的类蜂巢的结构，这些孔道与汽车排气系统的催化转换器的整体结构类似。也有将吸收塔设计成包含一个以松散纤维为材料的内垫，内垫的厚度足够小，使得通过其表面的气流的雷诺数保持很小的值。

沿着吸收剂表面的黏度阻力会造成动量的损失，但是沿着气流方向的压力梯度则能够弥补这种损失。吸收塔任何一个截面上的动量损失的量是与该界面附件被吸收的 CO_2 量呈比例关系的。而压力差是由吸收塔前端空气的部分停滞来维持的，如果吸收塔中气流的速度比外面的空气流速度小很多，压力差与停滞阻力比较接近，压力差可以表示为 $\rho v^2/2$。式中，ρ 为空气密度；v 为风速。

压力差使吸收塔中空气的流速维持在一个恒定值，虽然气流中 CO_2 浓度逐渐降低，气流的速率却是恒定的。假设一个设计比较保守的空气吸收塔，里面气流的速度为 1m/s，而外面空气的流速为每秒几米。这种情况下，大部分的热能和一半以上的动能由于吸收塔的阻力而损失，只有很少一部分 CO_2 被吸收。假设 CO_2 捕集的效率是 30%，这样在吸收塔前端的截面上每平方米 CO_2 吸收的速率是 0.25g/s。采用这种设计的吸收塔每平方米的截面每天大概能捕集 20kg CO_2，而 1t 的捕集量对应是 $50m^2$ 的吸收塔进风口截面积。该设备比之前估算的要大很多，主要原因是我们假设吸收塔中气流速度只有风速的 1/6。表明即使在风速小到不适宜利用风力发电的区域，CO_2 捕集器依然能够正常运转。

在 CO_2 体积浓度是 400μL/L 的条件下，若吸收剂吸收 CO_2 的速率为 10~100μmol/$(m^2 \cdot s)$，对于一个每天捕集 $1tCO_2$ 的装置，吸收剂的外表面积需要达到 2500~25000m^2。

图 5-1 为 Lackner 等 2001 年提出的一种基于 DAC 技术的同时具备发电功能化 CO_2 捕集功能的转换塔的设计。其基本原理是：用泵把水抽到塔顶，水将塔顶的空气冷却，塔顶和塔底的温差产生向下的气流。假如转化塔位于沙漠中，而塔的顶部面积是 10000m^2，将塔顶的空气冷却到较低的温度，产生的气流的速度能超过 15m/s，这个速度意味着每天塔的空气流量可以达到 15000m^3。流经塔底的气流可以推动风涡轮发电或通过 CO_2 吸收器以

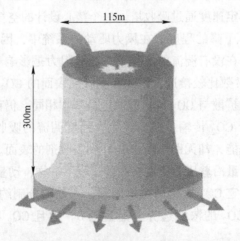

图 5-1 一种同时具备发电功能和 CO_2 捕集功能的转换塔示意图

达到捕集 CO_2 的目的。根据空气的流量和塔顶可能产生的能量，除去将水抽到塔顶消耗的电能，转换塔发电的功率是 $3\sim4MW$，而相同的空气流量含 9500t CO_2，这相当于一个 360MW 的发电厂一天产生的 CO_2。

5.4　用于 DAC 的吸附剂

DAC 技术中最核心的是用于吸附 CO_2 的吸附剂，且整个 DAC 系统也是基于所选取的吸附剂来设计的。适用于 DAC 技术的吸附剂主要有无机吸附剂、有机胺吸附剂以及离子交换树脂型吸附剂。

5.4.1　无机吸附剂

常见的无机吸附剂有氧化钙、氧化锰、锆酸锂，它们在 300℃ 以上与 CO_2 的反应速率很快。一些常温吸附剂也具有悠久的历史，如 LiOH 吸附剂长期以来一直应用在宇宙飞船中，同时也被用在潜艇中控制 CO_2 浓度。虽然 LiOH 吸附 CO_2 的能力非常优秀（理论上 1g LiOH 能够吸附 0.91g 的 CO_2），但是该体系再生困难。一些强碱如 NaOH、KOH 和 $Ca(OH)_2$ 也是优良的 CO_2 吸附剂，它们与 CO_2 反应分别生成 Na_2CO_3、K_2CO_3 和 $CaCO_3$，但单位质量吸附剂吸附 CO_2 的量不如 LiOH[12,13]。

5.4.1.1　无机溶液吸附剂

强碱性 NaOH 溶液吸附剂是 DAC 技术中比较受关注的无机溶液吸附剂。工业上常用的让液体和气体接触并吸附气体的方法是让液体下滴，如果用 NaOH 溶液做吸附剂，可以让 NaOH 溶液沿着装满填充物的吸收塔往下流，而让空气从下到上反方向以定速率通过吸收塔，CO_2 的吸收效率能够达到 99% 以上。早期吸收塔主要用来制备不含 CO_2 的空气，2007 年 Zeman 等首次将这种吸收塔用于空气中 CO_2 的捕集。

吸收过程中因抽取空气和液体吸附剂所需的能量在 $30\sim88kJ/mol$ 之间，由于 CO_2 体积浓度过低，大量的空气要通过吸收塔，为避免压力下降过多以及由此产生的能量耗散，填充塔中的液体吸收器的高度不应该太高，而横截面积则应相对较大。用 2mol/L 的 NaOH 溶液吸附空气中的 CO_2，使 CO_2 的浓度从 500×10^{-6} 降到 250×10^{-6}。包括 NaOH 溶液的再生在内的整个过程所需的能量为每吨 CO_2 $12\sim17GJ$，当塔高 2.8m、直径 12m、液气流量比为 1.44、压力降为 100Pa/m 时，CO_2 的吸收效率最高。这种吸收塔外观平而开阔，与传统的用于发电厂化石燃料燃烧烟道气中较高浓度的 CO_2 吸收的填充塔差异很大。因为捕集相同质量的 CO_2，烟道气捕集要处理的气流体积至少比空气捕集处理低两个数量级。值得指出的是，由于经过填充塔的空气体积更大，吸收过程中蒸发损失的水量要高很多。捕集 1g CO_2，平均损失 90g 水（220mol H_2O/mol CO_2），从而对该工艺的经济性带来了严重挑战。

另外一种吸收塔的设计思路则与发电厂的冷却塔非常相似：在开放的塔中喷洒吸收剂的溶液。这种设计不需要填充材料，可以避免过大的压力降。如用直径 110m，高度 120m

的模型塔分析 DAC 过程，用 4～6mol/L 的 NaOH 溶液吸收空气中 50% 的 CO_2，整个过程（含 NaOH 的重生、CO_2 的捕集和压缩）消耗的能量大约是每吨 CO_2 15GJ，其蒸发损失的水量尽管比 Zeman 吸收塔的低，但依然比较大。损失水量随 NaOH 浓度升高而降低，当 NaOH 溶液浓度增至 72mol/L 时，蒸发损失的水量可以忽略不计。在这种实验条件下，除去吸附剂溶液的再生和 CO_2 的封存之外，捕集 1t CO_2 的成本估计在 3～127 美元之间。在平均液滴直径减小到 50μm 时最低成本能达到 53 美元，因为液滴越小液相和气相之间的接触作用越强。

　　NaOH 溶液与 CO_2 反应形成 Na_2CO_3 溶液，但 Na_2CO_3 溶液必须再生成 NaOH 才能有实际应用价值。Na_2CO_3 在水中的溶解度非常大，避免了吸收过程中 Na_2CO_3 固体会在吸收塔内表面堆积，但正是由于如此大的溶解度，Na_2CO_3 难以从水溶液中析出而再生，而蒸发大量的水来完成 Na_2CO_3 溶液的浓缩结晶过程需要巨大的能量。目前一般用苛化作用来完成 NaOH 的再生，即让 Na_2CO_3 与 $Ca(OH)_2$ 反应，将生成的 $CaCO_3$ 沉淀分离就可得到 NaOH 溶液。NaOH 溶液再次输送到接触器，而 $CaCO_3$ 被转移到煅烧炉中干燥然后在 700℃以上的高温条件下煅烧成石灰（CaO），并释放 CO_2 气体。石灰与水反应生成 $Ca(OH)_2$ 完成循环，即所谓的钠钙循环，其中的能量变化流程如图 5-2 所示。

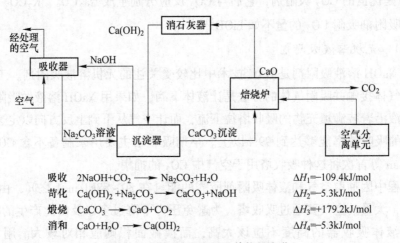

吸收	$2NaOH + CO_2 \longrightarrow Na_2CO_3 + H_2O$	$\Delta H_1 = -109.4\text{kJ/mol}$
苛化	$Ca(OH)_2 + Na_2CO_3 \longrightarrow CaCO_3 + NaOH$	$\Delta H_2 = -5.3\text{kJ/mol}$
煅烧	$CaCO_3 \longrightarrow CaO + CO_2$	$\Delta H_3 = +179.2\text{kJ/mol}$
消和	$CaO + H_2O \longrightarrow Ca(OH)_2$	$\Delta H_4 = -5.3\text{kJ/mol}$

图 5-2　钠钙循环流程及其能量变化

　　上述钠钙循环流程即以卡夫流程为基础，早在 1879 年就已经被发现，是历史最悠久的化学工艺流程之一。以卡夫流程为基础的硫酸盐法制浆造纸一直被大规模的纸浆和造纸工业所使用。用 NaOH 处理木材，破坏纤维素和木质素的键合作用，生产含纯纤维素的木纸浆。剩下的黑液是木材中有机物（主要是木质素）与 Na_2CO_3。NaOH 的再生就是采用卡夫流程实现的。现在卡夫流程是一项能大规模应用的成熟技术，因此可从卡夫流程能量和成本的角度分析 DAC 钠钙循环过程的可行性。通过高温煅烧的再生过程是钠钙循环中耗能最多的环节，其反应热焓高达 179.2kJ/mol CO_2。另外，尽管吸收过程的放热量也很大，但由于是接近室温下的反应，反应热难以利用，只能将一部分生石灰消和过程中产生的热量用于煅烧前干燥 $CaCO_3$。另外，让空气从吸收塔中流通也需要消耗大量能量。

针对碳酸钙的沉淀和脱水技术，Baciocchi 等在 2006 年通过实验和理论推导估计实际应用中每处理 1t CO_2 气体需要消耗的能量是 12~17GJ。Zeman 则认为 CaO 消和过程中放出的部分热量能够用于 $CaCO_3$ 的干燥，这部分能量大概是 10GJ/t。因此 1mol CO_2 捕集过程需要的能量介于 442~679kJ 之间。以卡夫流程为基础的 CO_2 空气捕集技术消耗的能量非常高，在某些情况下甚至比化石燃料燃烧释放 CO_2 对应的能量值还大。从经济和环境的角度来讲，这种高能耗的技术无疑是可行性很低的。因为用化石燃料的燃烧来为整个捕集过程提供能量违背了 CO_2 捕集的初衷：减少对化石燃料的依赖性以及减少 CO_2 排放。

用其他能源来运行这个过程有可能是有益的。例如采用如核能、太阳能等新能源进行 CO_2 吸附剂的再生。此外，通过改进流程的方式减少 DAC 的耗能也很有意义。除了常规的苛化技术，也有用金属氧化物或金属盐将 Na_2CO_3 转化成 $Na_2M_xO_{y+1}$ 和 CO_2，然后将 $Na_2M_xO_{y+1}$ 溶于水生成 NaOH 以完成 NaOH 的重生。用硼酸钠的自动苛化过程也被认为是有前景的，NaOH 的重生过程是通过 Na_2CO_3 与硼酸钠 $NaBO_2$ 反应生成能够水解成 NaOH 的 $Na_4B_2O_5$ 或 Na_3BO_3，但 Na_2CO_3 与 Na_3BO_3 反应生成 CO_2 的反应需在 900~1000℃ 的高温下进行，这比 Na/Ca 循环的温度还要高，所以这个过程并没有太多的优越性。

碳酸钠的苛化技术主要用于造纸工业中，用碳酸盐的优点在于重生的过程耗能比较低，反应焓是 90kJ/mol，远低于 $CaCO_3$ 的 179kJ/mol，但是重生过程的反应温度仍需要 800~950℃。总部设在卡尔加里的碳工程公司（CE）发明了利用三氧化二铁进行苛化的技术，即所谓的钠铁循环（见图 5-3），有望降低再生能耗。

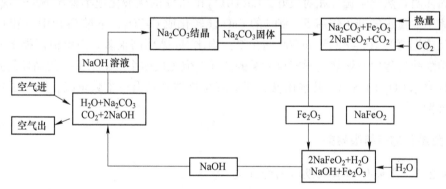

图 5-3　CE 公司发明的空气中捕集 CO_2 的 Na/Fe 循环

为了简化捕集过程，也可直接用 $Ca(OH)_2$ 作为吸附剂，并采用不同的吸附结构从空气中捕集 CO_2（见图 5-4）。该技术使用一个大而浅的池子，池子中装有静置的或是轻轻搅动的 $Ca(OH)_2$ 溶液。与 CO_2 反应后，$Ca(OH)_2$ 生成 $CaCO_3$，$CaCO_3$ 沉淀并聚集在池底。接着 $CaCO_3$ 被分离、干燥，在煅烧炉中煅烧，煅烧过程释放高浓度的 CO_2 气流。而大规模的煅烧反应，是用石灰石制作水泥的最重要过程。但是这种方式也有很多缺点，首先室温下 $Ca(OH)_2$ 在水中的溶解度只有大约 0.025mol/L，使得能够跟 CO_2 反应的 OH 的含量很少，限制了 CO_2 的吸收速率，因此大量的 CO_2 从空气中转移到液体表面，使得两相的 CO_2 浓度建立了平衡。

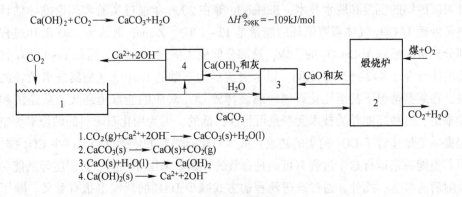

$$Ca(OH)_2 + CO_2 \longrightarrow CaCO_3 + H_2O \qquad \Delta H^{\ominus}_{298K} = -109kJ/mol$$

1. $CO_2(g) + Ca^{2+} + 2OH^- \longrightarrow CaCO_3(s) + H_2O(l)$
2. $CaCO_3(s) \longrightarrow CaO(s) + CO_2(g)$
3. $CaO(s) + H_2O(l) \longrightarrow Ca(OH)_2$
4. $Ca(OH)_2(s) \longrightarrow Ca^{2+} + 2OH^-$

图 5-4 氢氧化钙捕集 CO₂

目前高再生能耗、强碱的腐蚀、水分流失、溶剂的干燥等是无机溶液吸附剂所面临的几个关键问题,亟需发展能和 CO₂ 发生温和的可逆反应的吸附剂。

5.4.1.2 无机固体吸附剂

Nikulshina 等研究了无机固体材料对 CO₂ 的化学吸附,并用热动力学和差热分析研究了 3 种钠基材料的热化学循环过程。25℃时,在 CO₂ 浓度为 500μL/L 的空气中,固体 NaOH 反应 4h,碳酸盐化的程度只有 9%。为保证吸收效率,低的碳酸化速率需要的传质速率很大,这使得整个过程从技术和成本角度可行性很低。但 Nikishina 发现以 Ca 为基础的无机固体材料热化学循环相对较好,Ca(OH)₂ 和 CaO 的碳酸化速率要比 NaOH 快得多,在空气流中少量水的催化作用下,80% 的 CaO 能转化成 CaCO₃,不过 Ca(OH)₂ 和 CaO 的碳酸化反应温度为 200~425℃ 和 300~450℃,均比 Na 循环高很多。因此他们提出利用太阳能为碳酸化过程以及煅烧过程提供所需的能量,但完成整个 CaO-CaCO₃ 的循环需要的太阳能是每摩尔 CO₂ 10.6MJ,几乎比碱金属氢氧化物体系高出一个数量级,影响了这种方法的可行性。

5.4.2 负载化的有机吸附剂

5.4.2.1 负载化的有机吸附剂的分类

负载化的胺吸附材料可以根据基底与活性材料的相互作用以及材料的制备方法来进行分类,一类是单胺或聚胺通过物理吸附作用与基质(一般是 SiO₂)结合形成的材料,由于结合力较弱,该类材料的活性会因为胺逐渐脱离基质表面而降低;另一类材料是活性胺通过化学键永久与基质相结合,克服胺的挥发性问题,可避免吸收性能的逐渐降低,通过基质表面活性羟基与胺类的"靶向基团"烷氧基硅烷的化学反应。理论上所有表面含活泼羟基的材料(氧化物、金属或聚合物)都能够作为基质永久固定单胺或聚胺;第三类材料是聚胺材料,由无机基质和含胺的单体(如氮丙啶,三聚氰胺,L-赖氨酸酸酐)原位聚合生成,如运用化学嫁接技术制备的超支化氨基硅(HAS)、中孔硅土负载的三聚氰胺树状聚合物和硅土负载的聚 L-赖氨酸等,都可用于从高浓度气体或空气中吸收 CO₂。

5.4.2.2 基于胺与基质物理作用的吸附材料

这类吸附材料是基于固体基质与单胺或聚胺的物理吸附作用原理而制备的,其中的基质材料包括 SiO$_2$、中孔材料（MCM-41、MCM-48、SBA-15）、碳纤维、聚合物等。虽然低分子量和低沸点的胺如五亚乙基六胺（PEH）、四亚乙基五胺（TEP）、单乙醇胺（MEA）和二乙醇胺（DEA）可能会从固体吸附材料上解离下来，但是以 SiO$_2$ 为基质的聚氮丙啶（PEIs），尤其是枝化的低分子量吸附材料稳定性很好，并且对 CO$_2$ 吸附能力很好（70℃和常压下，在纯 CO$_2$ 中的吸附量分别是 147mg/g 和 130mg/g）。线性 PEIs 对 CO$_2$ 的吸附能力为 173mg/g，在相同条件下比枝化 PEIs 更高，只是线性 PEIs 更容易从基质上脱离。

图 5-5 为初始空气中 CO$_2$ 浓度和处理后浓度与时间的关系曲线，第一个阶段气体没有与吸收剂作用，维持初始的 CO$_2$ 浓度（420μL/L），随后与吸附材料作用，空气中的 CO$_2$ 被全部吸收之后，吸附剂开始慢慢饱和，气流中 CO$_2$ 的浓度逐渐升高直到完全饱和。在 CO$_2$ 被全部吸附的阶段，CO$_2$ 负载量是 105.2mg，而之后的饱和过程 CO$_2$ 负载量是 99mg，所以总负载量为 204.2mg。FS-PEI-33（胺负载量为 33%）显示了更强的吸附能力，在相对湿度 67% 下，1g 吸附剂的 CO$_2$ 吸附量是 766mg。FS-PEI-50 的再生能力可以用变压和变温的混合方法来评价，经过 4 次的吸附-解附过程，吸附剂的吸附能力保持不变。在 85℃ 左右的变温和扫气法（35mL/min 的干燥空气）一起使用，是另一种再生的方式，气流中 CO$_2$ 含量的变化如图 5-5 所示，1h 以内气流中几乎所有的 CO$_2$ 都被吸附。总而言之，这类杂化吸附材料制备简单，成本低，在干燥和潮湿空气中对 CO$_2$ 吸附能力强，再生能力也不错。

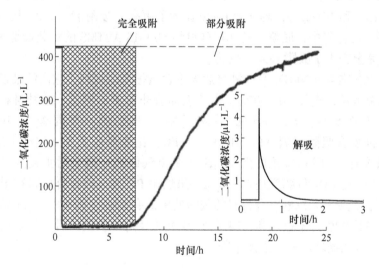

图 5-5　25℃ FS-PEI-50 的吸附解吸过程

5.4.2.3　通过化学键与基质永久相结合的基质材料

Belmabkhout 等在 2010 年利用氨基修饰的无机硅材料（见图 5-6）吸收干燥和潮湿空气中的 CO$_2$。

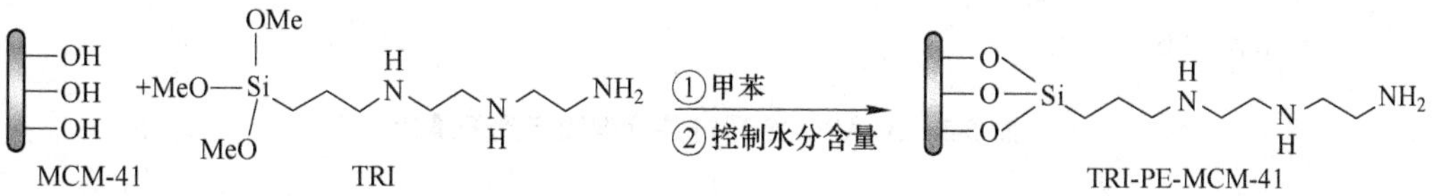

图 5-6　3-[2-(2-氨基乙基胺）氨基乙基] 丙基三甲氧基硅烷(TRI)修饰充分干燥过的中孔硅

在加入定量的水后，用 3-[2-(2-氨基乙基胺) 氨基乙基] 丙基三甲氧基硅烷（TRI）修饰充分干燥过的中孔硅（见图 5-6），所制备的吸收材料 TRI-PE-MCM-41 无论在干燥和潮湿的条件下，对 CO_2 的选择性都比对 N_2 和 O_2 的选择性高。在温度 25℃和 CO_2 浓度为 400μL/L 条件下 TRI-PE-MCM-41 负载量是 43.1mg/g，约为 13X 分子筛的 2 倍，表明胺修饰确实提高了材料对 CO_2 的吸附性能。

TRI-PE-MCM-41 的吸附性能不仅比普通分子筛（MCM-41 和 13X）好，也比碳基材料和金属有机框架结构 MOFs 要好。另外，13X 只有在干燥的空气中才可能具有良好的吸附性能。即使在相对湿度为 24% 的空气中，TRI-PEMCM-41 的 CO_2 负载量还是比 13X 的最大负载量高。在含有 1000μL/L CO_2 的 N_2 中进行的吸附-解吸循环试验证实这种复合吸附材料具有良好的吸附速率，且稳定性很高。

采用 TRI-PEMCM-41 吸附材料，结合变压吸附或变温吸附技术，在干燥或潮湿的空气中均能得到纯度 97% 的 CO_2 气体。如在相对湿度 40% 的潮湿空气中吸附饱和后，这种新材料在气压 150mbar（1bar = 10^5Pa）和 90℃下能够再生，即使连续进行 40 个循环的吸附解吸过程，依然能保持 88mg/g 的 CO_2 负载量。值得一提的是，在潮湿的空气下，材料吸附的水会在解吸环节释放出来，得到的 CO_2/H_2O 混合气可成为利用太阳能合成气体燃料的原材料，但是该技术最适用于太阳能充足但空气中水含量很低的沙漠地区。在 CO_2 浓度为 395μL/L 的干燥空气中，LI-LSX、KLSX 和 NaX 等分子筛的 CO_2 负载量分别是 361mg/g、10mg/g 和 141mg/g，均比 40mg/g 显示了更高的吸附能力。但是，在 CO_2 浓度为 395μL/L 潮湿的空气中，胺修饰的无机硅材料 SBA-15 APTMS 的负载量是 572mg/g，而分子筛材料则完全丧失了吸附 CO_2 的能力。

纳米原纤化纤维素（NFC）是一种自然界中含量很多的材料，它由纤维素细丝聚集而成，尺寸是几微米长，直径 10~100m。由于表面有非常多的羟基，这种材料适合被 AE-APDMS 修饰（见图 5-7）。通过冻干法可制备 [N-(2-氨乙基)-3-氨丙基] 三甲氧基硅烷与 NFC 的氨基修饰复合吸附材料 NFC-AEAPDMS-FD，比表面积为 71m^2/g，胺的负载量为 49mmol/g（以 N 计）。用 CO_2 浓度为 506μL/L 的空气做 CO_2 的吸附实验，在 25℃和相对湿度 40% 下，12h 后 CO_2 负载量是 612mg/g，虽然比 PE 无机硅复合材料在干燥空气中的 1038mg/g 低，但是 PE-无机硅复合材料的胺的效率只有 22%，而 NFC-AEAPDMS-FD 材料中胺的吸附效率是 28%。不过这类材料经过 20 次的吸附解吸循环后，吸附剂的负载量下降到 306mg/g，这比循环前有明显的下降。

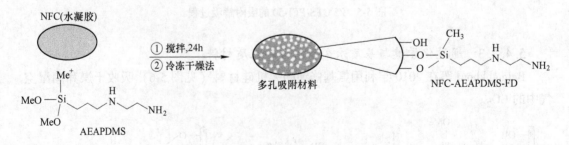

图 5-7 AEAPDMS 通过共价键固定到纤维素

5.4.3 阴离子交换树脂

Lackner 等将季铵盐接在聚苯乙烯上制备了阴离子交换树脂，用于从空气中吸收 CO_2，其中离子交换树脂的游离氯离子转变为氢氧根离子和碳酸根离子等，以增加树脂的碱性。这种离子交换树脂的 CO_2 负载量可达 $44 \sim 88g/kg$，吸附速率在 $10 \sim 80\mu mol/(m^2 \cdot s)$ 之间，与 $1mol/L$ 的 NaOH 溶液的吸附速率相当。

温度过低或湿度过高的气氛均可影响 DAC 装置的正常运转，因此目前 DAC 装置最低使用温度是 $-5℃$，以确保吸附反应速率不会过慢，而在极度湿热条件下，空气的绝对湿度过大，从而降低了树脂的负载量。不过，在凉爽的气候下，CO_2 的捕集是能正常进行的，只是干燥树脂的速率比在沙漠气候中低很多。凉爽的气候可能带来的好处是空气气流使树脂表面保持比较低的温度，这样使水蒸气不会在树脂表面冷凝下来。增大单位量树脂的表面积是目前的主要研究目标之一，由于 CO_2 的吸附速率会受到 CO_2 扩散到树脂内部的速率的限制，减少树脂层的平均厚度将增加单位表面积树脂的吸附速率。目前的树脂的比表面积仅为 $4m^2/kg$，若树脂的比表面积增加一个数量级，树脂层的厚度将降低到 $0.1mm$，所需的树脂量至少减小一个数量级。另外，解吸所需的时间也会相对应减少一个数量级，再生设备的体积也相应减小，从而可以利用较少的吸附材料和较小的再生设备，大幅度提高整个装置的捕集效率。

5.5 解 吸 技 术

除了吸附能力和吸附动力学，固体吸附材料的再生能力也是一个关键的性质。为降低 CO_2 的捕集成本，选取的固体吸附剂需在经过多次（最好是 1000 次以上）的吸附-解吸循环后依然具有稳定的再生能力。

常见的吸附-解附循环为变压吸附及变温吸附。变压吸附（PSA）是 CO_2 在高于常压的条件下被吸附，并在较低压力下解吸的过程，而真空摆动吸收（VSA）则是在常压下吸附，真空中解附的过程也有采用 PSA 和 VSA 组合的方法，即压力真空摆动吸附（PVSA），如在比常压高 5bar 的压力下吸附，在 50mbar 的真空环境中解吸。

变温吸附（TSA）过程中，解吸是用热的氮气或空气加热吸附材料，由于气体的比热容低，所以需要很大体积的气体通过吸附材料。电热变温吸附（ETSA）技术对吸附剂施加电流来加热使 CO_2 从吸附剂表面解吸，解决了该问题。

5.6 总结和展望

空气中的 CO_2 能够为人类提供用之不竭的碳元素，从空气中捕集 CO_2 并用于高附加值的化工过程，是一个自给自足的碳循环过程，不仅可弥补自然界碳循环的效率和结构不对称的不足，还为人类提供了一个可持续性发展的能源和化工原料。

虽然从 CO_2 捕集的角度来看，目前空气中 CO_2 的浓度是比较低的，但是从空气中直接捕集 CO_2 的技术（DAC）还是具有一定的可行性。

从空气中捕集 CO_2 所需能量仅仅只比从火力发电厂废气中回收 CO_2 的能量高 $2 \sim 4$

倍，而 NaOH、KOH 以及 Ca(OH)$_2$ 这样的强碱作为吸附剂能够高效地从空气中吸收 CO_2，吸附过程条件温和，能耗也相对较低，只是吸附剂的再生环节需要比较多的能量。利用 K_2CO_3 作为吸附剂能够降低吸附剂再生过程所需的温度，但是能耗依旧较高。考虑到强碱具有很强的腐蚀性，用化学或者物理方法负载的有机胺吸附剂已成为目前 DAC 技术最热门的研究课题。目前负载化有机胺吸附剂显示了良好的吸附-解吸性能，但是其长期运行的稳定性有待进一步提高。吸附剂的吸附和解附性能是制约 DAC 技术发展的关键，若能找到能耗低、再生能力强、吸附效能高、反应温和的理想吸附剂，相信未来 DAC 技术会取得更大的进展，另外若能使吸附和解吸所需的湿度和温度条件能和 DAC 设备所处的地理位置的气候相匹配，也会间接提高该技术的经济性。

参 考 文 献

[1] 李恒，柯蓝婷，王海涛，等. 低劣生物质厌氧产甲烷过程的模拟研究进展 [J]. 化工学报，2014，65 (5)：1577-1586.

[2] Fargione J, Hill J, Tilman D, et al. Land clearing and the biofuel carbon debt [J]. Science, 2008, 319 (5867)：1235-1238.

[3] Searchinger T, Heimlich R, Houghton R A, et al. Use of U. S. croplands for biofuels increases greenhouse gases through emissions from land-use change [J]. Staff General Research Papers Archive, 2008, 319 (5867)：1238-1240.

[4] Greenwood K, Pearce M. The removal of carbon dioxide from atmospheric air by scrubbing with caustic soda in packed towers [J]. Transactions of the Institution of Chemical Engineers, 1953, 31：201-207.

[5] 美国国家职业安全与健康研究所. http：//w. cdc. gowniosh.

[6] Zeman F. Energy and material balance of CO_2 capture from ambient air [J]. Environmental Science & Technology, 2007, 41 (21)：7558-7563.

[7] Baciocchi R, Storti G, Mazzotti M. Process design and energy requirements for the capture of carbon dioxide from air [J]. Chemical Engineering & Processing Process Intensification, 2006, 45 (12)：1047-1058.

[8] Hanchen M, Prigiobbe V, Baciocchi R, et al. Precipitation in the Mg-carbonate system—effects of temperature and CO_2 pressure [J]. Chemical Engineering Science, 2008, 63 (4)：1012-1028.

[9] Zeman F. Experimental results for capturing CO_2 from the atmosphere (R&D note) [J]. Aiche Journal, 2008, 54 (5)：1396-1399.

[10] Keith D W, Ha-Duong M, Stolaroff J K. Climate strategy with CO_2 capture from the air [J]. Climatic Change, 2006, 74 (1-3)：17-45.

[11] Stolaroff J K. Capturing carbon dioxide from ambient air：A feasibility assessment [D]. Carnegie Mellon University. 2006.

[12] Zeman F. Energy and Material Balance of CO_2 Capture from Ambient Air [J]. Environmental Science & Technology, 2007, 41 (21)：7558-7563.

[13] Arosenius A K. Mass and energy balances for black liquor gasification with borate autocausticization [D]. Luleǎ University of Technology, 2007.

[14] Lindberg D K, Backman R V. Effect of temperature and boron contents on the autocausticizing reactions in sodium carbonate/borate mixtures [J]. Industrial & Engineering Chemistry Research, 2004, 43 (20)：6285-6291.

[15] Nikulshina V, Ayesa N, Galvez M E, et al. Feasibility of Na-based thermochemical cycles for the capture of CO_2 from air—thermodynamic and thermogravimetric analyses [J]. Chemical Engineering Journal, 2008,

140（1-3）：62-70.

[16] Nikulshina V, Galvez M E, Steinfeld A. Kinetic analysis of the carbonation reactions for the capture of CO_2 from air via the $Ca(OH)_2$-$CaCO_3$-CaO solar thermochemical cycle [J]. Chemical Engineering Journal, 2007, 129（1）：75-83.

[17] Nikulshina V, Halmann M, Steinfeld A. Coproduction of syngas and lime by combined $CaCO_3$-calcination and CH_4-reforming using a particle-flow reactor driven by concentrated solar radiation [J]. Energy & Fuels, 2009, 23（6）：6207-6212.

[18] Goeppert A, Czaun M, May R B , et al. Carbon dioxide capture from the air using a polyamine based regenerable solid adsorbent [J]. Journal of the American Chemical Society, 2011, 133（50）：20164-20167.

[19] Sayari A, Belmabkhout Y. Stabilization of amine-containing CO_2 adsorbents: dramatic effect of water vapor [J]. Journal of the American Chemical Society, 2010, 132（18）：6312-6314.

[20] Goeppert A, Meth S, Prakash G, et al. Nanostructured silica as a support for regenerable high-capacity organoamine-based CO_2 sorbents [J]. Energy & Environmental Science, 2010, 3（12）：1949-1960.

[21] Gebald C, Wurzbacher J A, Tingaut P, et al. Amine-based nanofibrillated cellulose as adsorbent for CO_2 capture from air [J]. Environmental Science & Technology, 2011, 45（20）：9101-9108.

习　题

5-1　简述空气中捕集 CO_2 的迫切性。

5-2　简述空气中直接捕获 CO_2 技术的原理路线。

5-3　DAC 技术和传统捕集技术对比有哪些优劣势？

5-4　简述用于 DAC 的吸附剂种类及其捕集原理。

6 CO$_2$ 运输与封存技术

6.1 CO$_2$ 的运输

CO$_2$ 的输送是 CCUS 系统的中间环节，承担着将捕集到的 CO$_2$ 运输到利用或封存地点的任务，是连接捕集与利用、封存的纽带，对整个 CCUS 系统的运行起着重要作用。当 CO$_2$ 的捕集地点和 CO$_2$ 的利用或封存地点之间有一定距离时，需要根据具体条件（如输送规模和输送距离等）选择适当的 CO$_2$ 运输方式。目前 CO$_2$ 运输方式主要有管道运输、船舶运输和罐车运输。这三种运输方式适合不同的运输场合与条件：管道运输适合大容量、长距离、负荷稳定的定向输送；船舶运输适合大容量、超远距离、靠近海洋或江河的运输；罐车运输适用于中短距离、小容量的运输，其运输相对灵活。

需要说明的是，尽管目前已经有了少量的管道、船舶、罐车运输经验，但对 CO$_2$ 运输的工程实践依然处于起步阶段，尤其在系统优化、风险控制等方面还需要进行深入研究。很多 CO$_2$ 运输技术的完善还需要借鉴石油、天然气、液化石油气和液化天然气运输领域的相关经验。

6.1.1 CO$_2$ 的运输方式

6.1.1.1 CO$_2$ 罐车运输

常见的 CO$_2$ 罐车运输方式可分为卡车公路运输和火车铁路运输。两者在技术方面类似，只是在实施的灵活性及成本等方面略有差别。目前 CO$_2$ 罐车运输技术已日臻成熟，而我国也具备制造该类罐车和相关附属设备的技术能力。

采用公路罐车运输时，首先需要将 CO$_2$ 液化，液罐货车内 CO$_2$ 的储藏条件可以根据实际情况有所改变，常采用的压力和温度条件为 1.7MPa、-30℃ 或 2.08MPa、-18℃。卡车输送具有灵活、适应性强等优点，但是与管道输送相比其成本较高，对于小规模的输送较为适合。而且，受气密性等条件的影响，公路输送途中存在液态 CO$_2$ 的泄漏蒸发问题，依据不同的运输时间以及运输距离，泄露蒸发量最高可达 10%。

铁路罐车可以长距离输送大量 CO$_2$，其输送压力约为 2.6MPa，在此压力下，一节罐车的 CO$_2$ 载重量可达 60t。铁路罐车的大容量可以弥补公路罐车容量小的不足，但铁路罐车运输 CO$_2$ 的方式同样具有其局限性。铁路输送除了需要考虑当前铁路的现实条件外，还需要考虑在铁路沿线配备 CO$_2$ 装载、卸载以及临时储存的相关设施。如果现有铁路不能满足运输的需求，必要时还需要铺设专门的铁路，这样势必会大大提高 CO$_2$ 的输送成本。

罐车运输最大的特点是运输方式相对灵活，但其运输量较小，只能间断性地提供

CO_2，适合向对连续性要求不高的用户供给 CO_2。罐车运输的成本相对较高，原因两方面：一方面，罐车的单位运量较小，导致所需罐车的总固定投资较大；另一方面，由于液化 CO_2 电耗和车辆运输油耗的影响，罐车运输方式的耗能较大，运行费用较高。有资料显示，目前铁路罐车运输成本达到 0.2 元/(t·km)，公路运输成本约为 1 元/(t·km)。

鉴于以上这些特点，罐车更适合于小规模 CO_2 需求的项目，合适的运输规模为 $(1 \sim 2) \times 10^5 t/a$。对于需要连续运输大量 CO_2 的 CCUS 工业系统来说，则明显不适用。现有的 CO_2 罐车运输只是用在食品加工领域以及一些小规模的 CO_2 驱油实验中。

6.1.1.2　CO_2 船舶运输

在海上油田强化石油开采（EOR）、海底地质封存 CO_2 以及当 CO_2 捕集地点与 CO_2 利用或封存地点之间有水路连接时，船舶运输 CO_2 是一种潜在的技术选择。

目前，工业上已有小型的 CO_2 运输船舶，但还没有大型的 CO_2 运输船舶。而在油气行业中，液化石油气（LPG）和液化天然气（LNG）的船舶运输已经商业化，未来可以考虑利用液化石油气（LPG）油轮来进行 CO_2 的运输。目前，挪威、日本等国正在设计用于运输 CO_2 的大型船舶，其设计理念和经验主要参考 LPG 船舶。

现有的 LPG 轮船根据温度和压力参数的综合考量可分为三种类型：高压型、低温型和半冷冻型。高压型油气轮的温度基本与外界持平，依靠高压来使油气液化；低温型油气轮的压力基本上与外界持平，主要依靠低温来使油气液化；半冷冻型则介于两者之间，通过压力和温度共同作用来使油气液化。目前，大型液化石油气的运输多采用低温型，因为这样在卸载的时候压力能够与外界持平，不至于降压时体积急剧膨胀，使油气汽化；小型的液化石油气运输多采用加压型；而对于 CO_2 来说，半冷冻型更适合其液化，因为这样可以同时调节 CO_2 的温度和压力，既不至于温度过低使 CO_2 固化成为干冰，也不至于由于压力不够，导致 CO_2 的汽化，目前投入运营的几艘小型 CO_2 运输轮都属于该种类型。

CO_2 船舶运输应该首先对 CO_2 进行加压或者降温，使其处于液态，不过由于 CO_2 的临界温度较高、压力较低，因此其所需要的加压比和降温程度不会很大。如果温度过低，容易生成干冰，影响运输。从造船的角度来看，0.6MPa，-54℃ 与 0.7MPa，-50℃ 之间的参数比较合适，目前有 -50℃ 低温参数的大型 LPG 船舶的设计与运行经验（容积为 22000 m^3）可供借鉴。

CO_2 轮船运输系统包括：生产地的 CO_2 处理与储存设施、轮船运输、CO_2 卸装与临时储存设施。运行时，液态 CO_2 从生产地的临时储存装置泵送入高压低温的储存罐，在注入液态 CO_2 之前，需要用纯的 CO_2 气体驱除罐内的空气。在运输的过程中，由于散热损失，罐内可能会出现压力升高或者 CO_2 泄漏情况，这些需要在设计过程中充分考虑，以防问题发生。到达目的地后，液态 CO_2 从船上罐体内卸载，该过程中腾出的空间会被高纯 CO_2 气体充满，以免空气进入。

由于海底管道的施工难度大、造价高，对于距离超过 1000km 的长途运输，轮船运输的成本可能会低于管道运输。在大规模、长距离（$1 \times 10^6 t/a$ 以上，1000km 以上）运输时，CO_2 船舶运输的成本一般在 0.1 元/(t·km) 以下。

6.1.1.3　CO_2 管道运输

管道是长距离大规模运输石油、天然气、煤气等流体产品的最常见方式。CO_2 管道运输有三种：低压管道，压力不高于 4.8MPa；高压管道，压力不低于 8MPa，以保证 CO_2 处于超临界状态，且此时 CO_2 的单位体积会很小，从而大幅度提升其运输量；液态管道，在低温情况下，保证 CO_2 处于液态，从而提高管道的运输能力。

在超临界状态下，CO_2 同时具有液态的密度和气态的黏性，因此在超临界状态下运输 CO_2，既能够保证管道较小的尺寸，又能够有效降低管道运输过程中的能耗。目前建成的 CO_2 管道绝大多数都以超临界状态运输 CO_2。采用管道输送时，必须考虑途中的摩擦损耗。为了保证在输送过程中 CO_2 始终处在超临界状态，避免出现两相流等复杂流动现象，一般要求管道内 CO_2 的压力在 8MPa 以上。为此，要么提高输入口的压力（通常在 10.3MPa 以上），要么在中途安装升压站来弥补途中的压力损失，具体的压力参数设定和增压站的布置要根据管道的尺寸、表面粗糙度和输送距离等进行具体研究。

油气管网是人类迄今为止建设的规模最大的管网系统，目前全世界建成并运行中的油气管道干线总长度达 200 万千米。CO_2 管道也已经建成一些，但规模要小得多，目前美国已建设了 6000km 左右。美国的 CO_2 管道运输主要被用于强化石油开采（EOR）。在美国，EOR 的工业实践已经有超过 35 年的历史，目前每年管道运输用于 EOR 的 CO_2 超过 1 亿吨，积累了丰富的工程经验。目前，世界上正在运行的部分 CO_2 运输管道见表 6-1。

表 6-1 世界上正在运行的部分 CO_2 运输管道

管 道	地点	容量 /Mt · a^{-1}	长度 /km	投运年份	CO_2 来源
Cortez	美国	19.3	808	1984	天然气田
Sheep Mountain	美国	9.5	660	—	天然气田
Bravo	美国	7.3	350	1984	天然气田
Canyon Reef Carriers	美国	5.2	225	1972	气化厂
Val Verde	美国	2.5	130	1998	炼油厂
Bati Raman	土耳其	1.1	90	1983	天然气田
weyburn	美国/加拿大	5	328	2000	气化厂
总 计	—	49.9	2591	—	—

其中，美国的 CO_2 管道主要集中在得克萨斯州西部和墨西哥州的石油/天然气产区。迄今运行时间最长的 CO_2 管道是位于得克萨斯州的 Canyon Reef Carriers 管道，长 225km，从 1972 年开始运行；长度最长的 CO_2 管道是 Cortez 管道，该管道长 808km，从 1984 年开始运行，年 CO_2 运输量达 19.3Mt，这也是迄今建设的运输量最大的 CO_2 管道。

到目前为止，我国只有中石油公司在吉林油田为其 EOR 示范项目建设了一条几千米长的 CO_2 运输管道，运输量也仅为 10 万~15 万吨/年，离大规模实施 CCUS 对 CO_2 管道运输的要求仍有较大差距。此外，吉林油田出于技术可靠性方面的考虑，并未采用被普遍认为最适合大规模 CO_2 运输的超临界状态运输，而是采用了在化工等领域已经有较成熟技术和大量经验的低温液态运输，这与 CO_2 超临界运输在技术上有很大的差别。

与油气管网相比，目前已建成的 CO_2 管网的规模还相当小，而且除美国以外的其他国家（包括中国）到目前为止还缺乏完善的 CO_2 管道设计、运行和维护等方面的知识和经验，需要在未来加强相关技术的研发，加速 CO_2 管道运输技术的进步。

6.1.2 CO₂ 管道运输原理及关键技术问题

6.1.2.1 CO₂ 管道运输原理

CO₂ 具有其独特的物理性质，这也决定了 CO₂ 的管道运输方式与其他气体不同。

图 6-1 为 CO₂ 的三相图。在常温常压下，CO₂ 呈气态，气态 CO₂ 密度小，黏度大，不利于管道运输。和其他气体的管道运输一样，CO₂ 需以压缩态来运输。由图 6-1 可以看出，CO₂ 的临界温度和压强分别为 31.1℃和 7.38MPa。输送过程中只要温度和压强同时保持在 31.1℃和 7.38MPa 以上，CO₂ 就会处于超临界状态，避免运输过程中气液两相流的产生。超临界状态的 CO₂ 基本上仍是一种气态，但又不同于气态，其密度比一般气态 CO₂ 要大两个数量级，与液体相似；在扩散力与黏度上，它却更接近于气态 CO₂。由于超临界 CO₂ 有密度大且黏度小的特点，因而可以将 CO₂ 压缩为超临界态后在管道中运输。这也是目前大多数学者建议的一种 CO₂ 管道运输方式。由图 6-1 还可以得出，只要保证 CO₂ 的压力高于 7.38MPa，在温度大于-60℃的情况下，CO₂ 都会是压缩态，不会有两相流产生。这就意味着没有必要对温度进行严格的限制，环境温度完全可以满足运输要求。

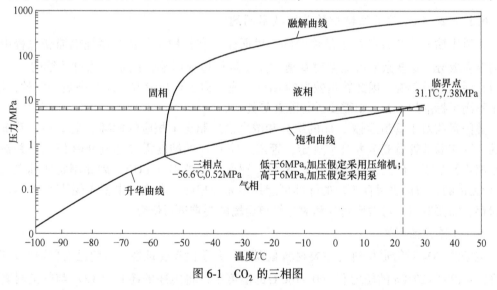

图 6-1 CO₂ 的三相图

图 6-2 为一组典型的在运输温度下，CO₂ 可压缩性随压力的变化规律。图中虚线代表 CO₂ 在混入 H₂S 杂质时可压缩性随压力的变化规律。在一定的温度下，CO₂ 的可压缩性会随着压力的不同而不同，同时还会受 CO₂ 中可能混入的杂质的影响。由图 6-2 可以看出，在这组温度下，CO₂ 的可压缩性在 8.6MPa 处发生了显著变化，为了减少设计和操作过程中可能会遇到的困难，一般情况下建议 CO₂ 的管道运行压力应保持在 8.6MPa 以上，这里假定管道的最低运行压力为 9MPa。

由以上分析可以得出，在环境温度下，当压力达到 9MPa 以上时，就可以满足 CO₂ 管道运输的相态条件。但是需要说明的是，在满足相态要求的同时，温度和压力还需满足管道及其相关附件的温、压承受极限。如配有 ASME-ANSI 900 号法兰的直管的最大运行压力在 38℃时为 15.3MPa；经压缩后的 CO₂ 温度会升高，必要时在 CO₂ 入管前对其进行冷却，以防 CO₂ 温度过高，对管道防腐层和法兰造成损伤。

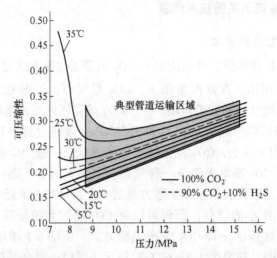

图 6-2 不同运输温度下 CO_2 的可压缩性随压力的变化规律

6.1.2.2 CO_2 管道运输中的关键技术问题

管道中输送的 CO_2 往往不是纯净的，里面会含有各种在气化、燃烧或捕获过程中混入的杂质成分。这些杂质可能会对管道的安全运行造成影响，或是可能对后续的 CO_2 地质封存活动造成影响，因此管道输送的 CO_2 在成分构成和含量方面应当满足一定的标准。对于不满足标准的 CO_2，则需要进行除杂等处理。

美国目前对于管道运输 CO_2 的组分和浓度已经制定了相应的标准。主管 CO_2 管道运输的美国交通部管道安全办公室规定，管道运输 CO_2 的纯度需要达到 90% 以上，并被压缩至超临界状态。但是由于美国现有的 CO_2 管道主要被用于 EOR，因此制定的标准也是针对 EOR 的，与地质封存要求的标准可能并不完全相同。未来如果要大规模实施 CO_2 地质封存，需要专门针对地质封存和对应管道运输的要求进行研究。

A 管道腐蚀问题

纯净的 CO_2 对管道材料（主要材料是碳钢）几乎没有腐蚀性。目前已有的研究表明，在 $(90\sim120)\times10^5$ Pa 的压力和 $160\sim180$℃ 的温度下，将纯净的超临界 CO_2 与管道材料相接触，经过 200 天的时间后，CO_2 对管道材料表面的腐蚀仅为 0.01mm；如果降低超临界 CO_2 的温度，则其对管道材料的腐蚀性更低。美国正在运行的一些 CO_2 管道的实际工程经验也显示，当管道运输几乎不含水的超临界 CO_2 时，经过 12 年的运行时间后 CO_2 对管道材料的腐蚀仅为 $0.25\sim2.51\mu m$。但是，在有水与 CO_2 共存的情况下，CO_2 会与水反应生成碳酸，而碳酸对金属管道有很强的腐蚀性；而且在某些条件下，CO_2 与水还会形成水合物，造成管道的堵塞。因此，CO_2 送入管道前必须进行脱水。

关于管道运输的 CO_2 的脱水标准，目前全世界范围内还没有统一的标准。已有的一些研究表明，当 CO_2 的相对湿度低于 60% 时，CO_2 对管道材料的腐蚀作用就几乎可以忽略不计。目前，美国用于 EOR 的 CO_2 管道一般是将 CO_2 中的含水量降至 5×10^{-3}% 以下。

B H_2S 杂质的毒性问题

煤中一般都含有少量的硫元素，因此从煤气化合成气中捕获得到的 CO_2 往往含有一

定量的 H_2S。和 CO_2 一样，H_2S 气体在与水共存时也会表现出酸性（比碳酸略弱），所以对管道也会造成腐蚀。不过，H_2S 最突出的一点是其对人体的剧毒性。

表 6-2 给出了 H_2S 对人体的毒性作用，可见，H_2S 对人体的伤害作用明显。因此，若用管道运输从煤基合成气捕获到的 CO_2，要特别注意 H_2S 可能对管道操作人员的伤害，当管道需要通过人口密集地区时更需注意。

表 6-2　H_2S 对人体的毒性作用

浓度/$\mu L \cdot L^{-1}$	对人体的伤害程度
0.025	开始能够嗅出
0.3	明显嗅出
20	开始对人体造成损害，虽无全身作用，但接触 6h 则可引起眼部发炎
70~150	数小时后可引起轻度中毒症状
200	造成黏膜灼热性疼痛，能忍受 30min
400~700	接触 30min 到 1h 就有危险，可能急死或缓死，呼吸系统的炎症特别明显
700~800	接触 30min 即有生命危险，可因呼吸中枢麻痹等而立即死亡
1000~1500	立即引起神智丧失，呼吸停止而死亡

不过同时，美国和加拿大已有的工程经验也表明，H_2S 是可以和 CO_2 一起安全地运输和地质封存的，而且少量 H_2S 的存在还可以改善 EOR 作业的产出率（如美加合作的 Weyburn-Midale EOR 示范项目）。目前在阿尔伯塔省和英属哥伦比亚省东北部，有 39 个注入 CO_2 和 H_2S 混合气体的 EOR 作业点。另外，加拿大从 1989 年以来就一直采用注入地下储层的方式处理 H_2S。因此，如果从降低合成气或 CO_2 脱硫成本的角度考虑，未来的 CO_2 封存项目运营者可能会选择不对 CO_2 进行脱硫。为确保未来运输含硫 CO_2 管道的安全性，现阶段需要仔细研究 H_2S 对 CO_2 管道安全运行的影响。

C　CO_2 中 O_2 与 N_2 等杂质的影响

在各种燃烧或汽化过程中，为了保证燃料的充分转化，一般都会使 O_2 略微过量。因此，无论是普通煤粉锅炉烟气、煤基合成气，或是纯氧燃烧锅炉烟气中都会含有少量的 O_2。所以，管道输送的 CO_2 中一般都含有少量的 O_2。O_2 会对管道材料（碳钢）造成强烈的氧化腐蚀。再者，当 CO_2 中 O_2 等非凝性气体含量较高时，CO_2 的压缩能耗也会随之迅速升高。此外，如果大量 O_2 随 CO_2 一同被注入地下，储层中的有氧环境可能造成细菌群体的大量繁殖，导致储层局部区域过热，进而对 CO_2 的正常注入造成影响。因而需要脱除 CO_2 中的过高含量的 O_2。

从燃烧后捕获装置或纯氧燃烧捕获装置得到的 CO_2 中还会含有少量的 N_2。N_2 也属于非凝性气体，会造成 CO_2 压缩能耗的升高，因此 N_2 的含量同样不能过高。需要引起注意的是，N_2 的存在会对 CO_2 和石油的混相造成负面影响，直接影响 EOR 项目的产出。所以，若是 EOR 项目的 CO_2 管道运输，CO_2 中的 N_2 含量需要被降至非常低才行。

从煤基合成气中捕获的 CO_2 通常含有少量的 CH_4 等轻质烃类气体。此类气体的存在会使 CO_2 的蒸汽压发生剧烈变化，并对 CO_2 流动的精确监测造成干扰，因此也需要脱除。

煤中一般都含有微量的汞，因而燃煤烟气中会含汞。汞的单质和化合物都有剧毒，尽管工业上都会对烟气中的重金属元素进行脱除，但是一般无法完全脱除，所以送往管道的 CO_2 中也会含汞。如果 CO_2 中含汞，一旦在运输或注入地下之后发生泄漏，汞会随同 CO_2 进入地下水体，或是到达地表环境中，对地下水或地表环境造成非常严重的破坏，所以也需要脱除。

尽管目前的研究已经表明 CO_2 中的各种杂质成分会对管道运输以及后续地质封存环节造成影响，但是迄今为止，全世界范围内尚无针对 CO_2 管道运输制定明确的杂质成分含量标准。目前，美国用于 EOR 管道运输 CO_2 的杂质含量的一般标准（见表6-3）可以作为早期项目运输管道设计的参考。但是，如果未来要大规模实施，则必须继续加强在管道运输 CO_2 杂质含量影响方面的定量研究，并尽快制定明确的行业标准，确保 CO_2 管道的安全运行。

表 6-3 美国 EOR 管道运输 CO_2 组分含量的标准

组 分	CO_2	自由水	水蒸气	H_2S	总 S
含量标准	≥95%（体积分数）	0	≤0.489g/m³	≤0.15%（质量分数）	≤0.145%（质量分数）
组 分	O_2	N_2	C_xH_y	乙二醇	
含量标准	0.001%（质量分数）	≤4%（体积分数）	≤5%（质量分数）	≤4×10⁻⁵L/m³	

D CO_2 管道的选址与监测

在管道的选址与监测方面，我国积累了数十年的油气管道工程经验。由于 CO_2 性质的特殊之处，CO_2 管道与油气管道的选址监测原则有一定的不同。

CO_2 无色、无味、不可燃、无毒且易溶于水。当空气中 CO_2 含量过高时，会对人类的生命安全和健康造成威胁。空气中 CO_2 浓度超过2%就会引起人类中枢神经系统的衰弱，CO_2 浓度超过10%时，人体就会窒息甚至死亡。而且，CO_2 比空气重，因而如果发生泄漏，在通风不良的情况下，CO_2 能够在较低的地方聚集并达到危险的浓度。另外，CO_2 如果大量进入水体或土壤中，会造成水体和土壤的酸化。水体的酸化首先会对人类的正常饮用造成影响，另外还会造成水生生物由于无法正常呼吸而死亡，造成水体的生态灾难。土壤的酸化会直接危害土壤中植物根系和土壤中动物、微生物群体的呼吸作用，造成土壤生态系统被破坏。

由以上的信息可以推断：CO_2 管道一旦由于事故发生大规模的泄漏，可能会对沿线居民的生命和健康以及沿线地区的生态环境造成较大威胁。所以，在进行 CO_2 运输管道的选址时，需要充分评估 CO_2 泄漏对管道沿线地区产生的影响，尽可能地使 CO_2 管道避开人口稠密地区、地震活动活跃地区或是生态脆弱地区。不过，在 CO_2 管道的建设早期，由于规模小，CO_2 管道有可能完全避开各种敏感区域。但随着项目实施规模的扩大和 CO_2 管道数量的大幅上升，不可避免地会有一些 CO_2 管道经过敏感地区。在这种情况下，往往需要对经过此类地区的管道额外加装防护装置并制订更严密的运行和应急方案。

为保证 CO_2 管道的安全运行，需要在运行过程中对管道进行监测，以便及时发现或预警 CO_2 管道事故的发生。需要监测的参数包括 CO_2 的流量、压力和温度等，这些参数是管道运行操作人员判断管道中 CO_2 流动和管道自身状态的第一手依据。管道监测在油气行业已经是非常成熟的技术，这些技术基本上已经能够满足 CO_2 管道监测的需求，因此 CO_2 管道监测不存在技术方面的障碍。不过，由于 CO_2 泄漏可能对沿途地区居民的生命健康和局部环境造成严重影响，CO_2 管道的监测方案可能需要比天然气管道还要严密，例如增加管道沿线监测仪器的数量，加大数据采集频率，采用更灵敏的新型监测技术，降低管道监测的报警阈值等。

除仪器监测外，人工监测也是 CO_2 管道监测的重要可选方案。人工监测一般包括"看"和"闻"两种方式。在发生 CO_2 大量泄漏的情况下，由于泄漏到环境中的 CO_2 会迅速膨胀吸热，因此在泄漏点周边区域有时能够看到由于空气急剧降温导致水蒸气凝结而产生的"白雾"，这是通过人的肉眼能够清楚观察到的。所以，安排监测人员定期沿管道巡视也能够提高管道监测的准确性和及时性。另外，可以借鉴城市煤气行业的经验，向 CO_2 中加入少量具有明显特殊气味的气味剂（如硫醚、二硫化物和含硫的环状结构化合物等）。一旦 CO_2 管道发生泄漏，管道沿线地区的居民和工作人员能够在很短时间内通过嗅出气味剂的味道而察觉 CO_2 事故的发生，提高管道事故监测的及时性，同时尽量减小人员伤亡。但是同时，向 CO_2 中添加气味剂通常会增加管道的运行成本，而且气味剂的存在也将导致注入地下的 CO_2 中含有更多的杂质。

E 管道运输的安全性及相关规范

2002 年，Gale 和 Davison 对美国正在运行的 CO_2 管道发生的安全事故进行了统计，统计数据显示，从 1990~2002 年共发生了 10 次管道泄漏事故，但都没有造成人员伤亡，事故的发生率为 0.00032 次/(km·a)。由于 CO_2 无毒、不可燃、与其他气体混合不会发生爆炸，因而 CO_2 管道泄漏的威胁远小于其他气体管道。但是当大气中 CO_2 的体积浓度超过一定值时，会对人类造成致命的伤害。CO_2 对人的影响见表 6-4。

表 6-4 大气中 CO_2 体积分数对人类的影响

大气中 CO_2 中的体积分数/%	影 响
0.03	无影响（正常情况下大气中 CO_2 的含量）
达到 7	呼吸加快
7~25	呼吸放慢渐停
超过 25~30	立即导致休克或死亡

当然，CO_2 对人的危害也会因人而异，一般来讲 6%~7%的 CO_2 体积分数是人类所能承受的极限。当 CO_2 的体积分数超过 9%时，绝大多数人都会在极短的时间内失去意识。在实施 CO_2 的管道运输时，必须采取相关措施将 CO_2 泄漏可能造成的风险降到最小。

在管线选择时，要尽量避开人口稠密地区。如果管道确需经过居民区，为了确保当地居民的安全，应该增加管线上隔断阀的设置。但也必须注意到隔断阀的增加同时也会带来管道泄漏风险的增加，其布置密度会受到当地地形、气候条件以及人口密度的影响，应当视具体情况而定。

CO_2 的密度大于空气密度，极易于在低洼地区积聚，因此在管线选择时，应尽量避免途经低洼地区，尤其是避免经过有人居住的低洼地区，以防管道泄漏造成不必要的伤害。应选择地势较高且通风条件良好的地区，以便可以及时驱散因管道泄漏而产生的 CO_2。

由于 CO_2 是一种无色无味的气体，一旦泄漏很难被人察觉，这无疑会增加 CO_2 泄漏所造成的潜在风险。为此，一般情况下，需要在 CO_2 中加入一些具有刺激性气味且无害的气体（如硫醇等），这样当 CO_2 泄漏时就会引起人们的警觉，做到防患于未然。此外，在管道经过地区还应竖立警示牌，以避免管道受外力破坏。

CO_2 在运输途中所接触到的人群会远高于 CO_2 的捕集与封存过程，公众对 CO_2 的运输可能会关注更多。鉴于 CO_2 的运输存在一定的风险，公众在心理上可能不能马上接受，这会给整个 CCUS 系统的运行造成一定的障碍。为此必须做好相关的宣传，加强相关领域的立法，保障 CCUS 的正常运行。

由于在国内尚没有 CO_2 管道运输的先例，所以还没有专门针对 CO_2 运输的相关标准和规范。但目前已有针对天然气管道运输的详细规范——《输气管道工程设计规范》（GB 50251—2015）。鉴于 CO_2 管道运输与天然气运输在很多方面极为相似，因此，在 CO_2 管道的工程设计中可以参考该规范执行。此外，在世界范围内通过管道运输 CO_2 已经有近 30 年的历史，美国的联邦规范第 195 部分（Code of Federal Regulations）、挪威标准 DNV 2000 等中都提到了 CO_2 的管道运输。在设计过程中，可以借鉴国外的相关规范，将其相关的实践经验、成果采纳进来。

6.1.3 CO_2 管道输送系统设计

6.1.3.1 管道设计

A 管道直径

对于陆地直管管道，管道直径计算式为

$$D = \left\{ \frac{8 \times 10^3 f Q_{\mathrm{m}}^2 L}{\rho \pi^2 [\rho g(Z_1 - Z_2) + (p_1 - p_2) \times 10^5]} \right\}^{\frac{1}{5}} \tag{6-1}$$

式中 D——管道内径，m；

   f——Darcy-Weisbach 摩擦系数；

   Q_{m}——质量流速，kg/s；

   L——管道长度，km；

   ρ——CO_2 的密度，kg/m³；

   g——重力加速度，m/s²；

Z_1，Z_2——管道起始/终止点的高度，m；

   p_1，p_2——管道入、出口压力，MPa。

管道摩擦系数 f 可以由 Swamel-Jain 公式确定，即

$$f = \frac{0.25}{\left[\lg\left(\dfrac{\varepsilon}{3.7D} + \dfrac{5.74}{Re^{0.9}} \right) \right]^2} \tag{6-2}$$

$$Re = \frac{4Q_{\mathrm{m}}}{\mu \pi D} \tag{6-3}$$

式中 ε——管道粗糙度，这里取 $\varepsilon = 0.0000457\mathrm{m}$；

   Re——雷诺数；

μ——CO$_2$ 的黏度，Pa·s。

此处应注意，这里管道直径的求解是一个重复迭代的过程。求解时，需要首先假定一个管道直径的初始值，然后依次代入式（6-3）和式（6-2），最后由式（6-1）求出一个新的管径值，用该值与初值进行比较，如果差别在可接受的范围内，则认为该值为管道直径。如果相差悬殊，则重复上述过程，直到满足要求为止。

CO$_2$ 的密度与黏度对管道设计极为重要，而它们又对温度与压力极为敏感，因而有必要寻找方法来确定不同温度与压力下 CO$_2$ 的密度与黏度。某一特定温度与压力下，CO$_2$ 的密度与黏度可以通过两种途径获得：一是通过 Natcarb 提供的 CO$_2$ 性质网上计算器近似求得；二是利用 McCollum 提供的六次回归多项式计算得出。

B 管道壁厚

管道壁厚的计算式为

$$t = \frac{p_{mop}D_o}{2SEF} \tag{6-4}$$

式中 t——管道壁厚，m；

p_{mop}——管道的最大运行压力，MPa；

D_o——管道外径，m；

S——管材的最小屈服强度，对 X-70，取 $S = 483$MPa；

E——焊缝系数，取 1.0；

F——强度设计系数，依据中国标准取 0.72。

设管线平均压力（p_{ave}）点处到管道起点的距离为 x，则

$$x = \frac{p_1^2 - p_{ave}^2}{p_1^2 - p_2^2}L \tag{6-5}$$

管道的平均压力计算式为

$$p_{ave} = \frac{2}{3}\left(p_1 + \frac{p_2^2}{p_1 + p_2}\right) \tag{6-6}$$

在管道壁厚设计时，从管线起点到平均压力点之间的管道壁厚按起点处的最高压力来设计，从平均压力点到管路末端的管道壁厚按管道的平均压力来设计。

6.1.3.2 CO$_2$ 管道输送系统的压缩方案

一般情况下，CO$_2$ 的压缩分为三步：初压缩（即入管前的压缩）、中间压缩（即中间压气站的压缩）、注入点的压缩，如图 6-3 所示。

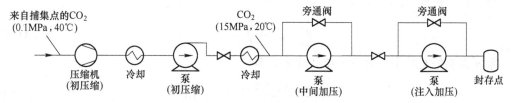

图 6-3 CO$_2$ 的压缩方案

A　CO_2 的初压缩

CO_2 流在运输途中，会由于管道摩擦、地势起伏等因素造成压力损失。因此，CO_2 的入管压力必须足够大，足以克服其在运输途中因压力损失而导致的输送困难。CO_2 的入管压力需要在综合考虑运输距离、管道摩擦以及管道途经地形等多方面因素后确定。入管前需要首先完成对 CO_2 的初压缩。

考虑到压缩机和压缩泵各自的工作特性以及它们在工作时效率与能量消耗的不同，通常将 CO_2 的初压缩分成两步进行：首先用压缩机将 CO_2 气体压缩为具有一定压力的液体，然后利用泵来进一步将其提压至规定的压力值。如图 6-3 所示，工程中常将（6MPa、23℃）点作为泵和压缩机的工作区间分界点，低于 6MPa 时采用压缩机压缩，高于 6MPa 后采用泵压缩。设初始捕集到的 CO_2 压力为 0.1MPa，则从 0.1MPa 到 6MPa 的压缩任务由压缩机来完成，从 6MPa 到入管压力的压缩任务由泵来完成。需要注意的是，经压缩机压缩后，CO_2 的温度可能会超过 23℃，为了确保通过泵时 CO_2 处在液态，必要时需要对 CO_2 进行冷却处理，使其温度不超过 23℃。

对于气体压缩机而言，其各级的压缩比可由式（6-7）确定，即

$$CR = \left(\frac{p_{\text{cut-off}}}{p_{\text{initial}}} \right)^{\frac{1}{N}} \tag{6-7}$$

式中　CR——各级压缩比；

　　$p_{\text{cut-off}}$——经压缩机压缩后 CO_2 的压力，MPa；

　　p_{initial}——压缩机压缩前 CO_2 的压力，MPa；

　　　N——压缩级数。

综合考虑压缩机的造价以及压缩比的合理性，这里取压缩级数为 5 级，则压缩比为 2.27。各级压缩所需要的功率可由式（6-8）确定，即

$$W_{\text{c-i}} = \frac{Q_{\text{m}} Z_{\text{ave}} R T_{\text{in}}}{M \eta_{\text{c}}} \frac{k_{\text{s}}}{k_{\text{s}} - 1} \left[(CR)^{\frac{k_{\text{s}}-1}{k_{\text{s}}}} - 1 \right] \tag{6-8}$$

式中　$W_{\text{c-i}}$——每一级所需要的功率，kW；

　　Z_{ave}——每一级中 CO_2 的平均可压缩系数；

　　　R——气体常数，8.314J/(mol·K)；

　　T_{in}——CO_2 在压缩机输入端的温度；

　　　M——CO_2 的相对分子质量；

　　η_{c}——压缩机的等熵效率；

　　k_{s}——每一级 CO_2 的比热容比，$k_{\text{s}} = c_{\text{p}}/c_{\text{v}}$。

压缩机所需要的总功率 $W_{\text{c-total}}$ 为

$$W_{\text{c-total}} = \sum_{i=1}^{5} W_{\text{c-i}} \tag{6-9}$$

泵所需要的总功率由式（6-10）确定，即

$$W_{\text{p}} = \frac{Q_{\text{m}}(p_1 - p_{\text{cut-off}})}{\rho \eta_{\text{p}}} \times 10^3 \tag{6-10}$$

式中　W_{p}——泵的总功率，kW；

p_1——CO_2 的入管压力；

ρ——CO_2 的密度；

η_p——泵的效率。

B 中间压气站的压缩以及注入压缩

如果管线距离太长，当管道内 CO_2 的压力降到 9MPa 时，就需对 CO_2 进行中间加压。在管道直径一定的前提下，由式（6-11）可求得压气站间的最大距离 L_{max}（km）为

$$L_{max} = \frac{D^5\rho\pi^2\left[\rho g(Z_1 - Z_2) + (p_1 - p_2) \times 10^6\right]}{8 \times 10^3 \times fQ_m^2} \tag{6-11}$$

如果封存点与距其最近的一个压气站间的距离 L' 小于压气站间的最大距离，该压气站的出口压力（$p_{cut-off}$）可以由式（6-12）得出，即

$$p_{cut-off} = \frac{8 \times 10^{-3} L'fQ_m^2}{D^5\rho\pi^2} + \rho g(Z_1 - Z_2) \times 10^{-6} + 9 \tag{6-12}$$

当 CO_2 运输到封存点时，如果其出口压力低于注入压力，则需要对 CO_2 继续加压。需要注意的是，此时 CO_2 的压力不再受管道所能承受压力极限的限制，只需满足注入的要求即可。

6.1.4　CO_2 输送系统工业应用

在实际的工业应用中，CO_2 的管道运输系统会因运量、运输距离的不同有很大的不同。这里以质量流速为 2000~20000t/d、运输距离为 200km 的管道运输系统为例，在一定的假设条件下，对管道运输系统的相关参数进行说明。

6.1.4.1　管道直径

管道直径的计算条件见表 6-5。

表 6-5　管道直径计算条件

项　　目	设定值	备　　注
管道运行温度/℃	20	
CO_2 入管压力/MPa	15	
管道内 CO_2 的最低压力/MPa	9	
管道运行压力/MPa	12.3	为管道平均压力，见式（6-6）
管道高差	0	
管道长度/km	200	

依据表 6-5 管道直径计算条件，联立式（6-1）~式（6-3），运用迭代计算的方法即可解出一定管长、一定流量下的管道直径。图 6-4 为管道长度 200km 时，不同 CO_2 流量下所对应的管道直径。从图中可以看出，随着 CO_2 流量的增加，管道直径的增加有逐渐放缓的趋势。

6.1.4.2　管道壁厚

管道壁厚的计算条件见表 6-6。

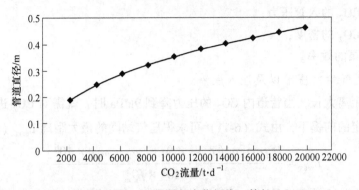

图 6-4 管道直径随 CO_2 流量的变化规律（管长 $L = 200km$）

表 6-6 管道壁厚计算条件

项 目	设定值	备 注
管道运行温度/℃	20	
管道起点压力/MPa	15	
管道末端压力/MPa	9	
管道平均压力/MPa	12.3	见式（6-6）
平均压力点处的坐标/km	$x = 104$	见式（6-5）
管道长度/km	200	

依据表 6-6 的管道壁厚计算条件，由式（6-4）即可解出一定管长、一定流量下的管道壁厚。当管长为 200km 时，不同 CO_2 流量所对应的管道壁厚的设计值见表 6-7。

表 6-7 不同 CO_2 流量下管道直径与管道壁厚对照表（管长 $L = 200km$）

CO_2 流量/t·d^{-1}	管道直径/mm	管道壁厚/mm	
		前 104km	后 96km
2000	190	4.5	3.5
4000	250	6.0	5.0
6000	290	7.0	5.5
8000	320	7.5	6.0
10000	350	8.0	6.5
12000	380	9.0	7.0
14000	400	9.5	7.5
16000	420	9.5	8.0
18000	440	10.0	8.5
20000	460	10.5	8.5

6.1.4.3 CO_2 初压缩所需的功率

计算 CO_2 初压缩所需功率的基本条件见表 6-8。

表 6-8　CO$_2$ 初压缩所需的功率

压缩机	压缩机的入口压力（即 CO$_2$ 的初始压力）/MPa	0.1
	压缩机的出口压力/MPa	6
	压缩级数	5
	各级压缩比	2.27
	CO$_2$ 在压缩机每级输入端的温度/K	313（40℃）
	压缩机的等熵效率/%	75
泵	泵的出口压力（也即 CO$_2$ 的入管压力）/MPa	15
	经过泵时 CO$_2$ 的密度/kg·m^{-3}	630
	泵的效率/%	75

其中，CO$_2$ 在压缩机各级的可压缩系数及比热容比的参考数值见表 6-9。

表 6-9　各级可压缩系数和比热容比参考数值

级数	平均可压缩系数 Z_{ave}	比热容比 k_s	压力和温度范围
1	0.995	1.277	1.0~2.3bar、356K
2	0.985	1.286	2.3~5.2bar、356K
3	0.970	1.309	5.2~11.8bar、356K
4	0.935	1.379	11.8~26.8bar、356K
5	0.845	1.704	16.8~60.0bar、356K

结合表 6-8 和表 6-9 的相关数据，通过式（6-7）~式（6-10），可以求得 CO$_2$ 初压缩所需的功率。图 6-5 为初压缩所需要的功率随 CO$_2$ 流量的变化规律。由图 6-5 可以很明显地看出：与压缩机所消耗的功率相比，泵所消耗的功率微乎其微。为了减少能量损耗，经压缩机压缩后，一旦 CO$_2$ 处于液态，剩下的压缩任务就应由泵来完成。

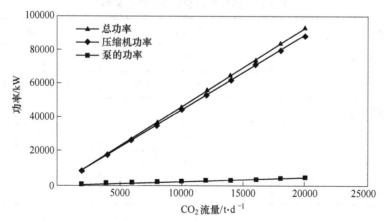

图 6-5　初压缩所需要的功率随 CO$_2$ 流量的变化规律

6.1.4.4　中间压气站间的最大距离

中间压气站间的最大距离的计算条件和管道直径的计算条件一样，由式（6-11）可以求得不同管径下中间压气站间的最大距离，如图 6-6 所示。

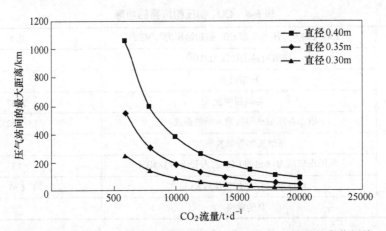

图 6-6   不同管径下，中间加压站间的最大距离随 CO$_2$ 流量的变化规律

由图 6-6 可以很明显地看出，中间加压站的最大距离间隔与所输送的流量呈非线性关系，当流量小于 8000t/d，该距离间隔随流量的增加急剧降低。同时，一定流量下管道直径越大，压气站间的距离就越大，也即管道能够顺利运行的距离越长。在这里，我们设定压气站间的最大距离为 200km。那么当运输距离超过 200km 时，就需要对 CO$_2$ 进行中间加压了。

6.1.4.5   CO$_2$ 管道运输的成本

结合中国的实际并借鉴国内天然气运输以及国外现有 CO$_2$ 管道运输的经验，初步估算了 CO$_2$ 的运输成本。这里，CO$_2$ 的管道运输成本包括管道本身的成本和中间压气站的成本，不包括 CO$_2$ 的初压缩成本和注入点的压缩成本，成本估算的基本条件见表 6-10。

表 6-10   CO$_2$ 管道运输成本估算条件

项 目	设定值	备 注
基准年份	2007	
汇率	1.0 美元 = 7.0 元人民币	1.0 欧元 = 10.0 元人民币
贴现率/%	10	
管道运输系统运行寿命/a	30	
电价/元 · (kW · h)$^{-1}$	0.35	
年运行时间/h	8760	全年运行

图 6-7 所示为不同 CO$_2$ 流量下系统总的建设成本随管道长度的变化规律。需要说明的是，当管线长度不及 200km 时，系统总建设成本只包括管道本身的建设成本，当管线长度超过 200km 时，系统总的建设成本为管道本身成本与中间压气站成本的总和。

图 6-8 为不同管长下运输每吨 CO$_2$ 所需的成本随 CO$_2$ 流量的变化规律。很明显，管道流量越大，运输每吨 CO$_2$ 所需的成本越小。

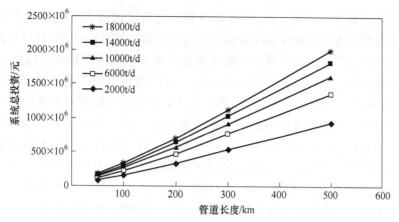

图 6-7　不同 CO_2 流量下系统总的建设成本随管道长度的变化规律

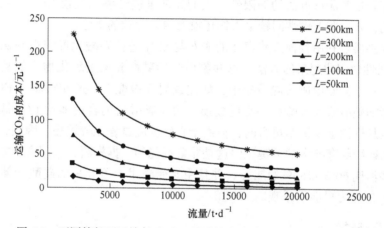

图 6-8　不同管长下运输每吨 CO_2 所需的成本随 CO_2 流量的变化规律

6.2　CO₂ 的封存

CO_2 封存技术已发展出多种类型，包括生态封存、地质封存、海洋封存、矿物封存、置换天然气水合物等，每种封存技术均有各自的独特之处。

6.2.1　概述

生态封存是指利用陆地和海洋生态环境中的植物、微生物等通过光合作用或化能作用来吸收和固定大气中游离的 CO_2，并在一定条件下实现向有机碳的转化，从而达到储存 CO_2 的目的。利用自然界光合作用来吸收并储存 CO_2，是控制 CO_2 排放的最直接且副作用最少的方法。陆地上森林、植被、土地微生物、草原、农作物、苔原和沼泽湿地、海洋藻类每年吸收 CO_2 5.5~7.3Gt。可通过大规模植树造林，增加绿化面积，并适当调整种植结构，种植含油量高、含淀粉量高的作物，这是理想的封存方法。其优点是成本低、不耗能，而且在生产出可再生能源的同时没有额外 CO_2 的净排放，实现碳资源的循环利用，达到 CO_2 减排和提供能源的双重目的。

地质封存是一种永久储存 CO_2 的有效方法，它是通过管道等技术将分离提纯后的 CO_2 注入地下深处具有适当封存条件的地层中储存起来，利用地质结构的气密性等特性来永久封存 CO_2，如油田、天然气田、含盐水层和不可开采煤层等都有可能成为 CO_2 地质封存的场所。地质封存 CO_2，虽然注入的 CO_2 不会严重污染地下水，却会降低地下水的 pH 值，从而腐蚀岩石。此外，对于 CO_2 深井注入是否会造成地面的不稳定尚无定论。

海洋封存的基本构想是将高纯的 CO_2 进行液化处理后，送到指定海域利用管道技术注入一定深度的海洋中，利用海水封存 CO_2。目前，CO_2 海洋封存的方案主要有两种：一种是利用 CO_2 能溶解于水的特点，通过船或管道将 CO_2 输送到封存地点，并注入 1000m 以上深度的海中，使其自然溶解；另一种是将 CO_2 注入 3000m 以上深度的海里，由于 CO_2 的密度大于海水，因此会在海底形成固态的 CO_2 水化物或液态的 CO_2 "湖泊"，从而大大延缓了 CO_2 分解到环境中的过程。虽然海洋封存 CO_2 的潜力非常巨大，但由于海洋生态系统的复杂性和测试方法的局限性，人们无法准确估测大规模 CO_2 的注入对海洋生态系统的影响，在一些关键性问题上人们还没有取得一致的看法。

矿物封存主要是利用各种天然存在的矿石与 CO_2 进行碳酸化反应得到稳定的碳酸盐而将 CO_2 永久性地固化起来的方法。这些物质包括碱性和碱土氧化物，如氧化镁和氧化钙等，一般存在于天然形成的硅酸盐中，如蛇纹岩和橄榄石。这些物质与 CO_2 发生化学反应后产生诸如碳酸镁和碳酸钙一类的物质。由于碳酸盐的自由能比 CO_2 低，因此，矿物碳酸化反应从理论上来讲是可行的，但由于自然反应过程比较缓慢，因此，提高碳酸化反应速率成为矿物封存技术的关键，但这是非常耗能的。据推测，采用这种方式封存 CO_2 的发电厂要多消耗 60%~180% 的能源、并且由于受技术上可开采的硅酸盐储量的限制，矿物封存 CO_2 的潜力可能不乐观。

6.2.2 CO_2 生态封存

6.2.2.1   森林碳汇

森林是最大的碳库，它占陆地生态系统地上部分碳库的 60%。土壤碳库的 45%，陆地生态系统与空气交换 CO_2 的 90% 发生于森林。森林不仅在维护区域生态环境上起着重要作用，而且在全球碳平衡中也有巨大贡献。森林与大气中的物质交换主要是 CO_2 和氧气的交换，即森林固定并减少大气中的 CO_2，同时提供并增加大气中的氧气。这对维持地球大气中的 CO_2 和氧气的动态平衡，减少温室效应及提供人类的生产基础来说，有着巨大的作用和不可替代的地位。研究数据表明，森林每生长 $1m^3$ 的生物量，平均吸收 1.83t CO_2。

在一系列气候变化领域的国际谈判中，国际社会对森林吸收 CO_2 的汇聚作用越来越重视，如《波恩政治协议》《马拉喀什协定》等都将造林、再造林等林业活动纳入《京都议定书》确立的清洁发展机制，鼓励各国通过绿化、造林来抵消一部分工业源 CO_2 的排放。我国政府对开展造林、再造林碳汇项目及相关工作给予了充分重视和积极支持，国家林业局等有关方面积极组织开展林业碳汇方面的研究工作。

6.2.2.2   湿地碳汇

湿地是世界上最具生产力的生态系统之一。据统计，全球湿地面积约为 5.7 亿公顷，占地球陆地面积的6%，其中，湖泊为2%，酸沼为30%，碱沼为26%，森林沼泽为20%，洪泛平原为15%。红树林覆盖了约2400万公顷的沿海地区，估计全球还保存了6000万公顷的珊瑚礁。全球泥炭湿地面积约占湿地总面积的50%。泥炭地的形成、范围和类型依赖于气候变化，在北美洲、亚洲和欧洲分布最为广泛，在东南亚热带地区有世界上现存最大的泥炭沼泽森林地。泥炭湿地是碳的"汇"。容纳的碳是热带雨林碳储量的3~3.5倍，因而它也作为一个重要的碳库，对全球碳循环和减缓气候变化的速度有重要作用。研究认为，仅占地球陆地面积6%的湿地却拥有陆地生物圈碳素的35%。湿地是全球最大的碳库，碳总量约为770亿吨。

湿地具有如此强大的固碳功能，是因为沼泽通常在多水条件下，沼生植物死亡后，其植物残体在厌氧环境里分解缓慢或不易分解而使有机质聚集，通过泥炭化过程和潜育化过程形成沼泽土壤，其中潜育沼泽土的有机质含量多为10%~20%，而泥炭沼泽土的有机质含量可高达50%~90%。如果沼泽被排水后，泥炭分解作用加快。从全球角度看，如果沼泽全部排干，则碳的释放量相当于目前森林砍伐和化石燃料燃烧排放量的35%~50%。

综上所述，可以认为湿地在减缓气候变化影响方面至少起两个主要的作用，一是在温室气体（尤其是碳化合物）管理方面的作用；二是在物理上缓冲气候变化影响方面的作用。同时，气候变化对湿地的功能、面积和分布产生重要影响，因此，湿地与气候变化之间的关系是相互影响、相互作用的。

6.2.2.3 城市园林绿地碳汇

城市生态系统中具有自净能力及自动调节能力的园林绿地，在维持城市生态平衡和改善城市生态环境方面起着其他基础设施所不可替代的作用。我国现行城市园林绿地按功能一般分为：公共绿地、居住区绿地、单位附属绿地、防护绿地、风景林绿地、生产绿地六种不同类型。

研究表明，在植物生长季节，全球大气中的 CO_2 要减少3%，大约相当于41亿吨净碳。据计算，每立方米森林每日能吸收1t CO_2，放出0.73t氧气；生长良好的草坪，每平方米每小时可吸收1.5g CO_2。每个成年人平均每天消耗0.75kg氧气，排出0.9kg CO_2，因此城市中的森林面积要达到0.001m^3/人，或草地面积25m^2/人，才能满足人们呼吸的需要。如果考虑城市燃料燃烧放出的 CO_2 和消耗的氧气，必须增大绿地面积，才能维持城市及工矿区的碳氧平衡。城市园林绿地通过光合作用释氧固碳的功能，在城市低空范围内能调节和改善城区的碳氧平衡，缓解或消除局部的缺氧，改善局部地区的空气质量，这种功能是在城市环境这种特定的条件下其他手段所不可替代的。

6.2.2.4 海洋生物固碳

虽然陆地植物具有强大的固碳能力，但是，这种方法的固碳作用由于森林破坏、植被减少而逐渐被弱化。地球上曾拥有的76亿公顷森林资源在人类的过度砍伐下仅存2.8亿公顷，而且正以20公顷/min的速度消失。在这种情况下，小范围的植树如同杯水车薪，难以逆转 CO_2 排放增加的趋势。然而，生物吸收 CO_2 的方法并非穷途末路，研究发现，海洋生物吸收 CO_2 的潜力很大。日本环保科学家已经筛选出几种能在高浓度 CO_2 下繁殖的海藻，并计划在太平洋海岸进行繁殖，以吸收附近工业区排出的 CO_2。美国一些研究人员拟以加州巨藻为载体，在其上繁殖一种可吸收 CO_2 的钙质海藻，它吸收 CO_2 后形成碳酸钙沉入海底，之后腾出巨藻表面可供继续繁殖。这些探索如能成功，必将减轻因削减 CO_2 排放而对经济增长造成的压力，具有深远的意义，但在海洋生物法储存 CO_2 的机理方面，尚需做大量的研究工作。

6.2.3 CO_2 地质封存

6.2.3.1 CO_2 地质封存的机理

CO_2 地质封存是指将从排放源捕获到的 CO_2 注入各种地质构造中，利用其封闭作用将 CO_2 长期与大气相隔离的过程。CO_2 地质封存的概念是基于地下存在大量封存有流体的地质构造（储层）这一自然现象而提出的。研究人员认为，既然这些地质构造（储层）能够在漫长的地质时期中封存住大量流体，那么这些储层也可以被用于封存大量的 CO_2。这就是 CO_2 地质封存思路的由来。

CO_2 地质封存是通过一系列复杂的地质物理/化学机制实现的。对于不同类型的地质储层，CO_2 地质封存的具体实现过程可能略有差别，不过在基本的地质封存机制上差别并不大。为了让读者对 CO_2 地质封存的实现过程有一个比较清晰的了解，在这里先介绍 CO_2 地质封存实现的一般原理，然后再对各种 CO_2 地质封存项目的详细工作机理分别进行介绍。在各种可用于 CO_2 封存的储层中，CO_2 在盐水层中的封存是最典型的一种，盐水层实现 CO_2 封存的过程包含了 CO_2 地质封存涉及的大多数典型封存机制，因此，在这里以盐水层为例详细介绍储层实现 CO_2 长期封存的各种机制。

一般而言，CO_2 在盐水层中的长期封存是通过以下几种机制实现的。

A 构造封闭

构造封闭（stratigraphic trapping）是实现 CO_2 封存最重要的一种机制。CO_2 在注入储层中之后，由于密度一般比储层原有流体小，因此会逐渐上浮。为保证将 CO_2 封闭在储层之中，储层的上方必须拥有一个良好的"盖层"以"盖住"下方的 CO_2。盖层一般是由非常致密的岩石组织构成的地层结构。盖层中一般没有或只有非常微小的孔隙结构，渗透率非常低，上浮到盖层位置的 CO_2 无法通过渗透等作用通过盖层，从而牢牢地将 CO_2 困在盖层的下方（见图6-9）。另外，由于 CO_2 注入储层后有可能在水平方向发生移动，因此盖层需具有较大的水平面积，以防止 CO_2 运动到盖层边缘并进入周围的地层。在某些情况下，储层自身的性质也会沿水平方向逐渐发生变化，最终变为不可渗透的岩石结构，在这种情况下，储层就形成了一种自封闭的结构。

除渗透率低外，一个良好的盖层还应具有较高的断裂强度，以确保盖层在 CO_2 注入过程中不产生裂缝或断层。如果盖层产生了断裂，将可能为注入储层的 CO_2 提供渗透的通道，造成 CO_2 泄漏。盖层对 CO_2 的构造封闭作用是在 CO_2 被注入地下储层之后开始的数十年甚至数百年中最主要的封存机制。

通常，能够作为盖层的岩石类型包括粉砂岩、泥岩、硬石膏、页岩等。粉砂岩、泥岩都是由细小的岩石颗粒在较高的压力作用下形成的，孔隙度非常小；硬石膏是一种蒸发岩，孔隙度很小，而且在1000m以下的较高地层压力下，硬石膏具有良好的延展性和可塑性，在压力下能够发生弯曲而不易产生断裂，因此是很好的盖层类型。页岩则是人类目前探明的大部分油气田的盖层类型（约占60%），剩余40%的油气田的盖层一般都是硬石膏。

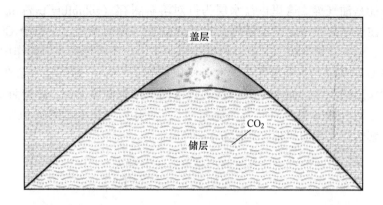

图 6-9 盖层实现对注入储层 CO₂ 的"构造封闭"的原理示意图

B 残相封闭或毛细管封闭

用于 CO₂ 地质封存的储层一般都具有一定的孔隙度，也就是说，储层会存在一定数量的孔隙空间，这些孔隙空间有时也被称为毛细管。CO₂ 被注入储层中后，在注入压力和向上的浮力的共同推动下，CO₂ 将会进入到这些孔隙空间中。在这些孔隙空间中间，可能会存在一定数量的狭小的通道，CO₂ 需要在较大的压力下才能够"挤"进去。而且，在CO₂ 被挤进去的过程中，原来占据这些窄小通道的流体会被挤出。由于这些通道的尺寸非常小，CO₂ 一旦被挤进之后，大部分都会由于无法突破通道外部流体的压力而被长期封在了里面。这就是能够实现将 CO₂ 长期封存在储层中的第二种物理机制，通常被称为残相封闭或毛细管封闭（residual trapping），如图 6-10 所示。

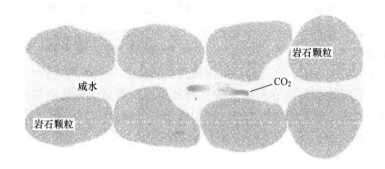

图 6-10 残相封存机制原理示意图

残相封闭也是 CO₂ 地质封存中非常重要的一种封存机制。与地层封闭和构造封闭有所不同，残相封闭的过程并不会在 CO₂ 注入储层之后马上发生，该过程往往需要 CO₂ 注入一段时间之后才能发生。残相封存也是 CO₂ 注入储层后 100~1000 年的时间中最重要的封存机制之一。

C 溶解封存

在注入 CO₂ 之前，储层之中通常原本会充满或充有一定数量的流体，这些流体可能是盐水，也可能是油气等。这里以盐水层为例对溶解封存（solubility trapping）的机理进行介绍。CO_2 在水中具有一定的溶解度，在注入储层一段时间后，一部分 CO_2 会逐渐溶解在盐水中。CO_2 一旦被溶解，其就不再处于自由态，也不再受到浮力的作用。而且，溶解了 CO_2 并达到饱和的盐水的密度会增大，所以溶解了 CO_2 的饱和盐水会在重力的作用下缓慢下沉到储层的下部，而未溶解 CO_2 的盐水则上浮到储层上部，并溶解更多的 CO_2。经过一段时间之后（通常是几百年甚至上千年），会有相当比例的 CO_2 被溶解在盐水之中，这就是溶解封存实现的机理，如图 6-11 所示。

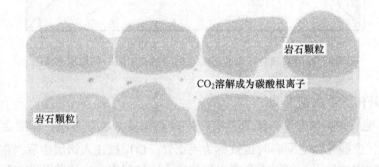

图 6-11　储层中 CO_2 溶解封存机制原理示意图

随着 CO_2 不断被溶解，并随盐水运动到储层的下方，储层内部的压力以及大量 CO_2 聚集在盖层下方对盖层的浮力也会随之降低，因此 CO_2 在压力或浮力的作用下渗透过盖层、沿盖层的微小缝隙通过盖层，或是盖层因压力发生断裂导致 CO_2 大规模泄漏的概率也随之逐渐降低，从而使得 CO_2 地质封存储层的安全性不断提高。溶解封存机制通常会在 CO_2 注入储层之后很快就可以发生作用，但是幅度极慢，在数百年甚至上千年中才有可能对 CO_2 地质封存的最终实现发挥显著的作用。

对于溶解封存，有一点需要特别注意。CO_2 溶解在储层流体中并不能保证 CO_2 从此就会永久停留在储层流体中，在外部环境突然发生变化时——比如储层压力突然下降或是温度突然上升，溶解的 CO_2 还有可能被突然释放出来。这对于强化石油开采（EOR）封存活动影响很大：由于随着原油的采出，储层的压力可能会随之下降，这可能造成溶解在水或原油中的 CO_2 突然析出或溶解，并进一步加剧油层内部压力的波动情况。

D　矿化封存

CO_2 溶解在储层中后，一部分 CO_2 会与水发生化学反应。反应的化学方程式为

$$CO_2(g) + H_2O \rightleftharpoons H_2CO_3 \rightleftharpoons HCO_3^- + H^+ \rightleftharpoons CO_3^{2-} + 2H^+$$

CO_2 与水之间反应生成碳酸，碳酸是一种酸性较强的弱酸，碳酸随后会在水中电离出 H^+、CO_3^{2-} 和 HCO_3^- 等离子，使得盐水具有一定的酸性。储层中的多孔岩石结构一般多为砂岩、石灰岩、白云石等岩石组织，其主要成分为 Ca、Mg、Al 等的碳酸盐和硅酸盐，CO_2 溶解形成的碳酸能够与这些岩石结构发生缓慢的化学反应，方程式分别为：

$$3KAlSi_3O_8 + 2H_2O + 2CO_2 \rightleftharpoons KAl_2(OH)_2(AlSi_3O_{10}) + 6SiO_2 + 2K^+ + 2HCO_3^-$$

$$3NaAlSi_3O_8 + 2H_2O + 2CO_2 \rightleftharpoons NaAl_2(OH)_2(AlSi_3O_{10}) + 6SiO_2 + 2Na^+ + 2HCO_3^-$$

$$3CaAl_2Si_2O_8 + 4H_2O + 4CO_2 \rightleftharpoons CaAl_4(OH)_4(AlSi_3O_{10})_2 + 2Ca(HCO_3)_2$$

$$CaCO_3 + H_2O + CO_2 \rightleftharpoons Ca(HCO_3)_2$$

$$CaMg(CO_3)_2 + 2H_2O + 2CO_2 \rightleftharpoons Ca(HCO_3)_2 + Mg(HCO_3)_2$$

储层岩石通过与碳酸发生反应，碳酸逐渐被转化为碳酸氢盐和硅酸盐，盐水中碳酸数量逐渐减少，盐水的酸性被不断中和。根据化学平衡的原理，随着盐水中碳酸含量的降低，盐水中更多的 CO_2 继续与水反应生成碳酸，同时碳酸又不断随着与岩石的反应被消耗。同时，随着溶解的 CO_2 更多与水反应，盐水中溶解的 CO_2 的数量也不断减少，原来受限于 CO_2 的溶解度而没有溶解的 CO_2 又不断溶解。这样一个过程可以简单地用图 6-12 来展示。

图 6-12　注入的 CO_2 从溶解一直到与岩石发生反应的过程链示意图

这样一来，随着时间不断地推移，位于 CO_2 和盐水交界面的 CO_2 数量随着"溶解→生成碳酸→电离→与岩石反应"整个链条的逐渐向右进行而不断减少，而最终通过与岩石反应不断被消耗的 CO_2 的数量则不断增多，直到整个反应系统达到平衡为止。到这时，注入储层的 CO_2 中已经有相当一部分被溶解在盐水中，一部分 CO_2 与盐水反应生成了碳酸，一部分生成的碳酸则电离为 H^+ 和 HCO_3^- 两种离子，更有相当大的一部分碳酸则通过与岩石之间的中和反应最终生成了碳酸氢盐和硅酸盐（由于碳酸氢盐和硅酸盐的溶解度都很小，因此，这些碳酸氢盐大部分都会附着在储层原来的多孔岩石结构表面，成为岩石结构的一部分）。至此，整个储层中的压力以及自由态的 CO_2 含量降到了自 CO_2 注入完成以来的最低水平，盖层受到的来自 CO_2 的浮力大大降低，储层的安全性也将达到注入完成以来的最高水平。

上面所介绍的整个过程是实现 CO_2 长期封存的最后一种机制，通常被称作矿化封存（mineralization trapping），如图 6-13 所示。虽然 CO_2 的矿化从 CO_2 开始溶解在盐水中就开始发生，但是由于几乎所有的化学反应速度都非常慢，因此矿化封存的整个过程几乎要延续上千年的时间才能最终完成。

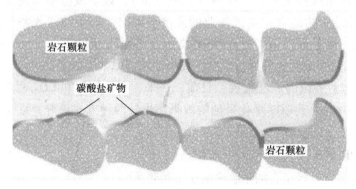

图 6-13　储层中 CO_2 矿化封存机制原理示意图

目前，人类考虑的 CO_2 地质封存项目类型包括：CO_2 强化石油开采（EOR），CO_2 强化天然气开采（EGR），CO_2 强化煤层气开采（ECBM），盐水层封存、其他类型储层封存（盐岩、油页岩、盐穴）等，如图 6-14 所示。目前研究较多的是盐水层封存、EOR 以及 ECBM，其中，EOR 和 ECBM 既是实现 CO_2 地质封存的方式，同时也是实现 CO_2 利用的方式。

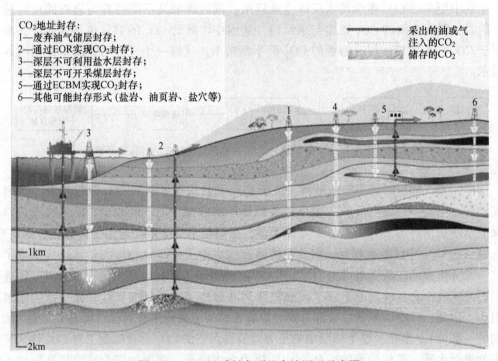

图 6-14　CO_2 地质封存项目实施原理示意图

6.2.3.2　CO_2 强化石油开采

在原油生产的第一阶段（一次采油），一般是利用油藏自身的压力进行开采，该阶段的采收率一般只能达到 15% 左右；当油藏压力衰竭时，可以通过向油层注水补充油藏的压力继续采油，即原油开采的第二阶段（二次采油），该阶段能够实现的采收率通常为 30%~40%。当该油田的油水比接近作业的经济极限时，即采油的收益与成本几乎相同时，则开始进入三次采油阶段，这个阶段被称为"强化开采"（enhanced oil recovery，EOR）。EOR 技术是维持老油田石油产量、提高油藏的原油采收率和资源利用率的有效方法，因此得到了世界各国的广泛重视。目前，热采、聚合物驱和 CO_2 驱为世界三次采油的主要方法，其中，由于 CO_2 强化采油的效果比另外两种方式更好，近年来 CO_2 驱油的 EOR 受到了越来越多的重视。

A　CO_2-EOR 的基本原理和工作流程

CO_2-EOR 能够有效提高石油采收率的主要机理为：

（1）溶解气驱的作用。随着油井生产，生产井附近的油藏压力下降；而注入 CO_2 之后，油藏的压力得到一定程度恢复，从而使原油生产得到维持。

（2）降低原油黏度。CO$_2$ 溶解于原油之中，可以降低原油的黏度，增加原油流动性，进而提高原油产量。原油黏度的下降幅度取决于压力、温度，以及原油原始黏度的大小。一般而言，原油原始黏度越高，CO$_2$ 作用下黏度降低的百分比越大，即 CO$_2$ 驱对中质油和重质油的降黏作用更明显，饱和 CO$_2$ 后黏度减小量在 90% 以上。当原油饱和 CO$_2$ 后，再增加压力，由于压缩作用，原油黏度反而可能增加。

（3）使原油体积膨胀。CO$_2$ 溶解于原油之后，可使原油体积膨胀，从而提高驱油效率。根据压力、温度以及原油组分的不同，原油体积的增加可达 10% ~ 100%。随原油中 CO$_2$ 浓度的增加，膨胀系数增加；在一定的 CO$_2$ 浓度下，轻质油的膨胀系数大于重质油。

（4）混相效应。CO$_2$ 与原油混相后，不仅能萃取和汽化原油中的轻质烃，而且还能形成 CO$_2$ 和轻质烃混合的油带。油带移动是最有效的驱油过程，它可以使采收率达到 90% 以上。混相的最小压力称为最小混相压力，取决于 CO$_2$ 的纯度、原油组分以及油藏温度。

（5）改善原油与水的流度比。大量的 CO$_2$ 溶于原油和水，将使原油和水碳酸化。原油碳酸化之后，黏度降低，流度升高；水碳酸化之后，黏度升高，而流度降低。在 CO$_2$ 的作用下，油和水的流度趋于接近，因而能够改善油与水的混合流动性，从而提高原油采收率。

（6）降低界面张力。实验结果表明，残余油饱和度随着油水界面张力的降低而减小。多数油藏的油水界面张力为 10 ~ 20mN/m，当界面张力降到 0.04mN/m 以后，采收率便会明显提高。CO$_2$ 萃取和汽化原油中的轻烃后，可大幅度降低油水界面的张力，减小残余油饱和度，从而提高原油采收率。

（7）提高渗透率。碳酸化的原油和水，不仅可以改善原油和水的流度比，还有利于抑制黏土膨胀。CO$_2$ 溶于水后呈弱酸性，能与油藏的碳酸盐反应，使注入井周围的油层渗透率提高。因此，碳酸盐油藏更有利于 CO$_2$ 驱油。

典型的 EOR 项目包括 CO$_2$ 注入井和采油井，其工作流程一般为：首先，向注入井中持续注入 CO$_2$ 一段时间；注入油藏的 CO$_2$ 首先与能够驱扫到的范围内的原油发生混相作用，降低原油黏度和其在岩石表面的附着力，增强原油的流动性。而后，停止 CO$_2$ 的注入，再向注入井注入水一段时间，以进一步提高油层内部的压力，并依靠水的压力推动前面形成的混相原油/CO$_2$ 混合物朝着采油井的方向移动；随后停止注水，再重新向 CO$_2$ 储层中注入 CO$_2$，开始新一轮的注 CO$_2$→注水→注 CO$_2$ 循环，实现油田强化采油的持续运行。图 6-15 为典型的 CO$_2$-EOR 项目的工作原理和流程示意图。根据美国和加拿大长期进行 EOR 活动的一些数据，经过 CO$_2$ 三次采油的油层的最终原油采收率一般能够达到 25% ~ 70%，因此 EOR 能大幅提高原油产量开始出现下降的老油田的经济效益，同时提高石油资源的有效利用率。

在通过 CO$_2$-EOR 进行采油活动的过程中，除一部分的 CO$_2$ 随原油沿采油井重新流回地表外（这部分 CO$_2$ 可以在气液分离后重新进行注入），另一部分 CO$_2$ 则会留在油藏之中而不会重新回到地面，通过油藏的封存作用实现这部分 CO$_2$ 的地质封存。不过，这里需要提醒的一点是，要实现停留在油藏中的 CO$_2$ 的长期封存，在 EOR 采油活动结束之后，需要将连通油层以及地表的注入井和采油井全部封死。

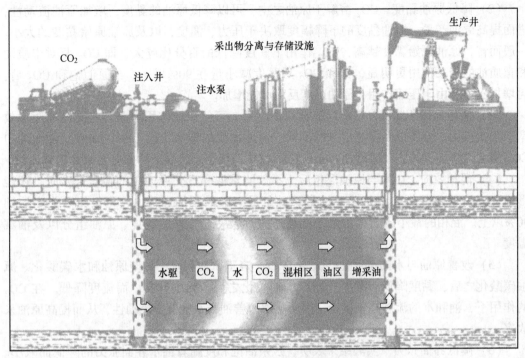

图 6-15　典型的 CO_2-EOR 项目的工作原理和流程示意图

B　CO_2-EOR 的驱油方式

综合利用 CO_2 驱油的机理，CO_2-EOR 的驱油方式主要有以下三种：

（1）混相驱油。混相驱油的基本机理是驱替剂（注入的气体）与被驱动流体（地层原油）在油藏条件下形成混相，消除界面，使多孔介质中的毛细管力降至零，从而降低因毛细管效应导致的被圈捕的石油量，原则上可以使微观驱油效率达到 100%。CO_2 混相驱油的主要机理是 CO_2 抽提原油中的轻质成分或使其汽化，从而实现混相以及降低界面张力。根据经验。相对密度小于 0.9042 的原油宜采用 CO_2 混相驱。CO_2 混相驱对开采水驱效果差的地渗透油藏、水驱完全枯竭的砂岩油藏、接近开采经济极限的深层轻质油藏，以及多盐丘油藏具有更重要的意义。

（2）非混相驱油。CO_2 非混相驱油的主要机理是降低原油黏度，使原油体积膨胀，减小界面张力，抽提和汽化原油中的轻烃。当地层及流体的性质决定油藏不能采用混相驱时，利用 CO_2 非混相驱替的机理，也能达到提高原油采收率的目的。CO_2 非混相驱替的主要应用场合包括开采低渗透油藏，开采高倾角、垂向渗透率高的油藏，以及开采重油和高黏度原油。

（3）单井非混相 CO_2 吞吐开采技术。相对而言，CO_2 吞吐开采技术具有投资低、回收成本快的特点。通常，该方法是向生产井注入大量 CO_2，然后关井 1 个周期，使 CO_2 浸泡原油，溶解在原油中。降低原油黏度，增加原油动能。然后重新开井生产。原油产量由上升到稳产，最长的稳产期达 48 个月。

这种方法与常规稠油开采的蒸汽吞吐工艺近似，但是这种周期注入 CO_2 的方案，不仅适用于常规稠油，而且适用于开采轻质油。当残余油饱和度很低，油井处于或接近经济极限，再采用大面积提高采收率的方法已经不适宜和不经济时，该方法尤其具有吸引力。

C 适合开展 CO_2-EOR 的油藏

前面介绍了 CO_2-EOR 提高油藏原油采收率的机理。一般来说，通过实施 CO_2-EOR，大多数油藏的原油采收率都能够提高 7%~15%，油井生产寿命能够被延长 15~20 年。美国是世界上 EOR 技术发展最成熟的国家，目前 EOR 采油所产原油已占美国原油产量的 31%。

不过，这里需要说明的一点是，并不是所有油田在实施 CO_2-EOR 后产量一定会增加。这是因为：

（1）注入 CO_2 虽然能大幅降低原油的黏度，改善原油的流动性，但在实际实施时，因 CO_2 黏度低（处于超临界状态时，黏度小于 0.1mPa·s），容易造成气体向油层深部窜流。这虽然能够形成更深的过渡带，有利于原油的采出，但是大量 CO_2 比较容易形成连续相（气窜，即注入井和采油井之间形成连续的 CO_2 通道），因此在注气工艺上，必须在保证 CO_2 注入速度的前提下，有效控制 CO_2 的波及面积。

（2）孔喉大小分布、重力影响、润湿性、水锁现象等因素会影响该技术的效果。因此，在制订 CO_2 注入方案时，要特别注意界面张力、流度比和孔喉大小分布三种因素的协调，只有这样才能获得高的注气效率和原油采收率。

（3）目前，比较成功的 CO_2-EOR 案例一般都符合以下条件：在距地面 800m 或更深的地方，原油为轻质油（至少 23°API，相当于密度为 0.91g/cm³），油层压力远大于最小混相压力（MMP），砂岩油层净厚度小于 20m，储集层均质性强。因此，该技术不适宜在以重质油或油砂为主的油藏中使用。

（4）要对油田实施 CO_2-EOR，油田要处于三次采油阶段，且其残余油饱和度应大于 30%。但目前很多油田未达到此阶段。

（5）有气顶（油藏上方、盖层下方存在汇集的大量气体）的油藏不适宜进行 CO_2-EOR 作业。

（6）裂缝发育的油藏不适合 CO_2-EOR 技术。

（7）垂直渗透率/水平渗透率比值、孔隙度越大，越不利于 CO_2-EOR 的实施。

（8）CO_2-EOR 混相驱可以形成稳定的混相带前缘，该前缘作为单相流体移动并把原油驱替到采油井，微观驱替效率接近 100%。该方法通常用于原油密度小于 0.89g/cm³，油层温度小于 120℃，地层压力大于 9.6MPa 的油层。因此，CO_2 混相驱仅适用于油藏压力大于或等于混相压力的油藏，一般情况下，适用于中、深层油藏。而非混相驱适用于相对密度高（0.91~0.95g/cm³）的油藏。

（9）CO_2 气源与油藏之间的距离对 CO_2-EOR 项目的效益有直接的影响。两者之间距离越短，则获取、运输和处理 CO_2 所需的费用就越低，EOR 项目的经济效益就有可能越好。

（10）油藏经内部天然的压力驱和人工水驱开发后，原始状态下地层流体的平衡状态已经完全被打破，形成十分复杂的不稳定分布状态；储层结构、流体性质、压力场、流体与储层结构的相互作用关系等均与原始状态有很大差别。因此，在实施 CO_2-EOR 前，需要更详尽的地质资料。

适合于 CO$_2$-EOR 以及 CO$_2$ 封存的油藏的选择受到技术和经济上的制约。初步的技术评定指标包括：筛选 EOR 和储存的匹配性，对合适的油藏进行技术分级，增产油量和 CO$_2$ 储存量预测。此外，技术上还需要根据油藏的外在条件进行筛选，如地面设备、CO$_2$ 气源和费用以及其他经济方面的因素等。

参数优化方法可以对 CO$_2$-EOR 的油藏进行技术评价，有学者做了相应的油藏模拟研究，得到了适合 CO$_2$-EOR 的最优油藏参数，以及这些参数的相对重要性，体现为加权因子，可以参考表6-11。对于分析的任何一组油藏参数，离最优参数越远，技术上越不适合 CO$_2$-EOR 以及 CO$_2$ 的储存。

表 6-11 适合于 CO$_2$-EOR 的最优油藏参数和加权因子

油藏参数	最优值	加权因子
API 重度/°API	37	0.24
剩余油饱和度/%	60	0.20
超过 MMP 的压力/MPa	1.4	0.19
温度/℃	71	0.14
净油层厚度/m	15	0.11
渗透率/mD	300	0.07
油藏倾角/(°)	20	0.03
孔隙率/%	20	0.02

关于用于 EOR 活动的 CO$_2$ 的纯度，目前仍无定论。一般认为，CO$_2$ 的浓度达到90%以上即可满足 EOR 采油活动的需要。

D 开展 CO$_2$-EOR 的意义

根据美国和加拿大长期开展 CCUS 的经验数据以及中国在吉林油田开展 EOR 先导性试验的结果，在进行 CO$_2$-EOR 时，在每一轮的驱油循环中，注入的 CO$_2$ 中平均有1/3留在油田中，而剩余的2/3则随产出的原油重新回到地表，经过分离后，进入下一轮的驱油循环。通过这样持续运行，就能在增加原油产出的同时实现将 CO$_2$ 封存在油层中的目的。而且，与盐水层 CO$_2$ 封存相比，CO$_2$-EOR 封存有一些非常明显的优势：

（1）人类对于已开发油田的地质情况已经有了充分的了解，因此可以节省大量的勘探成本；另外，油田长期封存大量原油的能力能够充分说明油田作为流体封存储层的有效性和可靠性；而人类对于全世界盐水层的分布以及这些盐水层具体地质情况的了解远不如油田充分，勘探成本高，而且选址失败的风险远高于在油田进行 EOR 封存。

（2）迄今，全世界仅有挪威 Sleipner 和 Snohvit 两个大型盐水层封存示范项目，相关技术还不成熟，关于盐水层 CO$_2$ 封存的物理/化学机制也还没有完全了解清楚；而 EOR 在美国和加拿大已经有30余年的发展历史，属于成熟技术，技术风险远小于盐水层封存。

（3）进行 CO$_2$ 地质封存需要大量的地表和地下基础设施，包括输送管道、井、地面和井下监测设备等，建设这些基础设施需要花费很高成本。如果选择盐水层进行 CO$_2$ 封存，需要从头建设一整套基础设施，投资巨大；而如果开展 CO$_2$-EOR，则油田勘探开发时建成的大量基础设施都可延续使用，从而提高基础设施的利用效率，并节省大量成本。

（4）CCUS 项目总投资巨大（主要是捕获单元），这也是阻碍 CCUS 大规模实施的最大障碍之一。如果开展 CO$_2$-EOR，则能够同时实现原油增产和 CO$_2$ 封存，产生可观的经济收益，这将能部分或是全部抵消 CO$_2$ 捕获、运输等过程的高昂成本，从而推动 CCUS 产业的发展和技术进步。

EOR 对中国有着巨大意义。近年来，中国的石油需求迅速增长。2013 年，中国的原油消费量达到 4.73 亿吨，而同期国内石油产量仅为 1.93 亿吨，进口依存度达到 59%。而且，大庆等主要油田经过长期开采，现已接近二次采油的后期，原油产量已经开始出现萎缩。为提高国家石油安全，降低石油进口依存度，一方面需要勘探开发新油田，另一方面还需设法重新提高老油田的石油产量。EOR 就为中国提高大庆、胜利等老油田的石油生产量提供了一条很有希望的道路。而且，通过实施 EOR，一方面能够提高我国的能源安全，另外还能以较低成本实现可观的 CO$_2$ 封存量，帮助中国履行减排义务。发展 EOR 对中国来说同时具有提高石油自给率以及减少 CO$_2$ 排放的双重意义。因此，EOR 技术的发展得到了中国政府的高度重视。

综合前面对于 CO$_2$-EOR 技术特点、性能、CCUS 发展障碍以及 EOR 对中国意义等的全面分析，EOR 将是中国未来发展 CCUS 最有希望优先发展的技术。

6.2.3.3 CO$_2$ 强化天然气开采

除可用于强化石油的采收外，CO$_2$ 还能被用于强化天然气的开采（enhanced gas recovery，EGR）。天然气的开采需要天然气藏有一定的压力。随着天然气开采的持续进行，气藏压力逐渐下降，当下降到一定程度之后，气藏的压力已经无法提供天然气采出的动力，从而成为废弃气藏。此时，通过向气藏注入 CO$_2$，气藏内部压力得到恢复。同时，在气藏条件下，CO$_2$ 一般处于超临界状态，黏度和密度远大于甲烷。随着注入量的增加，CO$_2$ 将向下移动，而甲烷气体则向气藏顶部移动，同时气藏压力得到恢复，这样可以稳定地将甲烷驱替出来，并可避免坍塌、沉淀和水浸等现象发生（见图 6-16）。

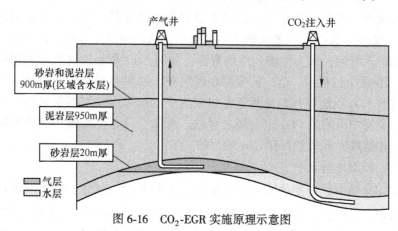

图 6-16 CO$_2$-EGR 实施原理示意图

另外，由于 CO$_2$ 和 CH$_4$ 的物理性质存在较明显的差异，也有利于提高气藏采收率。这些差异性主要体现在：

（1）在一般气藏的条件下，CO$_2$ 的密度是 CH$_4$ 的 2~6 倍。

（2）CO$_2$ 在地层水中具有更高的溶解性，那么在相同压力条件下，CH$_4$ 更容易从地层水中逸出。

（3）与 CH_4 相比，CO_2 更容易达到超临界状态，在此状态下，CO_2 这种高密度、低黏度、低扩散、高溶解性的属性将更有利于提高气藏采收率。

研究表明，一般情况下，通过实施 EGR 可以将气田的天然气采收率提高 5%～15%，具体数量将取决于气田的地质构造以及分离 CO_2 的方法。中国的天然气资源贫乏，近年来随着经济发展，工业部门和民用部门对于清洁的天然气燃料的需求也迅速攀升。2000～2008 年，我国天然气需求量年均增长 16.2%，未来我国的天然气缺口将更大。实施 CO_2-EGR 将能够有效缓解我国天然气供需不平衡的现状，在提高天然气资源利用率的同时实现一定的 CO_2 封存量，因而意义也非常大。

6.2.3.4　CO_2 强化煤层气开采

CO_2 还可被用于强化煤层气的开采（enhanced coal bed methane recovery，ECBM）。

A　CO_2-ECBM 的基本原理和工作流程

煤是在长期的地球演化过程中，大量古代植物残骸长期在地面堆积，形成一层极厚的黑色腐殖质，后来由于地壳的变动被埋入地下，长期与空气隔绝，在地下巨大的压力和较高的温度下，经过一系列复杂的物理化学过程形成的。

煤层一般都具有大量孔隙。在这些孔隙中一般含有大量与煤炭同时形成的甲烷气体和少量其他轻质烃类气体，也就是人们常说的煤层气。煤层气主要以吸附形式存在于煤炭表面或孔隙中，少部分以游离形式储集于煤层割理、裂缝或砂岩夹层中，也有少量溶解于煤层水中。在过去很长一段时间内，由于缺乏煤层气开采技术，煤层气一般都在采煤前和过程中被放空到大气中，造成严重的资源浪费。另外，煤层气的大量排放也加剧了全球变暖的趋势。经过一段时间的研究，人类已经掌握了一些开采煤层气的方法，但大多是依靠煤层自身内部的压力或是注氮气使煤层恢复压力等简单方法，煤层气的有效采出率较低，一般仅为 20%～25%。

经过研究表明，煤炭对 CO_2 的吸附能力是对甲烷的 2 倍。因此在开始采煤之前，如果将 CO_2 注入煤层，则 CO_2 会置换煤层中的甲烷。从而使煤层气从生产井中溢出，经分离提纯后加压进入管网，成为能够利用的资源，如图 6-17 所示，这被称为强化煤层气开采（ECBM）。在这个过程中，CO_2 被吸附在煤层中。如果在煤层气开采结束后将煤层重新封闭，则这些 CO_2 就能够长期地封存在煤层之中；如果继续对煤层进行开采，则随着煤炭的采出，煤层中吸附的 CO_2 也会随之释放。所以，只有当实施 ECBM 的煤层在未来不被开采时，才能够实现长期封存 CO_2 的目的。

B　对 CO_2-ECBM 的评价

对于在 ECBM 结束之后要继续采煤的煤层，注入的 CO_2 气体会随煤层的打通和煤的采出而重新回到大气中去，无法实现长期封存的目的。但是实际上，并不是所有的煤层都会被开采。由于开采技术所限，目前人类能够开发的煤层大都位于 1500m 深度以浅。位于 1500m 以深的煤层，人类目前的技术水平还无法实现安全开采，而且煤层的分布深度越大，开采难度越大。尽管这些煤层中有些可能在将来随着人类采煤技术的进步能够得到开采，但是仍然有相当大的一部分在数十年甚至上百年的时间内无法有效开采。不过，对这些深部煤层进行强化煤层气开采在目前技术水平下还是能够实现的。

因此，如果能够对这些煤层实施 CO_2-ECBM，一方面为人类提供了大量的优质气体燃

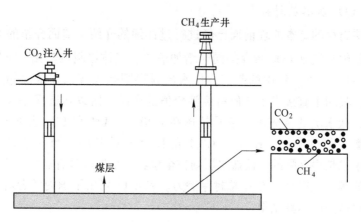

图 6-17　CO_2-ECBM 实施原理示意图

料；另一方面，由于 ECBM 实施结束后煤层在相当长一段时间内不会被开采，因此注入煤层的大量 CO_2 就能被长期封存在煤层中。而且，和 EOR 一样，产出煤层气的销售收入也能够完全或部分抵消 CO_2 捕获运输的成本，提高 CO_2 地质封存的经济性。另外，由于煤层已经有长期封存大量煤层气的历史，在煤层中封存 CO_2 的长期性和可靠性一般也比较高。

不过，与 EOR 相比，人类对于 ECBM 的研究还刚开始。目前仅加拿大进行了工业规模的示范，相关技术还未成熟。而且，ECBM 还面临着一些特殊的技术问题。例如，经过初步的研究发现，当 CO_2 被吸附在煤的表面后，部分 CO_2 会逐渐被煤吸收。煤在吸收 CO_2 之后，其物理性质会发生显著的变化：例如，自然的煤层一般刚性和脆性都很强，易裂，而且煤层内部会存在大量的孔隙，而当吸收了一定数量的 CO_2 之后，煤层会逐渐变软、塑化、膨胀和变形，煤内原有的孔隙尺寸也会变小，甚至会消失，这就导致煤层的渗透率严重下降，对 ECBM 的继续进行造成障碍。另外，深度越大的煤层，其内部压力就越高，煤层内部的孔隙率和渗透率也就相应越小，这也会对 ECBM 的实施造成困难。

综上所述，ECBM 是有效利用煤层气资源，同时实现 CO_2 长期地质封存的重要技术方案。ECBM 对我国的意义更加显著。我国拥有丰富的煤炭资源，同时也是世界第一大煤炭生产和消费国，煤炭在一次能源消费总量中所占比例超过 70%。在过去很长时间中，由于没有采取有效的煤层气处理措施，采煤巷道中的甲烷含量通常很高，由此经常造成煤矿瓦斯爆炸事故，造成了严重的人员伤亡和财产损失。为提高煤矿开采的安全性，中国逐渐开始采取瓦斯排空等措施。通过瓦斯排空，采煤的安全性得到显著提高，但是也造成了宝贵资源的无谓浪费，而且加剧温室效应和环境污染。如果中国能够大规模开展 CO_2-ECBM，就能够有效地回收煤层气资源，降低煤矿事故发生率，同时还能以较低成本实现 CO_2 的封存，是一举三得的好方法。因此，中国政府对于 ECBM 技术的研究和开发非常重视，目前正在和加拿大政府以及欧盟合作，对山西沁水盆地范围内的煤田进行 ECBM 的可行性和开发方案进行了初步研究，并且已经取得了一定的成果。不过，目前所取得的技术成果与未来中国大规模开展 ECBM 的需求相比还相差甚远，仍需要加大在 ECBM 技术领域的研发投入。

6.2.3.5 CO_2 盐水层封存

CO_2 盐水层封存的基本原理前面已经进行过详细的介绍。前面介绍的 CO_2 地质封存的三种方式都能够在实现 CO_2 封存的同时增加液体、气体燃料的产出，可以产生经济效益，因此同时也属于 CO_2 利用的范畴。盐水层封存则是纯粹以在地质储层中长期封存 CO_2 为目的的，其间不直接产生任何有经济价值的产品，所以在选择 CO_2 地质封存项目的储层类型时，盐水层的优先度一般是被排在 EOR、ECBM 和 EGR 几种类型的后面的。不过，由于资源总量的限制，EOR、ECBM 和 EGR 三种利用与封存方式所能够封存的 CO_2 的量相对来说是很有限的：而盐水层则在全世界各个地区都有非常广泛的分布，因此比前面三种方式具有大得多的 CO_2 总封存潜力。表 6-12 列出了国内学者对于我国各类地质封存储层封存潜力的估算结果。

表 6-12   我国四种类型储层的 CO_2 封存潜力　　　　　　（亿吨）

估算封存潜力	油田	天然气田	煤层	盐水层
陆上封存潜力	46	42.8	120	23800
总封存潜力	48	51.8	120	31600

由表 6-12 可见，EOR、EGR、ECBM 能够实现的 CO_2 地质封存的总潜力大概为 200 亿吨，尽管这已经是一个非常巨大的数字，但仅相当于陆上盐水层封存总潜力的 1% 左右。所以对于我国未来实施 CO_2 地质封存而言，EOR、EGR、ECBM 固然是早期为降低实施成本、提高经济收益的优先选择类型，但是若未来需要更大规模地实施 CO_2 地质封存以大幅降低碳排放量，盐水层将成为最终的选择类型。所以，我国目前在加强 EOR、ECBM 和 EGR 相关技术研究工作的同时，还必须加强对 CO_2 盐水层封存基础科学和工程技术的持续研究，为将来可能更大规模地实施 CO_2 的地质封存做好技术的储备。

6.2.3.6 CO_2 地质封存在国内的实施情况

在地质封存方面，我国已经开始了尝试，几个典型的具体案例包括：

（1）从 2010 年初开始，中石油集团吉林油田开展了 CO_2 强化采油的示范工作。吉林油田属于典型的低渗油田，经过过去几十年的开采，很多油井的产量开始下降。为保持稳产，吉林油田在过去曾经尝试了蒸汽驱油、氮气驱油、聚合物驱油等多种方式，但效果不甚理想。吉林油田在 2009 年初，利用其从长岭气田产出天然气中分离得到的 CO_2 进行驱油试验，驱油效果良好。从 2010 年 6 月起，吉林油田的 CO_2-EOR 活动已经从试验和示范阶段，进入到正式的商业生产阶段，CO_2 的注入规模为 $1.5 \times 10^5 t/a$。

（2）神华集团计划将其位于内蒙古自治区鄂尔多斯市的煤制油工厂排放的部分高浓度 CO_2 注入鄂尔多斯盆地的某个位于地下 1000~3000m 深的一个盐水层之中，以验证 CO_2 盐水层封存在技术和经济上的可行性。该示范项目的 CO_2 封存规模为 $1 \times 10^5 t/a$。神华集团已于 2011 年伊始就开始进行了 CO_2 注入和封存工作。

（3）中联煤层气公司曾在 2004~2005 年间，在国家科技部的支持下，在山西沁水盆地 TL003 井等开展了 CO_2 强化煤层气采收（ECBM）的微型先导性实验工作，其间向地下注入了数百吨 CO_2 并成功生产出了一定数量的煤层气，验证了 CO_2-ECBM 在技术上的可行性。

（4）中石化集团胜利油田也在开展 CO_2-EOR 的实验示范工作，取得了良好的效果。胜利油田在其附属燃煤电厂安装燃烧后烟气脱碳装置，利用该装置捕获的 CO_2 用于胜利油田的 EOR 示范工作。

6.2.4 CO₂ 海洋封存

CO_2 的海洋封存可分为两种类型：一种是将 CO_2 置于一定深度的海水层或者海底，通过海水将 CO_2 与大气隔离；另一种是将 CO_2 封存在海底地下的地质结构中。对于后一种海洋封存方式，由于海底地质结构是陆地地质结构的延伸，因此除煤田外，CO_2 地质封存的其他方式，如油气田、深部含盐水层等地质结构中封存 CO_2 的方式同样适用于海洋封存。另外，CO_2 海洋地质封存除了岩石盖层外，表层更有海水的阻隔，使 CO_2 海洋地质封存的局部风险降到了最低。关于第二种海洋封存方式前文已有类似相关的介绍，在此主要介绍第一种类型的 CO_2 海洋封存方式。

6.2.4.1 CO₂ 海洋封存的技术路线

深海中 CO_2 的浓度小于 $0.1kg/m^3$，远未达到溶解度 $40kg/m^3$ 的饱和值。所以，海洋是巨大的 CO_2 吸收库，可容纳 CO_2 40000Gt。在 500m 以下深海，在 10℃ 和 5MPa 下，CO_2 呈液态；在 3000m 深海，CO_2 密度比水大而沉入海底。在海洋中封存 CO_2，包含了从工业和能源相关领域的 CO_2 源中分离 CO_2 并使之压缩液化后，将其运输到指定海域利用管道等技术注入一定深度的海洋中，利用海水加以封存，从而完成使其与大气长期隔离的整个过程。

CO_2 海洋封存技术可以分为液态封存和固态封存两种。无论是液态封存还是固态封存，都存在着 CO_2 挥发和溶解在海水中的问题，而液态 CO_2 比固态 CO_2 更容易挥发、溶解，所以液态封存的技术关键是如何减少液态 CO_2 溶解在海水中而造成对海洋生态环境的影响；固态封存的技术关键在于 CO_2 水合物的快速生成和充分生长以及如何运输到适合的海底位置。

A 液态封存法

液态封存法是指 CO_2 以液体形式输送到海平面以下的某个深度，以保证它的状态长期不变。这一深度的选择与液态 CO_2 的密度、扩散率等性质随海水压力、温度的变化有很大的关系。这一技术的关键在于如何保持液态 CO_2 在海水中的特性和长期稳定性而不能大量溶解在海水中形成碳酸。Y. Shindo 等在实验室条件下得到液态的 CO_2 在 35MPa 以上的压力下可以保持长期稳定。然而，实际海洋环境与实验模拟环境不会完全一样，暂且不说海洋生物对碳酸是否敏感的问题，单单就海洋生物的活动以及海水运动等对液态 CO_2 的稳定储存都是威胁。深海并不是想象中那么平静，海水的水平和垂直运动以及洋流的影响甚至包括海底的地质地貌都是在考虑这一技术时所必须要关注的问题。因此，进一步的研究应该使实验条件更接近于实际海洋环境。当然，这样一项技术要应用于实际不仅仅是科研人员的事情，它需要各个领域的专家联合以便于制订更合理的工程方案。

B 固态封存法

固态封存法是指 CO_2 以固体水合物的形式封存在海底的方法。这项技术的关键在于水合物的快速形成、充分生长以及如何输送等。

气体水合物的生成可以分为三个阶段：气体的溶解、晶核的生成、晶体的生长。搅拌能够促进 CO_2 的快速溶解，从而促进水合物的生成，但是适宜的搅拌时间和搅拌速率仍需要进一步的研究来确定。当前，CO_2 气体水合物的快速生成研究主要集中在表面添加剂的作用上，浓度适宜的 SDS 溶液、TBAB 溶液以及 THF 溶液都可以有效促进气体水合物的快速生成，而且试验发现，一定浓度的 SDS 和 THF 混合溶液对 CO_2 水合物的生成有很明显的促进作用。SDS 作为一种表面添加剂主要是通过对液体表面张力的改变来影响 CO_2 气体在水中的溶解度，从而促进了水合物的快速生成；而 THF 的作用在于降低水合物生成的相平衡压力，也就是说使水合物的形成条件变得不那么苛刻；对于 SDS 和 THF 混合溶液对水合物的促进作用机理还需要进一步的研究。

要想使 CO_2 以水合物方式封存在海底，必须使水合物生长充分，长得越密实越好，储气密度越大越好。水合物的充分生长是深海封存 CO_2 水合物技术所必须要考虑的，它对封存场地的选择以及生成过程中水的供给都有很大的影响，同时也影响着对水合物稳定性的研究和考证。

研究发现，影响固态水合物在海水中沉降过程的因素不仅仅是密度。水合物晶体的形状以及尺寸大小都是影响其向海底沉降的重要因素。一些尺寸足够大的水合物晶粒会自由沉降到海底，但是，适合深海封存的水合物晶粒的尺寸与它在海洋中的运动特性，如下沉速率、分解速率等有很大的关系。然而，究竟是把 CO_2 气体输送到海底去生成水合物好，还是生成水合物以后再输送到海底好，尚需要做进一步的研究，同时不能忽略了输送过程对海洋环境的影响。

6.2.4.2　CO_2 海洋封存对海洋生态环境的影响

无论 CO_2 以液态方式封存还是以固态方式封存，都不可避免地会有碳酸形成，对海洋生态环境有一定的影响。但是，适当的技术控制和处理可以使这样的影响降到最低。石谦等人提出：如果将液态 CO_2 快速排放到海水中，则不会形成纯的水合物，而是一种水合物与液态 CO_2 的混合体，由于比表面积大，这些 CO_2 会迅速溶解，使周围海水 pH 值显著降低，对生物的影响显然比较大。如果 CO_2 被缓慢地注入海水中，则会在水合物和海水之间形成一层水合物膜，这样，CO_2 的溶解速率就慢得多，对深海底栖生物的影响自然就小得多。如果 CO_2 是冷冻后制成鱼雷状的干冰块，由于其密度（1.56kg/L）高于海水，所以可以快速穿过水柱进入松软的沉积物地层中并被包合起来，这样不仅可以长期贮存，而且对生物和生态系统的影响也不大。同时，海洋深处也有一定的抵抗能力，历经千万年累积在一定深度的海底碳酸钙沉积层，就是一个庞大的缓冲体系，一旦 CO_2 被人为注入其周边海水，增加了海水酸度，碱性碳酸钙可与之起中和反应而溶解，这将加快去除注入深海的过量 CO_2 的速度，实际上为 CO_2 在深海的存留提供了一个庞大的余地。另外，很多成年鱼以及鱼卵对海水的 pH 值很敏感，而越往深海，生物的丰富性、活动性就越差。因此，CO_2 封存的深度越深，对海洋环境的影响越小。

6.2.5　CO_2 矿物封存

6.2.5.1　CO_2 矿物封存的基本原理

CO_2 的矿物封存（或称为矿物碳酸化固定）是模仿自然界中钙/镁硅酸盐矿石的侵蚀

和风化过程，由瑞士学者 W Seifritz 于 1990 年率先提出，该过程可用如下的通用形式表示：

$$(\mathrm{Mg, Ca})_x \mathrm{Si}_y \mathrm{O}_{x+2y+z} \mathrm{H}_{2z}(s) + x\mathrm{CO}_2(g) \longrightarrow x(\mathrm{Mg, Ca})\mathrm{CO}_3(s) + y\mathrm{SiO}_2(s) + z\mathrm{H}_2\mathrm{O}(g/l)$$

矿物封存则主要指利用含有碱性和碱土金属氧化物的矿石与 CO$_2$ 反应将其固化，生成永久的、更为稳定的诸如碳酸镁（MgCO$_3$）和碳酸钙（CaCO$_3$，通常称作石灰石）这类碳酸盐的一系列过程。

在自然界中，本来就存在着大量的钙/镁硅酸盐矿物，如硅灰石（CaSiO$_3$）、橄榄石（Mg$_2$SiO$_4$）、蛇纹石（Mg$_3$Si$_2$O$_5$(OH)$_4$）和滑石（Mg$_3$Si$_4$O$_{10}$(OH)$_2$）等，这些钙/镁硅酸盐矿石与 CO$_2$ 之间的反应也可以自发进行，生成稳定的碳酸盐，但反应过程极其缓慢，不能直接用于工业过程。矿物封存应用于 CO$_2$ 固定时，需要通过过程强化，加速 CO$_2$ 气体与被采掘矿石之间的化学反应，达到工业上可行的反应速率并使工艺流程更节能。

除去天然的硅酸盐矿石，某些含有钙/镁的固体废弃物也可以作为矿物封存的原料。表 6-13 列举了一些原料中氧化镁（MgO）和氧化钙（CaO）的含量和固定 CO$_2$ 的能力。从表 6-13 中可见，相应的 R_c 或 R_{CO_2} 越小的原料，其吸收 CO$_2$ 的能力越强。理论上，完全吸收 1kg CO$_2$ 至少需要 1.8kg 含镁的矿石，或者 3.6kg 含钙的矿石，主要由于镁的摩尔质量相对钙更小，因而单位质量的含镁硅酸盐矿石能够吸收更多的 CO$_2$。

表 6-13 典型原料的组成和 CO$_2$ 固定能力

原　料	MgO 含量（质量分数）/%	CaO 含量（质量分数）/%	R_c/kg·kg^{-1}	R_{CO_2}/kg·kg^{-1}
纯橄榄石	49.5	0.3	6.8	1.8
方辉橄榄石	45.4	0.7	7.3	2
二辉橄榄石	28.1	7.3	10.1	2.7
蛇纹石	约 40	约 0	约 8.4	约 2.3
硅灰石	—	35	13	3.6
滑石	44	—	7.6	2.1
辉长岩	约 10	约 13	约 17	约 4.7
玄武岩	6.2	9.4	26	7.1
钢铁渣	约 10	40~65	约 7	约 1.9
城市垃圾焚烧灰渣	—	20~35	约 17	约 4.6
废弃混凝土和水泥	—	10~30	约 23	约 6.4

注：R_c 指固定当量碳所生成的 CO$_2$ 的原料消耗量；R_{CO_2} 指固定当量 CO$_2$ 的原料消耗量。

CO$_2$ 以及所有碳酸盐化合物中，碳元素都处于最高价态形式，相对最稳定。但由于碳酸盐的标准吉布斯自由能较 CO$_2$ 低 60~180kJ/mol，因而碳酸盐化合物形式比 CO$_2$ 更稳定，如图 6-18 所示。

6.2.5.2　CO$_2$ 矿物封存技术的工艺路线

目前，CO$_2$ 矿物封存工艺路线通常可分为：

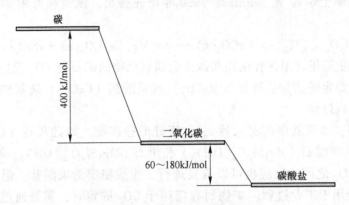

图 6-18 含碳物质的能量状态

（1）直接工艺。直接工艺是 CO_2 与矿石颗粒一步碳酸化反应生成碳酸盐（包括干法与湿法两种）。

（2）间接工艺。间接工艺是先用媒质（浸出剂）从矿石中浸出钙镁离子，然后进行碳酸化反应生成碳酸盐及媒质，媒质再循环利用。所用的媒质主要有盐酸、硫酸、氯化镁熔盐、乙酸、氢氧化钠等。

表 6-14 汇总了不同工艺路线的对比。

表 6-14　矿石碳化的不同工艺路线对比

项　目		反应机理	过程描述	优缺点
直接工艺	干法	Ca/Mg-硅酸盐（s）+ CO_2（g）→（Ca/Mg）CO_2（s）+ SiO_2（s）	一步气固反应	直接简单，反应热可利用；反应速率慢，工艺能耗高
	湿法	CO_2 溶解→钙镁离子从矿石中浸出→生成碳酸盐沉淀过程	一步溶液碳化反应	反应速率增大，原料预处理能耗高，经济性差
间接工艺	盐酸作为媒质	盐酸使钙镁离子浸出生成 $MgCl_2$→$MgCl_2$ 失水生成 HCl 和 $Mg(OH)_2$→HCl 再生循环，$Mg(OH)_2$ 吸收 CO_2	钙镁离子浸出，盐酸媒质再生，碳化吸收 CO_2	反应易于进行；原料成分要求严格，盐酸媒质回收困难，过程能耗高
	熔盐过程	$MgCl_2$ 熔盐中生成 MgCl(OH)→MgCl(OH) 水化生成 $MgCl_2$ 和 $Mg(OH)_2$→$MgCl_2$ 再生熔盐，$Mg(OH)_2$ 吸收 CO_2	钙镁离子浸出，中间产物形成，熔盐再生	反应易于进行；能耗降低；熔盐本身有腐蚀性，需补充大量损失的熔盐
间接工艺	醋酸作为媒质	醋酸使得钙离子浸出生成醋酸钙→醋酸钙碳化反应生成 $CaCO_3$ 和醋酸	钙离子浸出，碳化吸收 CO_2 同时再生醋酸	媒质回收相对容易，能耗降低；产物和媒质分离困难
	苛性钠作为媒质	强碱作用下，钙镁离子浸出→强碱吸收 CO_2→苛化生成 $CaCO_3$ 和 NaOH	钙镁离子浸出，碳化吸收 CO_2，苛化再生强碱	原料无需预处理，能耗降低；反应温度高，时间长，能耗大，碱耗高，产物分离困难

在上述工艺路线中，直接干法碳酸化工艺因反应条件苛刻、转化率低，目前除芬兰外，其他国家已基本转向其他工艺的研究。以盐酸、硫酸、氯化镁熔盐、氢氧化钠等为媒质的间接工艺因存在媒质再生利用耗能高、腐蚀性强等缺陷，近几年来相关报道已逐渐减少。目前的主要研究侧重于直接湿法碳酸化工艺，该工艺被看成是最有希望的 CO$_2$ 固定工艺途径，其实质是 CO$_2$ 溶于水形成碳酸，在碳酸的作用下矿石逐步溶解并沉淀出碳酸盐，该工艺主要包括 CO$_2$ 溶解、钙镁离子从矿石中浸出、碳酸盐沉淀生成三个过程，通常认为钙镁离子的浸出是整个过程的速率控制步骤。据此，研究人员曾先后采用以下措施强化碳酸化过程：（1）矿石预处理，包括加热活化、蒸汽活化、强酸化学活化、机械研磨等，以增大矿石比表面积；（2）加入添加剂，如 NaHCO$_3$/NaCl、螯合剂、酸、碱等；（3）移去生成的 SiO$_2$ 惰性表面层。

通过上述强化措施，CO$_2$ 碳酸化反应时间已由过去几十小时缩短至几小时以内，CO$_2$ 反应压力也从一百多个大气压减至几十个大气压，转化率明显提高，但离工业化应用仍有很大距离，且费用明显高于其他固定技术。其主要原因在于直接湿法碳酸化工艺存在如下矛盾：矿石中钙镁离子的浸出易在酸性条件下进行，虽然通过提高 CO$_2$ 压力、增强溶液酸性可促进钙镁离子浸出，但不利于 CaCO$_3$/MgCO$_3$ 沉淀生成，同时 CO$_2$ 的传质吸收也更加困难。基于此，有学者提出了两步湿法碳酸化工艺，即先用弱酸及螯合剂混合液在酸性环境下浸出钙镁离子，然后在碱性条件下进行 CO$_2$ 传质吸收、碳酸盐生成反应，并发现上述条件下 CO$_2$ 的传质吸收是整个过程的速率控制步骤，但未探讨弱酸、螯合剂及碱液的循环利用问题。

6.2.5.3 CO$_2$ 矿物封存技术的研究进展

针对 CO$_2$ 的矿物封存，国外有许多机构进行了深入的研究，部分将进入工业示范阶段，主要目的都是为了提高过程的反应速率，增大有效成分的转化率以及降低整个过程的能量消耗。目前的研究进展主要有以下几个方面：

（1）MSWG 的研究状况。MSWG 是美国能源部于 1998 年发起的由五个研究机构人员组成的 CO$_2$ 矿物封存研究小组（Mineral Sequestration Working Group）。该研究小组致力于湿法 CO$_2$ 矿物封存过程的研究，并在 2008 年建成 10MW 当量的示范工厂。其中，由 McKelvy 领导的研究团队一直从事 CO$_2$ 矿物封存反应机理的研究，一方面开展实验研究，在微反应系统中，利用同步 XRD 和拉曼光谱分析，原位观察湿法反应的进行；另一方面，应用计算机分子模拟技术，结合密度泛函理论，研究矿石分子的结构以及反应机理，从而研究矿物原料物理活化的机理以及层状材料的形成机理。此外，由 Maroto-Valer 领导的研究团队提出了一种 CO$_2$ 矿物封存的集成工艺，将矿物的活化单元与碳化反应单元集成在一起，其过程主要是通过对矿石原料进行物理活化（用水蒸气热活化）和化学活化（用硫酸浸取），使得矿石中大量的镁离子被浸出，同时形成具有高比表面积的富含 SiO$_2$ 的矿石颗粒，用于 CO$_2$ 的捕集过程或工业尾气脱硫；向被浸取出来的镁离子溶液中加入助剂，与被分离出的 CO$_2$ 进行碳酸化反应生成稳定的碳酸盐副产物，同时得到化学活化所需的硫酸媒质以供循环利用。

（2）ZECA 的研究状况。煤炭零排放联盟（Zero Emission Coal Alliance，ZECA）于 1999 年由加拿大煤炭协会、美国洛斯阿拉莫斯国家实验室等 16 个研究机构创立。ZECA

提出了基于化石能源清洁利用新概念的集成过程，将煤炭能源的高效利用、制氢、发电以及 CO_2 的矿物封存相结合。该过程主要包括两部分：前一部分主要是煤炭的加氢汽化重整、CO_2 的捕获、高温燃料电池高效能量转化过程；后一部分是 CO_2 的矿物封存过程。2002 年末，ZECA 成立 ZEC 公司，开始研发加氢气化流程，同时与其他机构合作研究如何利用矿物封存来处理 CO_2。

（3）固体废弃物与 CO_2 矿石碳化集成。国外有许多学者以固体废弃物为原料进行 CO_2 矿物封存的研究。如 NETL 以煤飞尘为原料，在 Na_2CO_3/$NaHCO_3$/$NaCl$ 化学添加剂的作用下，其活性成分的转化率为 80%，而在相同条件下，镁橄榄石的转化率为 70%，蛇纹石的转化率只有 12%。有学者研究利用超临界 CO_2 来加快焚化炉灰的碳化过程并定量分析了焚化炉灰固定 CO_2 的能力，同时指出碳化过程也减少了其他有毒重金属的浸出。也有学者研究了利用钢渣、废弃建筑材料等为原料，并设想将 CO_2 的水溶液洒到被堆放的固体废弃物上使之发生反应。经粗略估算，发现其处理费用与深海埋存相当。日本有许多学者一直从事固体废弃物的研究，其中最引人注意的是以废弃的固体建筑材料进行 CO_2 减排与矿石碳化技术的研究。图 6-19 所示为以废弃的建筑材料为原料，利用直接湿法矿石碳化生产高纯碳酸钙产品，同时用于尾气脱硫的集成工艺过程。

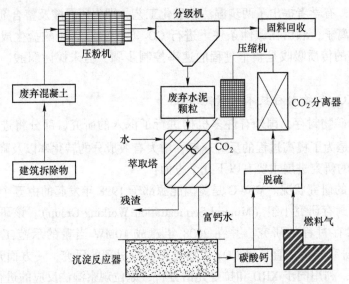

图 6-19　利用废弃建筑材料进行 CO_2 矿物封存的工艺流程

6.2.6　CO_2 置换天然气水合物

天然气水合物在地球上的储量很大，据保守估计，是传统化石燃料储量的 2 倍以上，是很有发展潜力的新能源。利用 CO_2 置换开采天然气水合物中的 CH_4 是一个具备吸引力的设想。天然气水合物蕴藏在永久冻土带或数百米以下的深海中，用 CO_2 置换取代 CH_4 的位置，可以既不增加大气中的 CO_2 也保证了采空区地层的安全。

与传统化石能源不同，水合物在开采过程中会发生相变。在一定温度和压力条件下以固体形式在自然界中广泛存在的天然气水合物，一旦温度与压力发生改变，将会释放出大

量的 CH_4 气体。基于上述特点，日本、美国、挪威等国及一些石油公司已经探索出三种开发技术方案：热激法、减压法和化学试剂法。其中，热激法主要是将热流体从钻井平台泵入水合物沉积层，采用升温的方法促使水合物分解。近年来，国内外对井下加热装置（电磁加热和微波加热）的研究最为活跃。基于天然气水合物矿藏组分的多样性，采用某种单一技术开采水合物往往是不理想的，只有结合各种技术的优点，才能有效合理地开采天然气水合物。但据文献报道，通过外部扰动从水合物沉积层中获取 CH_4 有可能导致海底滑坡现象，造成严重的地质灾害。因此，为维护水合物沉积层的稳定性，同时减少 CO_2 向大气中的排放，Ebinuma 和 Ohgaki 提出以 CO_2 置换海底天然气水合物沉积层中 CH_4 的设想。由于 CO_2 比 CH_4 对 H_2O 有更大的亲和力，因此该设想可以实现。该设想一方面可以开采海底的天然气水合物资源，另一方面可以为减少温室气体排放提供一条有效途径，具有经济与环保双重价值。

图 6-20 为 CO_2 置换 CH_4 技术开采海底天然气水合物的基本工艺流程示意图。该系统主要由以下五个部分组成：深水钻井平台、采气隔离管道、供热系统、压缩系统和分离系统。首先根据水合物不同的地质环境，确定合适的钻探深度，避免破坏封盖层的稳定性。然后将一定量的热流体（包括蒸汽、热水、热盐水等）注入水合物沉积层，促使局部升温，部分 CH_4 气体逸出，经由隔离管道送至储气装置。在此过程中，由于水合物分解需要吸收较多能量，导致未逸出的 CH_4 重新生成水合物，自由水冻结为质地坚硬的冰层，产生"自保护"效应，进而使 CH_4 的释放量逐渐减少。此时将压缩系统收集并制备的高压 CO_2 流体经由另一隔离管注入水合物沉积层。通常，天然气水合物是与矿物质、盐水等共存的非致密性固体。部分 CO_2 可以直接与 H_2O 生成 CO_2 水合物，产生的热量与热流体带入的热量不仅能促使 CH_4 分解，还可使 CO_2 扩散至 CH_4 水合物晶体附近，为置换出 CH_4 创造条件。在压力差的作用下，通过不断注入 CO_2，可实现 CH_4 的连续生产。

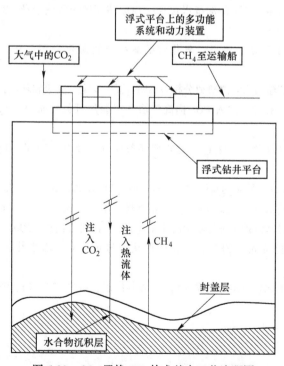

图 6-20 CO_2 置换 CH_4 技术基本工艺流程图

尽管 CO_2 置换 CH_4 来开采天然气水合物的技术路线十分具有吸引力，而且从热力学角度讲，CO_2 置换 CH_4 的可行性毋庸置疑，但反应速率小已经成为制约该技术发展的瓶颈，因此，采用各种手段强化置换速率应作为该技术应用的突破口。

参 考 文 献

[1] 肖钢，常乐. CO_2 减排技术 [M]. 武汉：武汉大学出版社，2015.

[2] 骆仲泱，方梦祥，李明远，等. 二氧化碳捕集 封存和利用技术 [M]. 北京：中国电力出版社，2012.

[3] Sean T McCoy, Edward S Rubin. An engineering-economic model of pipeline transport of CO_2 with application to carbon capture and storage [J]. International Journal of Greenhouse Gas Control, 2008, 2: 219-229.

[4] Zhang Z X, Massarotto P. Optimization of pipeline transport for CO_2 sequestration [J]. Energy Conversion and Management, 2006, 47: 702-715.

[5] Gale J, Davision J. Transmission of CO_2-safety and economic considerations [C]. Sixth international conference on greenhouse gas control, Kyoto, Japan, 2002.

[6] IEA GHG. Pipeline transmission of CO_2 and energy: Woodhill engineering consults [C]. Report Number: PH 4/6, March 2002.

[7] David L, Mc Collum. Simple correlations for estimating carbon dioxide density and function of temperature and pressure [M]. Institute of Transportation Studies, University of California Davis, 2006.

[8] 包炜军，等. 温室气体 CO_2 矿物碳酸化固定研究进展 [J]. 化工学报，2007, 58 (1): 1-9.

[9] Maroto-Valer M M, Fauth D J, Kuchta M E, et al. Activation of magnesium rich minerals as carbonation feedstock materials for CO_2 sequestration [J]. Fuel Processing Technology, 2005, 86: 1627-1645.

[10] 绿色煤电有限公司. 挑战全球气候变化——二氧化碳捕集与封存 [M]. 北京：中国出版社，2008.

[11] 沈平平，廖新维. 二氧化碳地质埋存与提高石油采收率技术 [M]. 北京：石油工业出版社，2009.

[12] 李小春，刘延峰，白冰. 中国深部咸水含水层 CO_2 储存优先区域选择 [J]. 岩石力与工程学报，2006, 25 (5): 963-968.

[13] 朱跃钊，廖传华，王重庆，等. 二氧化碳的减排与资源化利用 [M]. 北京：化学工业出版社，2011.

[14] 赵飞松，段光才. 长输压力管道事故分析与预防 [J]. 安全、健康和环境，2005, 5 (1): 13-14.

[15] 吴建光，叶建平，唐书恒. 注入 CO_2 提高煤层气产能的可行性研究 [J]. 高校质报，2004, 10 (3): 463-467.

[16] 张洪涛，文东光，李义连. 中国 CO_2 地质埋存条件分析及有关建议 [J]. 地质通报，2005, 24 (12): 1108-1110.

[17] 周蒂. CO_2 的地质存储地质学的新课题自然科进展 [J]. 2005, 15 (7): 782-787.

[18] 吕欣. 世界 CO_2 埋存技术的最新动向 [J]. 清净煤技术，2006, 12 (1): 76-78.

[19] 宋海军. 植物在改善和保护生态环境中的作用 [J]. 中国科技信息，2006 (6): 31-33.

[20] 张远辉，王伟强，陈立奇. 海洋二氧化碳的研究进展 [J]. 地球科学进展，2000, 15 (5): 559-564.

[21] 滨秋，赵永平. 二氧化碳海洋与气候 [J]. 海洋与湖沼，1989, 20 (1): 92-98.

习　题

6-1　概述常见的 CO_2 输送类型及其特点。

6-2　简述 CO_2 管道运输中的关键技术问题。

6-3　CO_2 的封存技术主要包括哪几类？

6-4　简述 CO_2 地质封存的机理。

6-5　对比不同 CO_2 海洋封存技术路线的优劣。

7 CO₂ 的转化与利用

7.1 CO₂ 转化

CO₂ 是十六电子的直线型分子，具有对称形式。尽管 CO₂ 具有两个极性 C=O 双键，但其分子整体呈非极性。早期研究认为 CO₂ 是配位能力较弱的配体，很难通过配位活化。随着 CO₂ 化学研究的深入，人们逐渐发现 CO₂ 分子也具有一定配位能力，能够与某些过渡金属和有机分子以多种方式配合。总体来说，CO₂ 分子具有两个活性位点，其碳原子具有 Lewis 酸性，可以作为亲电试剂；而其两个氧原子则显示弱 Lewis 碱性，可以作为亲核试剂。绝大多数 CO₂ 化学转化需要至少一种形式的 CO₂ 配位活化，或者是亲电配合（与其氧原子配位），或者是亲核配合（与其碳原子配位），也可以是两者兼有（与其氧原子和碳原子同时配位）。另外，CO₂ 的 π 电子还可以与过渡金属空 d 轨道发生 Dewar-Chatt-Duncanson 配合作用。一旦 CO₂ 的分子轨道通过电子转移被占据（与过渡金属配位或受激发而得失电子），那么直线型的 CO₂ 分子将转变为弯曲结构。例如，CO₂ 负电子自由基 CO₂⁻ 就处于弯曲状态，键角为 134°。

虽然 CO₂ 具有很高的热力学稳定性和动力学惰性，其化学活化转化需要大量能量，但通过建立适当的催化体系或活化转化策略，可实现 CO₂ 转化为化学品、能源产品或高分子材料。迄今，在发展 CO₂ 化学转化新方法和相关技术基础上，研究获得了一系列高附加值化学品，包括氨基甲酸酯、环状碳酸酯、碳酸二甲酯、芳香/脂肪羧酸、异氰酸酯、甲醇、甲酸等，以及基于 CO₂ 的聚合物材料（如聚碳酸酯、聚氨酯、聚脲等）。虽然 CO₂ 的化学转化途径和产物多种多样，但目前实现工业生产的仅限于尿素、水杨酸、环状碳酸酯等几种产品，其中尿素生产占最大份额。当前正处于实验室研发阶段、有工业化前途的转化路线包括 CO₂ 与环氧化物反应生产环状碳酸酯、加氢制甲酸和甲醇，以及 CO₂ 和乙烯反应合成工业原料丙烯酸等。目前，CO₂ 的年资源化利用量仅有 1 亿多吨，远远小于其排放量（大于 300 亿吨），CO₂ 化学利用还面临产品结构单一和转化效率不高等问题，更大规模 CO₂ 资源化利用技术的发展取决于相关科学和技术的突破。将 CO₂ 高效转化为能源产品、重要化学品和材料，拓展 CO₂ 的转化利用途径，开发 CO₂ 转化新技术，将是一项长期的重要工作。

7.1.1 甲烷和 CO₂ 的直接转化

CO₂ 转化为甲烷主要有三个环节：第一，利用太阳能发电，然后电解水产生 H₂；第二，H₂ 和 CO₂ 反应生成 CH₄ 和少量其他碳氢化合物；第三，生成的 CH₄ 作为能源消耗又生成了 CO₂，如此循环往复。其中的核心环节是利用太阳能发电和 CO₂ 催化加氢甲烷化反应。不仅如此，甲烷化反应还被广泛应用于混合气体中 CO_2 和 CO 的脱除。例如，氨合成气（氢氮混合气）中微量 CO_2 和 CO 的脱除。利用水煤气的甲烷化反应生成城市煤气。法国蒙彼利埃的瓦拉格国际工程公司开发了一种对生活垃圾进行甲烷化处理的工艺，将垃圾变成肥料和沼气。因此，CO_2 催化加氢甲烷化具有一定的战略性意义和实用性。

由于甲烷完全燃烧（氧化）过程的最终产物为 CO_2，故在一碳化工中甲烷处于最低的还原态，而 CO_2 则处于最高的氧化态，其氧化（或还原）过程的主要中间产品则为合成气（CO_2+H_2）和甲醇。一碳化工在 20 世纪所取得的主要成就是在合成气化工和甲醇化工这两个领域，近年来一碳化工中主要的两个探索方向是：以甲烷和 CO_2 为原料通过直接转化制备甲醇及乙酸（见图 7-1），同时，另一个重要的探索方向则为 CO_2 通过催化加氢完成在氢化酶的作用下转化为甲烷，从而完成人工控制自然界碳循环的历史使命。

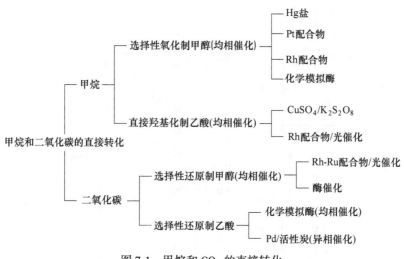

图 7-1　甲烷和 CO_2 的直接转化

7.1.2　CO₂ 转化为 CO

CO 是一种重要的气体工业原料，由 CO 出发可以制备几乎所有的液体燃料或基础化学品。随着石油资源的日趋枯竭和合成化学的发展，由 CO 出发的碳（C）化学路线已成为一种重要的化学品生产途径。虽然 CO 已经可由多种技术路线生产，但低耗、绿色 CO 生产技术的研发仍具有重要现实意义。将低值 CO_2 转化为 CO 是 CO_2 高值利用的重要途径，从节约资源和能源的角度考虑，是生产 CO 的绿色途径。CO_2 转化为 CO 包括 CO_2 高温裂解和 CO_2 还原两类方法。高温裂解法是指在高温条件下（通常是 1300~1600℃），首先使氧载体（一般为金属氧化物，如 Fe_3O_4，CeO_2 等）热分解，释放出 O_2；然后，还原态的氧载体在较低温度下与 CO_2 反应产生 CO，同时氧载体被氧化再生，并进入第一步反应实现循环。通过两步反应可连续地将 CO_2 裂解成为 CO 和 O_2，CO_2 加氢制 CO 包括热催化还原、光催化还原或电催化还原三条途径。其中，CO_2 转化为 CO 的有效方法称为逆水煤气变换反应，反应方程式为

$$H_2 + CO_2 \xrightarrow{\text{催化剂}} CO + H_2O \qquad (7\text{-}1)$$

7.1.3　CO₂ 加氢合成甲醇

甲醇是基本有机化工原料，广泛用于有机合成、医药、农药、涂料、染料、汽车和国防等工业中，它也是汽油的替代燃料。目前，工业上主要采用以煤炭为原料经过气化合成甲醇的技术路线，不仅浪费了大量的煤炭资源，还排放了大量的 CO_2。CO_2 加氢合成甲醇是指在一定温度、压力下，利用 H_2 与 CO_2 作为原料气，通过在催化剂上的加氢反应生产甲醇。CO_2 加氢还原直接合成甲醇通常需要很高的温度条件。而借助于 CO_2 与胺、醇、环氧化物等反应生成中间化合物（如甲酸甲酯、碳酸二甲酯、氨基甲酸甲酯、脲、甲酰胺等），经加氢反应，则可实现温和条件下 CO_2 间接加氢合成甲醇。此外，采用 H_2 以外的还原剂，如硼烷、氢硅烷等，在适当的催化体系下也可实现 CO_2 还原合成甲醇。图 7-2 为不同催化剂时，CO_2 加氢合成甲醇的机理。

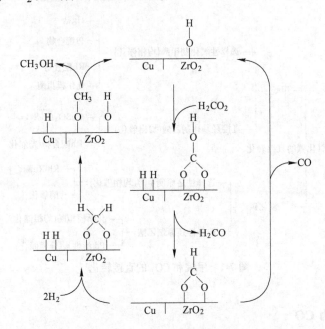

图 7-2　Cu/ZrO_2 催化剂上 CO_2 加氢合成甲醇的机理

7.1.4　CO₂ 合成甲酸

甲酸作为最简单的脂肪酸，是一种基本化工原料，在工业中有重要用途。甲酸亦可视为液态储氢材料，应用于能源领域。传统的甲酸合成方法主要包括甲醇羰基合成法（又称为甲酸甲酯法）、甲酰胺法等，采用 CO 作为羰基源。自 20 世纪 90 年代开始，以 CO_2 为碳源，经过还原反应制备甲酸、甲酸盐或者甲酸酯的过程引起了研究人员的兴趣，涌现了大量研究成果。图 7-3 为 CO_2 在固载 Ru 基催化剂上加氢制甲酸反应过程的反应机理。

7.1.5　CO₂ 与 CH₄ 重整反应

CO_2 与 CH_4 是典型的温室气体，又是重要的含碳资源。将 CO_2 与 CH_4 在一定条件下

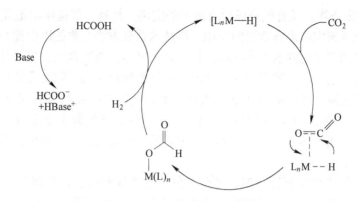

图 7-3 CO$_2$ 加氢合成甲酸的均相催化反应机理

转化为合成气（式（7-2）），称为甲烷二氧化碳重整或者干重整（dry reforming of methane，DRM），DRM 直接将 CO$_2$ 与 CH$_4$ 中的碳、氢、氧传递到能源产品中，提供了一条综合利用碳源、氢源和转化两种难活化小分子并消除两种主要温室气体的技术路线，对于高效利用 CO$_2$ 资源、减缓日益严重的环境问题有着重要意义。

$$CH_4 + CO_2 \xrightarrow{\text{催化剂}} 2CO + 2H_2 \tag{7-2}$$

随着人类对可持续清洁能源需求的日益增长，DRM 引起了世界范围内研究者的广泛兴趣。从催化剂、工艺条件、反应装置、反应热力学、反应动力学等方面对 DRM 反应进行了大量的研究和探索，取得了重要进展。2017 年，中国科学院上海高等研究院、山西潞安矿业（集团）有限责任公司和荷兰皇家壳牌石油公司通过研发高效纳米镍基催化剂和专用反应器，优化工艺路线，建成了国际首套大规模 DRM 制合成气工业侧线装置并稳定运行，实现了 CO$_2$ 的高效资源化利用以及产品气 H$_2$/CO 的灵活可调。

甲烷与 CO$_2$ 气体重整制合成气早在 1971 年被 Stubl 和 Prophrt 通过实验提出，甲烷与 CO$_2$ 重整反应在温度高于 640℃ 就能自发发生，然而一直未工业化的原因仍然是重整机理不明确和催化剂的失活。大量实验证明，反应式（7-2）并不是直接发生的，其反应机理至今也没有达到统一，成为科学研究关注的焦点。甲烷制取合成气的各种机理是随实验深入而逐步发现的，其反应机理的优劣见表 7-1。许多实验论证了多种重整反应是耦合在一起的，重整反应机理的研究对后续实验有关键性的指导作用，各种不同的机理所要求的催化剂、条件和设备会不尽相同。

表 7-1 甲烷与 CO$_2$ 重整机理的优劣比较

重整机理	优 势	缺 点
脱氢后重整	速度快，易工业化	易积碳，活化能大
吸氢水蒸气重整	反应简单，易工业化	速度快，难以控制温度
析氧活化重整	不易积碳，产物理想	反应较难，难以控制
CH$_x$O 活化重整	不易积碳，产物理想	反应较难，难以控制

7.1.6 CO$_2$ 合成氨基甲酸酯

氨基甲酸酯类化合物是一类重要的有机化合物，在农业（杀虫剂、杀真菌剂和除草剂）、药物（临床药物）及有机合成中有重要的应用。另外，氨基甲酸酯作为胺基的保护基团在蛋白质化学研究中也有重要的应用。传统的合成方法主要是以剧毒光气或异氰酸酯为原料，经醇解和氨解得到氨基甲酸酯。该工艺工序多、装置复杂、生产过程中产生大量强腐蚀性的盐酸，这对生产装置的密封和耐腐蚀性能要求很高，致使设备投入增加，产品中的残余氯难以去除，环境负担加重，同时由于光气剧毒存在严重的安全隐患。如 1984 年 12 月，印度博帕尔市的美国联碳公司（UCC）发生光气泄漏事故造成惨重损失。后来采用的硝酸脲素盐法虽然避免了使用光气，但硝酸脲盐易爆炸，工业生产事故率高、产率低，不能大规模生产。

考虑到温室气体 CO₂ 资源丰富、安全、价格低廉等原因，直接利用 CO₂ 取代光气对含氮化合物羰化反应制取氨基甲酸酯一直得到人们的广泛重视。以 CO₂ 为基源，制备氨基甲酸酯类化合物的主要方法有胺和 CO₂ 与卤代烷、醇、炔烃、碳酸二甲酯等亲电试剂的反应。其中，通过炔丙醇、二级胺和 CO₂ 制备氨基甲酸酯类化合物的三组分反应，具有原料易得、步骤简单、原子经济性高等较多优点，是近年来研究较多的一条反应路径。

7.1.7　制备碳酸盐和磷石膏

大规模储存与固定 CO₂ 是碳减排的重要途径，主要包括地质封存、海洋封存及矿化封存。地质封存和海洋封存采用物理方法将 CO₂ 封存，存在诸多弊端和潜在风险；相对而言，CO₂ 矿化封存最为安全可靠。其基本原理是通过模仿自然界 CO₂ 的矿物吸收过程，将 CO₂ 固定，同时制取高值化材料和化学品。在自然界中，硅酸盐矿物的风化过程是自然发生的，过程非常缓慢。因此，需要通过过程强化加速反应进程，达到工业上可行的反应速率并使工艺流程更节能，才能实现有效的 CO₂ 矿化固定。

CO₂ 矿化制备碳酸盐的原料主要来自天然矿石和富含钙镁的固体废弃物。天然矿石主要包括富含钙元素的碱土金属、富含镁元素的碱土金属、蛇纹石、小滑石等。富含钙镁的废弃物主要包括钢铁渣、煤飞尘、废弃物的焚化炉灰、废弃的建筑材料，及某些金属冶炼过程中的尾矿等。以固体废弃物为原料进行 CO₂ 矿化制备碳酸盐具有诸多优点：首先原料来源丰富，且靠近 CO₂ 产生源；其次这些固体废弃物具有较高的反应活性，无须额外处理，利于改善环境；最后利用这些固体废弃物固定 CO₂ 的同时可以回收某些贵金属及其他高附加值产物，从而降低经济成本。

CO₂ 矿化制备碳酸盐的过程有干法和湿法之分。干法过程是 CO₂ 气体直接与原料发生气固反应，湿法过程是碳酸化反应在水溶质中进行。含钙化合物通常具有较高的活性，其反应速率大于含镁化合物，因此相关的机制研究大多围绕含镁化合物，特别是含镁硅酸盐矿石的湿法碳酸化过程而展开。湿法碳酸化过程的反应动力学较为复杂，主要包括三步：CO₂ 的溶解；钙镁离子的浸出；碳酸盐沉淀的生成。

磷石膏作为钙基资源，是 CO₂ 矿化的可用原料。同时，磷石膏是湿法磷酸生产过程的工业废渣，其排放量逐年增加，却未得到有效利用。采用堆存处理的方式不仅需要占用大量土地，对环境污染严重，还给磷化工企业造成很大的经济负担。因此利用磷石膏实现CO₂ 矿化固定对可持续发展和环境保护具有重要意义。利用氨水和 CO₂ 处理石膏或磷石膏制备硫酸铵和碳酸钙的工艺被称为默斯伯格流程（merseburg process），其原理是利用氨气、CO₂ 和石膏的复分解反应制备硫酸铵和碳酸钙，总反应方程式如式（7-3）所示。

$$2NH_3 + CO_2 + CaSO_4 \cdot 2H_2O \longrightarrow (NH_4)_2SO_4 + CaCO_3 + H_2O \qquad (7-3)$$

捕集后矿化是将 CO_2 捕集技术和利用磷石膏废渣制硫酸铵技术相结合，先将 CO_2 捕集，再进行 CO_2 的矿化铵化，得到目标产品，该方法在对磷石膏资源化利用的同时实现 CO_2 减排，其工艺流程如图 7-4 所示。

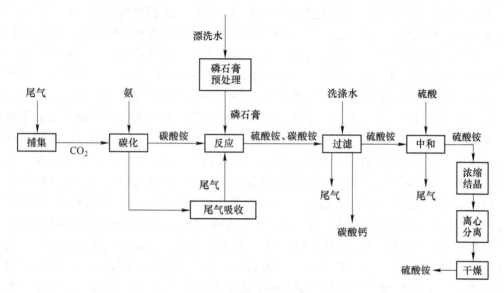

图 7-4　CO_2 捕集后矿化工艺路线图

7.1.8　光催化和电催化下的 CO_2 化学转化

电催化 CO_2 化学转化制备能源产品和化学品是 CO_2 资源化利用的重要途径。与传统的热催化化学转化相比，电催化 CO_2 转化有诸多优势，如反应在温和条件下进行，并可通过电位改变控制反应速率和产物选择性；电解液可以循环使用，减少了化学品的消耗和废液的产生；所需电能可由风能、太阳能、潮汐能等可再生能源提供，反应过程绿色、清洁等。因此，电催化还原 CO_2 制备能源产品和电催化 CO_2 合成化学品已经引起了人们的广泛关注。尤其，随着纳米科技和材料科学的发展，涌现了众多新型电催化材料，实现了 CO_2 的高效转化，获得不同种类的能源产品和化学品，电催化 CO_2 转化成为 CO_2 资源化利用的重要手段。

电化学还原 CO_2（electrochemical CO_2 reduction，ECR）是溶液中的 CO_2 分子或者 CO_2 溶剂化离子从电极表面获得电子而发生还原反应的过程，是一个涉及多电子转移的多步反应过程，包括 CO_2 在阴极表面的吸附、阴极表面的电子转移及产物从电极表面的脱附过程。目前，报道的 ECR 还原产物主要包括一氧化碳、甲酸、甲醇、甲醛、甲烷、乙烯、乙醇、乙酸盐等。有机电合成是电化学和有机化学相互交叉的学科，相比于传统的有机合成，电化学有机合成具有反应流程简单、反应条件温和、选择性高等特点，符合绿色化学发展的需要，因此受到了人们的关注。将电化学方法应用于 CO_2 与有机物的反应，是实现 CO_2 转化和有机物合成的绿色途径。目前，电催化 CO_2 合成化学品研究尚处于初级阶段，涉及的反应主要包括 CO_2 与环氧化物或醇反应合成碳酸酯、CO_2 与有机卤化物、醛、酮的电羧化反应，以及 CO_2 与胺反应合成氨基酯类化合物等。CO_2 电催化合成化学品反应过程大致可分成两类：一是将有机反应物直接电解，产生阴离子中间体，再与 CO_2 进行亲核加成反应，生成高附加值产物；二是通过消耗阳极法，产生活性中间体，再与 CO_2 发生亲核反应，生成最终产物。

光催化 CO_2 化学转化是指在光能驱动下将 CO_2 转化为能源产品和化学品，是 CO_2 资源化利用的理想途径。1979 年，日本东京大学的 Inoue 等成功地利用无机半导体材料将 CO_2 水溶液还原为多种碳氢燃料。自此，光催化转化 CO_2 的研究引起了人们的关注。尤其随着纳米科技的进步，新型光催化材料不断涌现，极大地推动了 CO_2 光催化转化的发展。迄今，基于金属配合物的均相光催化剂、基于无机半导体的多相催化体系，以及近年来发展的有机金属框架杂化材料、基于共轭聚合物和碳材料的非金属多相催化剂等均在 CO_2 光催化转化中得到应用。同时，借助现代先进的表征手段，对光催化反应机理的认识亦逐渐深入。CO_2 的光催化还原仅涉及光源、光催化剂、CO_2、水/还原剂等因素，其过程相对简单，易于操作，是 CO_2 转化的绿色途径。目前，光催化 CO_2 的还原产物主要为酸、CO、CH_4、CH_3OH 与少量 C_2 产物等。光催化剂种类繁多，涉及均相和多相体系。CO_2 光还原的反应机理比较复杂，多数认为 CO_2 的光还原与光引发的多电子转移有关。

自然界中的光合作用是生物利用太阳能，将 CO_2 和水合成碳水化合物的过程。这一过程不仅存储了太阳能，还固定了温室气体 CO_2。但是，自然界光合作用一般效率不高，大部分植物不会超过 1%，生物反应器条件下微藻类的效率也不超过 3%。科学界一直在探索人工光合作用，以期代替目前对石油资源的过度依赖。人工光合作用的思路有多种，其中细菌/无机纳米杂化材料可高效实现人工光合作用。

将具有光催化活性的材料固定在导电基底上做成电极，通过微小的外电场作用迫使光生电子向对电极移动而实现光生电子-空穴的分离，进而参与电极表面的氧化还原反应的过程，称为光电化学反应。如图 7-5 所示，CO_2 的光电催化还原中，将光催化剂做成阴极，CO_2 和 H_2 的还原反应发生在阴极表面，生成燃料；而水的氧化发生在阳极，生成氧气和 H_2。CO_2 的还原反应和水的氧化反应分别发生在两个不同的电极上，能够有效地分离氧化还原产物。光电催化 CO_2 还原可视为将光催化的能量供给优势与电化学的可控性特点结合起来的优化过程，在未来可再生能源驱动的 CO_2 转化利用中将占据越来越重要的地

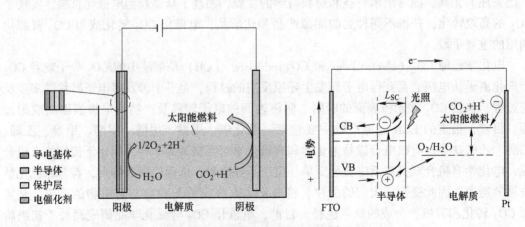

图 7-5 光电化学电池还原 CO_2 制备电池

位。鉴于水氧化反应的过电势较高、动力学较慢，光电化学还原 CO$_2$ 制备燃料迈向实用化的关键在于开发出高效吸收太阳光并氧化水的半导体薄膜光阳极。如何将光能、电能耦合协调好，并设计、构建出合适的光电催化剂及其反应体系是光电催化 CO$_2$ 还原过程亟待解决的问题。

7.2　CO$_2$ 利用

"资源化"，是指通过先进的化学、生物、生物化学技术将回收的 CO$_2$ 转化为有用产品（尤其是可以作为能源使用的产品，如甲烷、液体燃料和甲醇等），从而使自然界碳资源的利用-回收-再利用实现良性循环。由于 CO$_2$ 的性质极不活泼，故除了应用于制备碳酸盐、合成尿素等传统化工领域外，近年来在制备（可生物降解的）聚碳酸塑料方面取得了重大进展，已进入大规模推广阶段，其他很多意义重大的转化技术当前皆处于探索阶段。利用 CO$_2$ 作为新的碳源，开发绿色合成工艺已引起普遍关注。综合利用 CO$_2$ 并使之转化为附加值较高的化工产品，不仅为一碳化学工业提供了廉价易得的原料，开辟了一条极为重要的非石油原料化学工业路线，而且在减轻全球温室效应方面也具有重要的生态与社会意义。随着世界经济的发展及人们对 CO$_2$ 性质的深入了解，以及化工原料的改革，CO$_2$ 作为一种潜在的碳资源，越来越受到人们的重视，应用领域也得到了广泛的开发。CO$_2$ 资源化技术的研究与开发是涉及全人类可持续发展的重大课题，也是一碳化工在 21 世纪的主要发展目标之一。

7.2.1　化工生产资源化利用

7.2.1.1　CO$_2$ 生产化肥

采用 CO$_2$ 可以生产尿素和碳酸氢铵两种化肥产品。目前，有些化肥厂也同时联产纯碱（Na$_2$CO$_3$）。

A　CO$_2$ 生产尿素

尿素的化学名称是碳酰胺，其分子式为 CO(NH$_2$)$_2$。尿素的含氮量为 46.65%，是含氮量最高的固体氮肥。尿素是世界上最重要的氮肥品种，具有营养成分高、肥效快、对土壤和农作物适应性好、不破坏土壤、贮运方便等优点。除作为肥料外，尿素还可作为反刍动物的辅助饲料，动物胃内的微生物能够将尿素转变为蛋白质，能使肉、奶增产。尿素的生产原理与工艺如下：生产尿素的原料主要是液氨和 CO$_2$ 气体。合成尿素用的液氨要求纯度高于 99.5%，油含量（质量分数）小于 0.001%，水和惰性物含量小于 0.5%，并不含催化剂粉、铁锈等固体杂质。CO$_2$ 的纯度要求大于 98.5%，硫化物含量（标准状态）低于 15mg/m^3。

1922 年，德国法本公司奥堡工厂建成世界首座以氨和 CO$_2$ 为原料生产尿素的工业装置，是现代尿素生产工艺的基础。工业上以 CO$_2$ 和液 NH$_3$ 为原料，在高温、高压下直接制备尿素，尿素是通过液氨和 CO$_2$ 气体在合成塔中合成的。在合成塔中，NH$_3$ 和 CO$_2$ 反应生成氨基甲酸铵（甲铵），氨基甲酸铵脱水生成尿素和水，其化学反应方程式如式(7-4)和式（7-5）所示：

$$2NH_3 + CO_2 \longrightarrow NH_4COONH_2 \qquad (7-4)$$

$$NH_4COONH_2 \longrightarrow NH_2CONH_2 + H_2O \qquad (7-5)$$

第一步是放热的快速反应，第二步是微吸热反应，反应速度较慢，它是合成尿素过程中的控制反应。当温度为 170~190℃，NH_3 与 CO_2 的摩尔比为 2：1，压力高到足以使反应物得以保持液态时，甲铵转化成尿素的转化率（以 CO_2 计）为 50%，其反应速率随温度的提高而增大。当温度不变时，转化率随压力的升高而增大，转化率达到一定值后，继续提高压力，不再有明显增大，此时，几乎全部反应混合物都以液态存在。由于该法具有原料获得方便、原子利用率高、产品浓度高、反应条件可控和工艺流程简单等优点，因而目前世界上广泛采用氨和 CO_2 直接制备尿素。

以 CO_2 为原料制备尿素工艺又可分为水溶液全循环法、CO_2 汽提法和氨汽提法。三种工艺各有优缺点，总体来看，水溶液全循环法成本较高；CO_2 汽提法与前者相比，设备减少，流程简化，能耗降低；CO_2 汽提法与氨汽提法相比，汽提压力降低，汽提效率提高，因此该工艺仅需低压分解而无需中压分解，对于新建尿素装置来说，CO_2 汽提工艺投资较少，因此近年来新建尿素装置及大型尿素装置改造大都采用该工艺。目前对尿素制备反应的认识始终围绕着与甲铵相关的两个反应——生成甲铵的反应及甲铵脱水生成尿素的反应而展开。尽管工业上以 CO_2 和氨制备尿素有三种不同的工艺，但工艺条件均为高温高压，主要原因是没有找到合适的催化剂，因而研究者们一直在致力于常温常压条件下制备尿素的研究，不断在新型催化反应、光催化反应和电还原反应等方面进行探索。

各国科学家很少研究制备尿素的原料问题，而是将目光聚焦在氨和 CO_2 制备尿素的工艺问题，通过大量研究来探索提高氨和 CO_2 直接制备尿素的平衡转化率、动力学以及与工艺相关的问题。我国的尿素工业始于 1958 年，南京永利宁厂建成 10t/d 的半循环法中试装置并投入运行；1967 年，国内自行设计建造的 $11×10^4$t/a 水溶液全循环法尿素工业装置在石家庄化肥厂投入生产；1975 年，完成了 $24×10^4$t/a CO_2 汽提法尿素生产装置设计，并在上海吴泾化工厂建成投产；20 世纪 70 年代后，国内陆续引进了 10 余套 $50×10^4$~$60×10^4$t/a 的大型尿素生产装置。到目前为止，水溶液全循环法、CO_2 汽提法和氨汽提法三种尿素工艺在我国均有生产装置。截至 2014 年底，中国尿素生产企业近 200 家，总生产能力达 $8100×10^4$t/a。

提高 NH_3 与 CO_2 的摩尔比，可增大 CO_2 的转化率，降低 NH_3 的转化率。在实际生产过程中，由于 NH_3 的回收比 CO_2 容易，因此都采用 NH_3 过量，一般 NH_3 与 CO_2 的摩尔比不小于 3：1，反应物料中，水的存在将降低转化率，在工业设计中要把循环物料中的水量降低到最小限度。少量氧（空气）的存在能阻缓材料的腐蚀。增加反应物料的停留时间能提高转化率，但并不经济，工艺设计中最佳条件的选择是在经济合理的情况下，追求单位时间的最大产量。典型的工艺操作条件是温度为 180~200℃，压力为 13.8~24.6MPa，NH_3 与 CO_2 摩尔比为 (2.8~4.5)：1，反应物料停留时间为 25~40min。

NH_3 和 CO_2 在合成塔内，一次反应只有 55%~72%（以 CO_2 计）转化为尿素，从合成塔出来的物料是含有 NH_3 和甲铵的尿素溶液。在进行尿素溶液后加工之前，必须将 NH_3 和甲铵分离出去。甲铵分解成 NH_3 和 CO_2 是尿素合成反应中第一步的逆反应，是强吸热反应，用加热、减压和汽提等手段能促进这个反应的进行。尿素合成的基本工艺流程如图 7-6 所示，尿素合成的基本过程是 CO_2 与 NH_3 在合成塔中进行合成反应得到合成反应液，然后未反应的 CO$_2$ 与 NH$_3$ 从反应液中分离出来，之后返回尿素合成塔重新参加反应，分离得到的尿素溶液在浓缩后造粒，最终得到成品尿素。

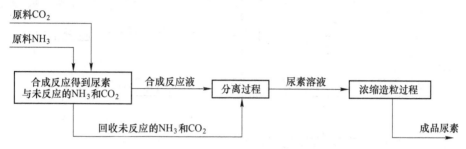

图 7-6 尿素合成的基本工艺流程图

B CO$_2$ 生产碳酸氢铵

碳酸氢铵是我国独自开发的氮肥工业品种，是一种比较常用的肥料，含氮量 17%。碳酸氢铵是 CO$_2$ 最简单、最直接的加工产品。碳酸氢铵化学式为 NH$_4$HCO$_3$，含氮17.7%。由于其容易分解为 NH$_3$，CO$_2$ 和水蒸气三种气体而消失，故又称气肥。碳铵作为氮肥的优点在于其分解产物对植物来说都是有用的养分，不含有害的中间产物或最终分解产物，长期施用不影响土质，使用安全。另外，碳铵的有效成分不易随雨水等下渗流失，淋失量比其他氮肥小，铵离子和形成的硝酸根离子进入地下水，对水质的危害也较小。碳铵的生产原料是合成 NH$_3$，CO$_2$ 和水。工业上生产碳铵的基本原理是：首先使用 NH$_3$ 与水制成浓氨水，而后向浓氨水中连续通入 CO$_2$，浓氨水与 CO$_2$ 发生化合反应，生成碳酸氢铵，如式（7-6）和式（7-7）所示。

$$NH_3 + H_2O \longrightarrow NH_3 \cdot H_2O \qquad\qquad (7-6)$$

$$NH_3 \cdot H_2O + CO_2 \longrightarrow NH_4HCO_3 \qquad\qquad (7-7)$$

碳酸氢铵的生产过程有造气、合成氨、碳化、分离四个阶段组成（见图 7-7）。氨气与水生成氨水，浓氨水吸收 CO$_2$ 生成碳酸氢铵；碳化部分又分为碳化和回收两个部分，一方面，生成的碳酸氢铵经过冷却、过滤、干燥和洗涤得到碳酸氢铵晶体；另一方面，将碳化塔出口气体中的氨回收下来，重新碳化。

尽管碳酸氢铵作为一种重要的氮肥已经应用了多年，但是其存在的明显缺点使其未来的发展遇到了很大的障碍：第一，碳铵的化学性质不稳定，在常规存放条件下就易分解成为 NH$_3$、CO$_2$ 和水，贮存的年挥发损失高达 15%～20%；第二，碳铵的含氮量只有 17%，氮素利用率也较低（仅为 25% 左右），与同等质量的尿素相比，碳铵的施肥面积要小得多；第三，碳铵的肥效期很短，只有 35～45d，远短于尿素和其他复合氮肥，在农作物生长期内需要重复施肥，劳动量需求大。

7.2.1.2 CO$_2$ 生产无机化工产品

以 CO$_2$ 与金属或非金属氧化物为原料可生产 NaHCO$_3$、CaCO$_3$、K$_2$CO$_3$、BaCO$_3$、PbCO$_3$、Li$_2$CO$_3$、MgCO$_3$ 等无机化学品。

以纯碱（Na$_2$CO$_3$）为例。纯碱是一种重要的基本工业原料，其用途非常广泛，可用于生产玻璃、钠盐、金属碳酸盐、漂白剂、填料、洗涤剂、催化剂、染料、耐火材料、釉

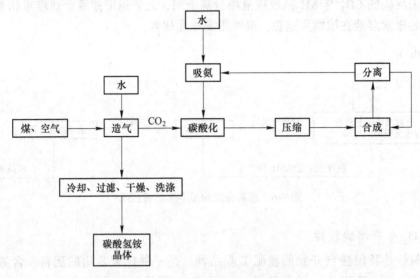

图 7-7　合成碳酸氢铵的工艺流程图

（陶瓷工业）、人造纤维、造纸、肥皂等多种重要的工业和民用产品。另外，纯碱还可以用于工业上的气体脱硫、工业水处理、金属去脂等。纯碱的生产主要有合成碱法和天然碱加工法等。合成碱法又分为氨碱法和联碱法，不同的纯碱生产方法消耗的原料也不同。天然碱法主要以天然生成的以 Na_2CO_3 为主要成分的矿石作为主要生产原料。联碱法和氨碱法消耗的生产原料则主要包括原料食盐（海盐、池盐、矿盐和地下卤水等）、石灰石（用于煅烧生产 CO_2 和生石灰）、NH_3 等。

A　氨碱法（又称索尔维法）

该法由比利时工程师索尔维于 1892 年发明。该方法采用食盐（海盐、池盐、矿盐、地下卤水）、石灰石（经过煅烧后生成生石灰和 CO_2）、合成氨等作为生产原料，该方法的工艺原理如图 7-8 所示。

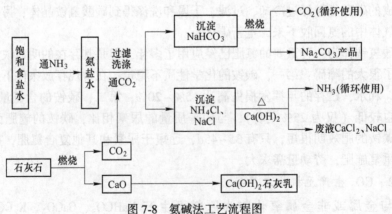

图 7-8　氨碱法工艺流程图

由于该方法需要消耗大量的食盐，出于降低原料成本的考虑，目前大多数采用氨碱法生产的大型纯碱厂都选择建在沿海地区。氨碱法的优点是：原料（食盐）便宜；产品纯碱的纯度高；生产步骤简单，适合于大规模生产。但氨碱法的缺点也很明显：原料食盐的利用率低；存在轻微污染，而且存在环保隐患。由于存在一定的环境问题，发达国家很多采用氨碱法生产纯碱的厂已经停产，仅有经济欠发达的东欧部分企业还在使用氨碱法。在国内，因为部分企业地理位置处于大城市或港口附近，受到环保方面的压力，已经在计划搬迁。

B　联碱法（又称侯氏制碱法）

此法是我国化工专家侯德榜于 1943 年发明的。该方法是将氨碱法和合成氨两种工艺联合起来，同时生产纯碱和氯化铵两种产品的方法。原料是食盐、NH_3 和 CO_2（其中 CO_2 来自于合成氨生产流程的净化废气）。联碱法的主要工艺在前半部分和氨碱法完全一样，也是首先制得饱和氨盐水，而后通入 CO_2 气体，得到碳酸氢钠悬浮液，随后对悬浮液进行过滤，滤得的固体结晶经过煅烧后获得纯碱。与氨碱法的区别在于，联碱法的滤液（主要成分是氯化铵和氯化钠）并不加入熟石灰以回收氨气，而是用于生产氯化铵产品（氮肥）。由于氯化铵常温下的溶解度比氯化钠的要大，低温时则比氯化钠的小，而且氯化铵在氯化钠的浓溶液里的溶解度要比在水里的溶解度小得多，所以在低温条件下，向滤液中再次加入氯化钠，并通入氨气，可以使氯化铵单独结晶沉淀析出，经过滤、洗涤和干燥即得氯化铵产品。此时滤出氯化铵沉淀后所得的滤液，已基本上被氯化钠饱和，可回收循环使用。该方法的工艺流程如图 7-9 所示。

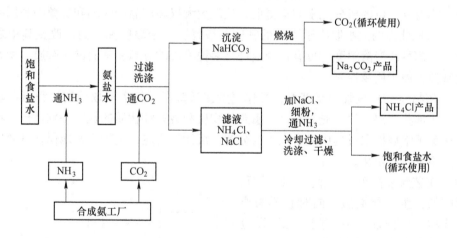

图 7-9　联碱法工艺流程

与氨碱法比较，联碱法的优点如下：原料食盐的利用率高（可达 96% 以上），减少了资源浪费。该方法综合利用了合成氨生产过程排放的 CO_2 和碱厂的氯离子（Cl^-），同时生产纯碱和氯化铵两种产品。碱厂无需建设庞大的石灰密，简化了系统。同时，碱厂的无用成分氯离子被用于制取氮肥，氯化铵不再生成无用又难于处理的氯化钙，减少了环境污染，并大大降低了纯碱和氮肥的成本，体现了大规模联合生产的优越性。联碱法的缺点是产品质量差，纯碱盐分最好只能控制在 0.6% 左右，为了降低盐分而加大洗水用量则会造成母液膨胀，生产无法平衡。另外，由于母液在系统内部循环，硫酸根无法排出，会全部随纯碱析出，所以纯碱产品中硫酸根的含量无法有效控制。

7.2.2 超临界 CO$_2$ 流体技术利用

7.2.2.1 超临界 CO$_2$ 流体

物质处于其临界温度（T_c）和临界压力（p_c）以上状态时（图 7-10），向该状态气体加压，气体不会液化，只是密度增大，具有类似液态性质，同时还保留气体性能，这种状态的流体称为超临界流体（supercritical fluid，SCF），该流体表现出若干特殊性质。

由于超临界 CO$_2$ 密度大，溶解能力强，传质速率高；临界压力适中，临界温度 31℃，分离过程可在接近室温条件下进行；便宜易得，无毒，惰性以及极易从萃取产物中分离出来等一系列优点，当前绝大部分超临界流体萃取都以 CO$_2$ 为溶剂。

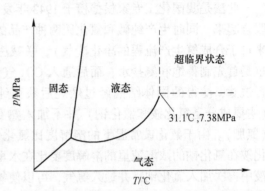

图 7-10   CO$_2$ 压力-温度相图

使用 CO$_2$ 为溶剂的超临界萃取由于其具有以下一系列优点，已成为超临界萃取技术最重要的研究和应用技术：

（1）萃取能力强，提取率高。用超临界 CO$_2$ 提取植物中的有效成分，在最佳工艺条件下，能将要提取的成分几乎完全提取，从而大大提高产品的收率和资源的利用率。

（2）萃取能力的大小取决于流体的密度，最终取决于温度和压力，改变其中之一或同时改变，都可改变溶解度，可有选择地进行多种物质的分离，从而减少杂质，使有效成分高度富集，便于质量控制。

（3）超临界 CO$_2$ 因临界温度低，操作温度接近室温，整个提取分离过程可在暗场中进行，对于那些在湿、热、光等条件下敏感的物质和芳香性物质的提取特别适合，在很大程度上避免了常规提取过程中经常发生的分解、沉淀等反应，能较完好地保存有效成分不被破坏，不发生次生化。

（4）工艺流程简单、工序少，耗时短，提取时间快，生产周期短，同时它不需要浓缩等步骤，即使加入夹带剂，也可通过分离功能除去或只需要简单浓缩。

（5）超临界 CO$_2$ 还具有抗氧化、灭菌等作用，有利于保证和提高产品质量。

（6）超临界 CO$_2$ 萃取，操作参数容易控制，因此，有效成分及产品质量稳定，而且工艺流程简单，操作方便，节省劳动力和大量有机溶剂，减少三废污染。

（7）CO$_2$ 无色无味无毒，且通常条件下为气体，因此过程无溶剂残留问题。

超临界 CO$_2$ 萃取工艺过程如图 7-11 所示。

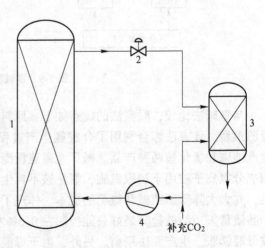

图 7-11   超临界 CO$_2$ 萃取工艺

1—萃取釜；2—减压阀；3—分离釜；4—加压泵

被萃取原料装入萃取釜，采用 CO$_2$ 为超临界溶剂。CO$_2$ 气体经热交换器冷凝成液体，用加压泵把压力提升到工艺过程所需的压力（应高于 CO$_2$ 的临界压力），同时调节温度，使其成为超临界 CO$_2$ 流体。CO$_2$ 流体作为溶剂从萃取釜底部进入，与被萃取物料充分接触，选择性溶解出所需的化学成分。含溶解萃取物的高压 CO$_2$ 流体经节流阀降压到低于 CO$_2$ 临界压力以下，进入分离釜（又称解析釜）。由于 CO$_2$ 溶解度急剧下降而析出溶质，自动分离成溶质和 CO$_2$ 气体两部分。前者为过程产品，定期从分离釜底部放出，后者为循环 CO$_2$ 气体，经热交换器冷凝成 CO$_2$ 液体再循环使用。整个分离过程是利用 CO$_2$ 流体在超临界状态下对有机物有特殊增加的溶解度，而低于临界状态下对有机物基本不溶解的特性，将 CO$_2$ 流体不断在萃取釜和分离釜间循环，从而有效地将需要分离提取的组分从原料中分离出来。

7.2.2.2　萃取应用

A　在食品工业中的应用

超临界 CO$_2$ 萃取技术采用的超临界 CO$_2$ 萃取剂具有无燃性、无化学反应、无毒、无污染、无致癌性、安全性高、操作工艺简单及省时等优点，因此在食品工业中越来越受到重视。以植物油脂萃取为例，植物种子富含油脂，传统的提取采用压榨法或溶剂萃取法。用压榨法，油脂得率低；用有机溶剂萃取时，油脂的收率大大提高，但存在溶剂回收和产品带有溶剂残留等问题，且两种方法都不能有效进行物质成分的选择性萃取。超临界 CO$_2$ 萃取对植物油脂的应用比较广泛、成熟。大量研究表明，超临界 CO$_2$ 萃取得到的油品，油收率高，杂质含量低，色泽浅，并且可省去后续的减压蒸馏和脱臭等精制工序。与传统方法相比，萃取油脂后的残粕仍保留了原样，可以很方便地用于提取蛋白质、掺入食品或用作饲料。因此，超临界 CO$_2$ 萃取技术广泛用于开发那些具有高附加值的保健用油品上，如米糠油、小麦胚芽油、沙棘油、葡萄籽油等，并取得工业应用成果。

B　在香料工业中的应用

由于超临界 CO$_2$ 萃取技术特别适合香料界对产品的自然、纯净和无污染的要求，所以在香料工业中具有广泛的应用前景，现今研究工作主要集中于天然香料的萃取加工方向。

柑橘类果汁和精油提取具有重要的价值。在柑橘加工工业中，主要问题是如何生产具有自然香气的果汁和减少不希望的性质，如因加热造成的气味以及苦味。柑橘精油是柑橘加工过程中重要的副产品，主要来源于柑橘类的外皮，是一种重要的天然精油。通常其提取方法是冷磨、冷榨和蒸馏法，其中以冷磨法油品最佳。应用超临界 CO$_2$ 提取柑橘精油与冷榨法相比，回收率大，油品高。超临界 CO$_2$ 萃取对柑橘油的另一个应用是精油脱萜。植物精油主要由萜烯类和高级醇类、醛类、酮类、酯类等含氧化合物所组成，萜烯烃类含量很高，但对精油香气的贡献很小。对精油特殊香气具有重要作用的是精油中的含氧化合物及醛、醇、酯、酮和有机酸的结构及其相对比例。由于精油中萜烯类化合物以不饱和烃为主，它们对热和光不稳定，在空气中很易氧化变质而影响柑橘油的质量，因此有些精油在应用中往往需要预先脱萜浓缩。采用超临界 CO$_2$ 萃取技术脱萜时，由于精油中半萜烯烃类与含氧萜类在超临界 CO$_2$ 流体中溶解度几乎相同，因而很难分开，但由于两者极性的差异，可通过增加极性的方法，将其加以分离。此外，超临界 CO$_2$ 萃取技术也常用于水果、蔬菜汁的浓缩。液体二氧化碳的极性较小，对果汁中的醇、酮、酯等有机物的溶解能力较强，因此比较适用于果汁和蔬菜汁的香味的浓缩，并且产物中无溶剂残留，其安全性远较有机溶剂浓缩法要高，所得产品富含含氧成分，香气风味俱佳。

C　在中草药有效成分提取中的应用

传统的提药制药过程主要是以水和有机溶剂为溶剂，在较高温度下长时间提取，这种方法本身存在许多固有缺陷，如有效成分的损失、分解、变化及有机溶剂残留等。因此，借助现代高新技术手段，改革传统的提药制药工艺以获取高质量的制药原料，使其符合现代医药的严格要求已成为当务之急。超临界流体萃取技术作为一种新型的化工分离技术，在很大程度上避免了传统提药过程中的缺陷，而且对环境保护也具有十分重要的作用，为我国的中药现代化、国际化提供了一条全新的途径。

对于中草药中的多糖，传统提取中大多采用不同温度的水、稀碱溶液提取，然后采用分步沉淀法、盐析法、金属配合法、季盐沉淀法等分离纯化。而对于各类苷而言，由于苷元的结构不同，所连接的糖的种类和数目也不一样，还难有统一的提取方法。如果用极性不同的溶剂按极性从小到大的次序进行提取，则在每一部分都可能有苷的存在。由于糖及苷类的化合物分子量较大，羟基多，极性大，用纯 CO_2 提取率低，加入夹带剂或加大压力则可提高产率。

超临界 CO_2 萃取对于香豆素和木脂素的提取是一种非常有效的方法。通过采用多级分离或与超临界精馏相结合可以得到有效成分含量很高的提取物。对于游离态的香豆素和木脂素一般只需用纯超临界 CO_2 提取即可，对于相对分子质量较大或极性较强的成分，有时要加入适当的夹带剂；对于以苷存在的成分，则几乎不能用超临界 CO_2 有效提取。

D　在高分子加工中的应用

研究表明，超临界 CO_2 流体对聚合物有强的溶胀能力。人们利用超临界 CO_2 流体的这一特征，可以很方便地在 CO_2 溶胀协助下，把一些小分子物质渗透进高聚物，待 CO_2 从聚合物中解吸逸出后，这些物质便留在了高聚物中，用这种方法可以将香料、药物等引进高聚物。若将引进的物质进一步引发反应，则可得到各种各样的共混材料和高分子复合材料。在一定条件下将超临界 CO_2 渗透进某些高聚物，然后减压解吸，就可以得到微孔泡沫材料。此外，还可以利用超临界 CO_2 流体技术制备高聚物微粒和微细纤维。

E　在制革工业中的应用

制革染色废水是制革工业的一个重要污染源。为了解决染色污染问题，曾有研究者报道，以有机溶剂作为介质实施皮革染色的报道。虽然这种方法大大减少了制革染色废水的排放，但却带来了有机溶剂污染以及回收利用等新问题。据报道，超临界 CO_2 流体技术在织物、毛纺品和丝绸染色方面的应用，已经取得了很好的效果，不仅染色质量好，而且消除了染色废水对环境的污染。四川大学廖隆理等人在国内率先开展了在超临界二氧化碳流体介质中实施皮革染色的研究。结果表明，在超临界 CO_2 流体介质中进行染色的工艺条件为：温度 55℃，压力 1.5MPa，染料用量 20%，作用时间 60min，在染色过程中最好添加适当的助剂，当坯革含水量在 50% 左右，助溶剂用量为皮重的 10%，采用这一技术染色，具有节约染料、上染率高、染料分散均匀、结合牢固等优点，是一种新的无污染的染色技术。

F 在染色行业中的应用

超临界流体染色是近年提出的一种以超临界流体代替水作为染色介质的新工艺。尽管许多物质都可以作为超临界流体使用，但从生态和技术的角度考虑，CO_2 被更广泛采用。超临界 CO_2 流体作为染色介质，对分散染料的溶解能力比水高得多。在超临界 CO_2 中，分散染料一般处于单分子状态，因此无需加入大量的离子型分散剂。染料溶解度高，不仅可提高上染速率，还可提高匀染性，避免分散染料在水中由于分散稳定性降低所引起的各种问题。

超临界 CO_2 流体染色技术的核心是以超临界 CO_2 流体代替水作为过程溶剂，理论基础是超临界流体的良好溶解和扩散性质。分散染料可分为水溶性染料、酸性染料、直接染料、阳离子染料和反应染料等种类，由于在分子构成上的差异，它们在超临界流体中的溶解度也不同。另外，分散染料的亲水性/疏水性相互关系也将直接影响它们的溶解能力和染色过程对流体的选择。在传递方面，一般情况下超临界流体分子的扩散系数是同种液体分子扩散系数的 100 倍左右，这就是溶解分散在超临界 CO_2 流体中的物质易扩散、渗透能力强的原因所在。其工艺就是利用了染料在超临界 CO_2 中的溶解度随着流体密度的提高而提高的原理，提高温度后降低了流体的密度和染料在溶液中的数量，促进染料在纤维上的扩散，因此，这种新方法能够大大节省印染操作时间。

7.2.2.3 发电

超临界 CO_2 可用来做动力循环的工质，它能在很小的体积内传递很大的能量（见图 7-12）。超临界 CO_2 循环发电具有环境友好、热效率高、经济性好等特点，是未来清洁高效发电技术和能源综合利用技术的热点研究方向，是一项将带来发电变革的新技术。

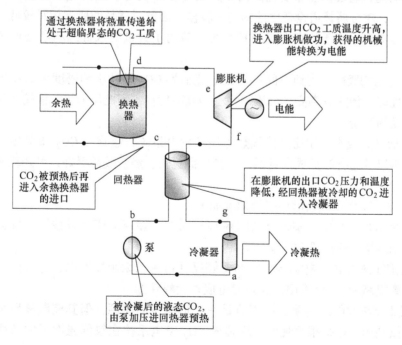

图 7-12 CO₂ 发电循环系统

近十几年来，美国、英国、法国、捷克、日本、韩国等均开展了超临界 CO_2 循环发电的相关研究。我国在 2012 年左右开始基础技术的分析和设计的研究。超临界 CO_2 循环发电作为重要的能源装备已列入《中国制造 2025——能源装备实施方案》。2018 年 5 月，中国电机工程学会发布《能源动力领域十项重大工程技术难题》，超临界 CO_2 太阳能热发电技术被列为其中之一。2018 年 9 月和 11 月，中科院完成了国内首座大型超临界 CO_2 压缩机实验平台和双回路全温全压 S-CO_2 换热器综合试验测试平台的建设工作，填补了国内相关试验测试平台的空白。

超临界 CO_2 发电系统是一种以超临界状态的 CO_2 为工质的布雷顿循环系统，其循环过程是：首先，超临界 CO_2 经过压缩机升压；然后，利用换热器将工质等压加热；其次，工质进入涡轮机，推动涡轮做功，涡轮带动电机发电；最后，工质进入冷却器，恢复到初始状态，再进入压气机形成闭式循环。

为了提高换热效率，通常会采用中间回热的方式，利用涡轮出口工质的余温预热压缩机出口的工质。循环还可采用多级压缩中间冷却技术进一步提高效率。

由于超临界 CO_2 流体具有独特的性质，采用超临界 CO_2 布雷顿循环作为发电系统的热力循环系统，还具有以下优点：

（1）系统具有更高的循环效率。水蒸气、He 和 CO_2 作为工质在不同温度下的循环热效率不同。在高于 400℃ 时，超临界 CO_2 具有明显的优势。在温度达 550℃ 时，超临界 CO_2 发电系统热能转化为输出电能的效率一般可达 45%。随着温度的升高，效率也显著提高。超临界 CO_2 不需要很高的循环温度即可达到满意的转换效率，而 He 循环要想获得 40% 的循环效率，循环温度必须在 750℃ 以上，这对部件材料的性能提出了很大的挑战。

（2）对管道设备腐蚀速率更低。由于超临界 CO_2 具有稳定的化学性质，相比于高温高压的水蒸气，对金属管道设备侵蚀的速率较慢，因此对材料的要求相对较低。

（3）无水处理。由于不存在水处理系统，节约了大量的水资源和水处理剂等，减少了初始投资。

（4）系统结构紧凑，占地空间小。由于超临界 CO_2 黏性小和密度大的物理特性，使其具有流动性好、传热效率高、可压缩性小等典型优势，因此压缩机、涡轮机等关键部件体积较小、结构紧凑。

（5）降低电力成本。相比水蒸气热力循环发电系统，超临界 CO_2 布雷顿循环发电系统的建设成本以及运行维护成本更低，并且寿命更长，经济效益更好，可降低平准化电力成本 8%~15%。

超临界 CO_2 循环发电的潜在应用领域如下：

（1）核反应堆。目前，国外对超临界 CO_2 布雷顿循环的研究以核反应堆为主要应用对象，包括钠冷堆、铅冷堆和熔盐堆等。

（2）太阳能热发电。超临界 CO_2 布雷顿循环可用于太阳能发电，并且能使太阳能光热式发电效率提高 8%，使太阳能光热发电成本大幅降低。

（3）工业废热发电。尽管工业废热是一种低品位的能源，但其储藏量巨大，即便是一小部分得以利用，也是很可观的。超临界 CO_2 发电系统在较低温度下的效率相比同类热电系统高，体积小，便于安装。

（4）舰船发电及推进系统。由于舰船内部空间有限，对船内设备体积限制要求严格，而超临界 CO$_2$ 发电系统效率高、体积小，对于提高发电效率，节省能源，减小发电系统体积和质量等诸多方面均有优势。目前国内 95% 民用船舶动力是柴油机，热效率在 50% 左右，其中排气损失热能量为 25%，温度在 250~350℃ 之间。其排气余热只有很少的热能被利用，大多数热量被排掉。军用舰艇上的动力绝大多数来自燃气轮机，动力效率在 40% 以内，排气能量更大、温度更高，配用超临界 CO$_2$ 热机，将会节约更多的燃油。

（5）矿石燃烧发电。在氧环境中直接燃烧天然气、煤制气等矿石燃料，产生超临界状态 CO$_2$ 驱动涡轮机发电。发电后的 CO$_2$ 流体经过简单处理，一部分继续循环发电，多余部分可直接进入碳捕集与利用技术（CCUS）环节。对于实现低成本的碳捕集与利用，实现火电站真正的近零排放具有重要意义。

当前，超临界 CO$_2$ 也面临一定的挑战。超临界 CO$_2$ 发电是未来能源综合利用的一个发展方向，要全面掌握和利用该技术，重点需要在以下几个方面开展研究。

（1）超临界 CO$_2$ 物性、换热规律复杂，需要系统性研究。超临界流体不同于常规液体或气体，在热力学变化过程中会偏离理想气体，特别是在近临界区和跨临界点时，热力参数呈非线性变化，其独特物性带来的流体流动和换热规律的特殊性，会使系统变工况运行和负荷调节控制难度变大，因此需要全面掌握超临界 CO$_2$ 物性、换热规律。

（2）超临界 CO$_2$ 发电系统运行状态控制难度大，需要开展控制研究。系统循环的高效率是建立在冷凝器出口即压气机吸入口（循环起点）的 CO$_2$ 仍处于 32℃、7.4MPa 超临界状态的临界点上，当系统输出需求发生变化时，整个系统的热量获取、冷却量供给、高速涡轮发电机、高速压气机的转速均要做相应调整，需要精确调节控制，确保系统仍处于超临界状态以上，才能使系统效率达到最优。

（3）需要突破超临界 CO$_2$ 高速涡轮发电机组设计制造技术，提高发电效率。涡轮发电机组的效率和可靠性是确保超临界 CO$_2$ 发电技术优势发挥的关键，确保涡轮发电机高转速是设备减少体积、降低质量、提高效率的重要途径。涡轮发电机组在设计过程中，在确保高转速的前提下，既要兼顾高速精密轴承、转子运行稳定性，同时要充分考虑超临界 CO$_2$ 工质温度、压力、密度等参数，以及发电机电磁、温升等参数的影响问题，因此高速涡轮发电机组的设计与制造是系统高效率的保证。

（4）高效换热器是超临界发电系统工程应用的基础。超临界 CO$_2$ 布雷顿循环要求压缩机参数处于近临界点，降低换热端差，同时对于临界点附近的换热性能突变充分考虑运行裕量，实现这些目标要求有紧凑、高效和可靠的换热器进行快速的热量交换，实现低温差高效换热。

（5）系统材料耐压、耐高温、耐腐蚀要求高，需要研究高性能材料。为实现高效率，必须提高系统热力循环的温度、压力，要求超临界 CO$_2$ 热力循环压力达 15~32MPa，温度达 550℃ 以上。为了满足高温高压参数要求，加热器、涡轮机、发电机的材料都必须具有高强度、耐高温、耐腐蚀性的特点，设备的加工、生产、热处理、检验探伤等工艺则需要技术突破。

7.2.3 食品工业资源化利用

CO$_2$ 在碳酸饮料（如可乐）制作中的应用已众人皆知。随着人民生活水平的提高，CO$_2$ 在食品的冷冻、保鲜、水果和蔬菜的气调储运中的应用也越来越多。冷冻食品以每年

10%~30%的速度增长，这给 CO_2 提供了广阔的用武之地。CO_2 作为制冷剂，是利用液体或固体 CO_2 汽化达到制冷的作用，比机械制冷工艺简单，尤其是无毒副作用，无二次污染。

7.2.3.1 保鲜

在农产品领域中，CO_2 应用广泛，效果明显，成本低廉。CO_2 的保鲜效果实质上是它所引起的物理、化学和生物化学效应的综合体现。农产品性质不同，CO_2 的作用和应用技术的要求也不同。

A CO_2 在果蔬、粮食保鲜中的应用

近几年来，我国水果产量迅速增加，然而，果农的收入并没有和产量的激增成比例地增加，其原因是水果产量增加后，保鲜及加工落后，水果收获期集中，出现卖果难，售价低，腐烂严重，果农经济损失惨重。发达国家蔬菜水果产品损失不到5%，据统计，我国蔬菜、水果损失达25%~30%。如果我们运用保鲜技术使产品储藏损失降低一半，每年即可减少500多万吨水果和3000多万吨蔬菜的损失，相当于1000亿元的经济效益。

气调储藏是当今最先进的果蔬保鲜储藏方法。气调储藏的实质是在冷藏的基础上增加气体成分调节。气调储藏在低氧（一般1%~5%的氧气含量）、适当的 CO_2 浓度条件下，可以大大抑制果蔬呼吸，抑制有害菌的繁殖生存，减少腐烂，保持果蔬优良的风味和芳香气味，抑制水分蒸发，保持果蔬新鲜度，而且还可抑制酶的活性，抑制乙烯产生（果蔬储藏中自身会产生乙烯气体，乙烯又促使果蔬加快后熟和衰老），延缓后熟和衰老过程，长期保持果实硬度和新鲜度，延长储藏期和货架期。图7-13为 CO_2 气调系统示意图，气调技术的核心就是将食品周围的气体调节成与正常大气相比含有低氧浓度和高 CO_2 浓度的气体，并配合适当的温度条件来延长食品的寿命。果蔬经过气调保鲜后，储藏时间可大大延长（蒜苔240~270d，苹果180~240d，猕猴桃150~210d，葡萄60~90d，枇杷、嫩玉米棒30~60d）。气调保鲜技术充分利用了气体（CO_2、氧气）的作用，如果再与一定的低温配合，可使费用昂贵、技术复杂的严格意义上的气调技术的效果以一种简易、实用的方式基本实现。目前采用透气性的塑料薄膜袋包装，袋内保持1%氧含量，10%~15% CO_2

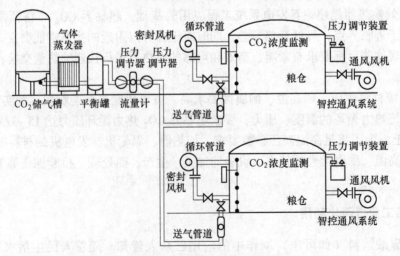

图7-13 CO_2 气调系统示意图

含量，对蘑菇进行简易气调保温表明，在 3~5d 内保持鲜嫩不开伞，基本无褐变，失水率低于 1%，可使蘑菇在 4d 内保持洁白，保鲜度佳。

粮食安全储藏具有重要的战略意义，今后的市场对粮食的种用、食用和工艺品质要求更高。含水量、温度、CO_2、氧气、病虫害等对储粮的组织有着重要影响，因此，成熟的低水分粮食，其代谢水平已极为显著地降低，在低氧气、高 CO_2 的环境中能很好地储藏，而含水量高于安全水分的粮食，则应该给予适当低温、高 CO_2、低氧气的处理。通常 CO_2 含量应高于 12%。果蔬、粮食出自田间，原始带菌量大。果蔬的微生物病害、粮食的虫霉污染是造成巨大损失的主要原因。污染果蔬、粮食的微生物大多具有好氧性，因此提高 CO_2 的浓度可有效抑菌。一般认为 CO_2 达到 8% 时，微生物生长受到抑制。粮食害虫是储粮的最大危害。据研究，15% 的 CO_2 对害虫有明显防治效果并使不同害虫的发育期明显推迟。CO_2 对拟谷盗、玉米象等 5 种主要害虫不同发育期虫体致死的最低有效含量为 45%。化学防腐剂、熏蒸剂大量用于果蔬、粮食的储藏，实践证明由于处理对象抗药性的产生，其药效随着使用时间的延长而降低，更重要的是化学药品不但污染环境，而且还会引起食品安全问题。全球农产品总量巨大、种类繁多，保鲜必不可少，CO_2 的天然无害性决定其具有广阔的应用前景。

B CO_2 在新鲜鱼、肉保鲜中的应用

失去生命的新鲜鱼、肉的蛋白质、脂肪、水分含量较高，极易在环境的影响下氧化、变质、腐败。CO_2 能有效抑制好氧性微生物并防止脂质氧化酸败，鱼类脂肪中因含有较多的不饱和脂肪酸而对氧气更为敏感。在自由基引发的脂质自氧化链式反应过程中会产生多种过氧化物，最终产物中小分子醛、酮、酸使脂肪产生恶劣的气味，因此防止脂肪氧化始终是新鲜鱼、肉保鲜的一个重点。另外，CO_2 对好氧性微生物尤其对革兰氏阴性杆菌的抑制作用明显。在同温同压下，CO_2 可以 30 倍于氧气的速度渗入细胞，对细胞膜和生物酶的结构和功能产生影响，导致细胞正常代谢受阻，使病菌的生长发育受到干扰甚至破坏，引起鲜肉腐败的常见菌——假单胞菌、变形杆菌、无色杆菌等在 20%~30% 的 CO_2 中受到明显抑制。根据国外大量研究和商业应用的情况，推荐使用的 CO_2 含量如下：肉类，20%~30%；鱼类，40%~60%。但还应注意到由于各种畜肉肉色鲜红是其重要的感官指标，需要氧气与血红素 F22+ 结合成氧合肌红蛋白，因此使用 CO_2 必须同时设定合理的氧浓度。

7.2.3.2 饮料

碳酸饮料是在一定条件下充入 CO_2 气的制品，是软饮料（非酒精饮料）的一种。按照我国软饮料的分类标准，碳酸饮料（汽水）分为：果汁型碳酸饮料、果味型碳酸饮料、可乐型碳酸饮料、低热量型碳酸饮料和其他型碳酸饮料。CO_2 改善了碳酸饮料的风味，参与提供了酸性环境，产生刺激性的清凉爽口感并赋予了碳酸饮料特有的泡沫奔涌的外观。首先是调节风味，在饮料中碳酸起到调节溶液 pH 值的作用，使饮料中各种原料风味更协调；其次起防腐作用，碳酸可使 pH 值下降，耐酸菌除外，其他的微生物均难以繁殖和生存，CO_2 的存在使容器内缺氧，许多嗜氧菌也无法生存，CO_2 使容器内有一定的压力，压力也能使微生物生长条件被破坏甚至死亡。这些特性可以使汽水、汽酒类饮料具有较好的防腐能力，从而延长了保质期。所以碳酸饮料的 CO_2 含量是一个重要的特征质量指标。碳酸饮料的发泡和刺激味道来自 CO_2，饮料内的 CO_2 使用量取决于特定的口味和品牌，

加工中使用低温液体和增大压力使更多的 CO$_2$ 溶解来加速碳酸化作用。饮用时由于温度增高使 CO$_2$ 汽化，产生刺激并带走人体热量，所以给饮用者以清凉感。

食品工业门类繁多，CO$_2$ 的应用正向多方面拓展：双歧杆菌乳品中的活菌数备受关注，致使许多研究者力图改进工艺来提高发酵水平，增加活菌数。在菌种培养阶段，通入 CO$_2$ 维持一定的压力既可形成有利于生长繁殖的严格厌氧环境，又降低了对设备的要求，活菌数比静止培养提高 10% 以上，并缩短了发酵周期；食品生产中需要排除、隔绝空气，防止氧化时，常采用 CO$_2$ 充填、置换，以此实施惰性保护；利用 CO$_2$ 生产充气糖果；现场制作冰镇饮料，即在饮料中直接加入干冰，由于其剧烈升华大量吸热，既形成雾状物又使饮料快速降温，使消费者倍增兴趣。

7.2.3.3 冷藏和冷冻

制冷技术是食品工业的关键技术之一。50 多年前，CO$_2$ 制冷循环技术就获得了一定的商业应用，但其后为氟利昂制冷剂所取代。而氟利昂的致命弱点在于对臭氧层的破坏，出于环保的科学理念，以 CO$_2$ 等自然工质制冷的技术又重新受到广泛关注。根据 CO$_2$ 自身物化特征和热力学性质，CO$_2$ 工质的利用既有突出的优点也存在必须克服的技术弱点。随着研究的深入和技术上的突破，CO$_2$ 制冷循环将会在许多领域成功应用。图 7-14 为 CO$_2$ 作为制冷剂的发展历程。

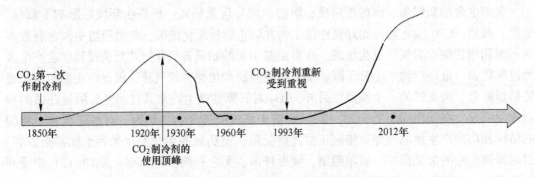

图 7-14 CO$_2$ 作为制冷剂的发展历程

干冰是 CO$_2$ 的固体，是一种比冰更好的制冷剂，其升华潜能为 590.34kJ/kg，约为冰的 1.8 倍，因此冷却的温度比冰低得多，可以产生 -78℃ 的低温。而且干冰熔化时，不会像冰那样变成液体，它直接蒸发成为温度很低的、干燥的 CO$_2$ 气体，因此它的冷藏效果特别好。由于可直接升华为气体且无毒，因此常用于保藏容易腐烂的食品，如干冰用于冷冻和保藏鱼、肉类、蔬菜、水果等食物。同时 CO$_2$ 有抑菌作用，能抑制微生物活动达到保鲜的目的。干冰最大的优点就是气体不会化水污染食物，用于储存速冻食品、航空食品、长短途冷藏运输。但是干冰冷冻保藏食品的费用比较高，限制了其应用范围。速冻无疑是保证食品新鲜优质的最有效手段之一，以新鲜食品为原料的速冻，必须在低温下，30min 内快速通过大量冰晶生成带（$-5 \sim -1$℃），且中心温度降至 -18℃ 以下，所形成的晶粒小于 100μm，常规的 NH$_3$ 或 Freon 冷却工艺难以完全满足上述要求。CO$_2$ 液化后可在 -78.5℃ 下释压迅速气化吸收蒸发潜热 571.3kJ/kg，如气体部分温度上升至 -20℃，再吸收显热 49.5kJ/kg，共吸热 620.8kJ/kg，采用液态 CO$_2$ 的速冻机冻结室温度为 $-70 \sim$

−60℃，液体 CO$_2$ 从专门设置的喷嘴中喷到食品上立刻变成雪花状干冰，干冰在常压下升华，吸收大量热量，使食品快速均匀降温至冻结点之下而整体冻结，几分钟之内即可通过最大冰晶生成带，其间干耗和氧化受到有效控制。CO$_2$ 速冻技术适用于有下述特征的产品：含水量高，解冻流失水分多引起外形变化；脂肪含量尤其是不饱和脂肪酸含量高；高淀粉、高维生素；高天然色素；高价值生物活性成分；含特殊的风味物质等。

在冷冻食品加工企业中，食品速冻设备正在逐渐普及，国外先进的冻结技术和设备也被普遍采用。按冻结方式分类，速冻设备可分为：空气循环式、接触式和喷淋式。喷淋式则主要采用将液氮、CO$_2$ 液体喷淋在食品表面，靠液体蒸发带走食品内的热量，达到快速降温的目的。由于 CO$_2$ 液体制取需要特殊的设备和工艺，来之不易，如果没有便利的条件，势必会加大食品加工成本，但 CO$_2$ 速冻法具有温度低、冻结快的特点。对于无包装的小尺寸食品冻结时间为 4~8min，每千克食品耗用 CO$_2$ 0.5~2.0kg。CO$_2$ 用于食品的急速冷冻、冷却和保存时，在绝热的冷冻室中，把液体 CO$_2$ 直接喷射到鲜肉、鱼、贝及香菇、饺子、春卷等各种新鲜和加工食品上，使食品在瞬间冷冻，急速地通过 0~5℃ 这个最大的冰结晶生成区，生成的冰晶数量多而细小，不破坏食物的组织，可以保持冷冻前的鲜味。如果是一些附加值特别高的产品，为提高冻结速度，降低冻结温度，采用这种方法值得，但对于利润越来越小的大众化食品来说，很难推广。许多果蔬、食用菌、肉、鱼、虾、蟹及用其加工成的片状、丸状、糜状物，点心、风味小吃、微波食品，蜂王浆、花粉、微生态活菌产品可以采用 CO$_2$ 速冻技术保持其高品质。当前食品速冻正朝着低温、快速和单体冻结方向发展，液体 CO$_2$ 作为直接制冷介质（成本低于液氮）所具有的诸多优异性能，正好可以满足这一需要。CO$_2$ 速冻装置结构简单耐用，易于推广。

7.2.3.4　其他用途

CO$_2$ 除了以上在食品工业的主要应用外，还有许多用途。

（1）CO$_2$ 干燥食品：用 CO$_2$ 代替空气干燥食品的技术是以 CO$_2$ 作为干燥介质，可以在较低温度（32.2~46.1℃）下干燥食品。加工出的产品质量好，如能够较好地保留新鲜果蔬的香气、色泽和质构，很容易复水，复水后仍保持其新鲜的品质，并且成本大大地低于冷冻干燥，其质量效果可以与冷冻干燥相媲美。

（2）制造冰淇淋：主要原料为水果、蔬菜、干果和优质的冰淇淋，加入 CO$_2$，冰淇淋的膨化率可达 100%，口感清爽。

（3）油脂防止氧化：食用油脂容易氧化变质，储藏不善时极易酸败，长期摄取变质的油脂会中毒诱发癌变。近年来试验证明，用 CO$_2$ 转换油脂储罐上部空间的空气，可达到油脂隔绝氧气以防油品氧化变质。通过试验，油脂的过氧化值无明显变质，已取得大型储罐储藏油脂的满意结果。

7.2.4　CO$_2$ 采油

CO$_2$ 采油，就是将 CO$_2$ 注入油藏开采原油。CO$_2$ 采油关键技术主要包括 CO$_2$ 驱技术、CO$_2$/水交替驱（water alternating gas，WAG）技术和 CO$_2$ 吞吐技术。对于经过一次采油（自喷）、二次采油（注水助采）后的油井，可压注 CO$_2$ 对残留地下的石油进行第三次开采。在高压下 CO$_2$ 可渗入地层的死角和边沿，增加残留的原油流动性并使其驱向油井喷出地面，得以强化回收石油。CO$_2$ 的溶解使得油和水的黏度、密度和压缩性得到改善，从而有助于提高采收率。利用 CO$_2$ 作为油田助采剂可提高石油采收率 7%~15%，提高采收率技术的发展极为迅速，使全世界的石油产量提高近一半。CO$_2$ 驱油藏筛选评价方法在 CO$_2$ 驱油项目实施之前，对油藏进行筛选评价可提高 CO$_2$ 驱项目的成功率和经济效益。从 CO$_2$ 驱油机理出发，综合分析了影响 CO$_2$ 驱油效果的地质、工程、经济因素，建立了综合考虑油藏特征、储层特征、原油特性、开发特征和经济因素的 5 大类 21 个评价参数的适宜度评价方法，见表 7-2。

表 7-2　CO$_2$ 适宜度评价体系

参 数 类 别	评 价 参 数
油藏特性	油藏温度
	油藏倾角
	油藏压力
	裂缝发育程度
	储量规模
储层特性	储层渗透率
	储层孔隙度
	储层润湿度
	储层非均质性
	储层厚度
	储层连通性
原油特性	原油密度
	原油黏度
	溶解气油比
开发特性	注入压力
	注采井网
	剩余油饱和度
	采出程度
	综合含水率
经济因素	经济极限初产
	经济极限累产

7.2.4.1 基本原理

A 混相采油机理

CO$_2$ 混相驱采油关键为液态或超临界状态 CO$_2$ 对原油轻组分的抽提和 CO$_2$ 在原油中的溶解。其必要条件是在一定温度和压力下，液态或超临界状态 CO$_2$ 与原油的界面张力接近零，CO$_2$ 实现对较多的原油轻组分产生明显抽提，使 CO$_2$ 与原油"混相"。由于油藏温度、压力和原油组成的限制，实际上 CO$_2$ 只能与部分原油轻组分实现混相，并不能与所有的原油组分混相。因此，只有在原油轻组分含量较多，油藏温度较低，压力较高的情况下，CO_2 与较多的原油轻组分发生抽提和溶解，才能与原油混相，实现混相驱采油。换言之，若 CO_2 只能对较少的原油轻组分发生抽提或较少的 CO_2 溶解到原油中，则不能实现混相驱采油。

B 非混相采油机理

在油藏压力较低、温度较高和原油中重组分较多的情况下，CO_2 为气态、液态或超临界状态，对原油轻组分抽提的量较少，或在原油中的溶解量较少，不能与原油混相。在此状态下，CO_2 以如下方式实现对原油的开采。

（1）原油体积膨胀。CO_2 可溶于原油，使原油体积膨胀，减弱原油与岩石的作用力，使原油更易于开采，提高采油效率。

（2）降低原油黏度。原油黏度的高低是原油在流动过程中分子间作用力和内部摩擦力的反映。原油中溶解 CO_2 时，由于原油组分分子间相互作用力的减弱，使其黏度降低，促进原油在油藏中的流动，提高采油效率。CO_2 对原油黏度的影响与温度、压力和原油性质有关。由于 CO_2 的降黏作用与 CO_2 在原油中的溶解度相关，因此，当压力一定、温度较高时，CO_2 溶解度降低，其降黏作用变差。在同一温度下，溶解 CO_2 的原油黏度在达到饱和压力之前，随着压力的升高而降低，在达到饱和压力之后，随压力的升高而增大。产生这种现象的原因是原油中溶解 CO_2 后，当压力低于饱和压力时，随着压力的上升，CO_2 逐渐溶入原油中，使原油黏度降低。当压力高于饱和压力时，随着压力的上升，CO_2 不再溶于原油，而原油受压力的作用，体积缩小，密度增加，分子间距离变小，相互作用力增大，黏度增加。当压力等于饱和压力时，原油中的溶解 CO_2 量达到最大值，其降黏作用最佳。对于黏度较低的原油，由于 CO_2 的相对降黏作用较大，因此 CO_2 对低黏度原油的开采更有利。

（3）增加水相黏度。CO_2 溶于水，可使水的黏度增加 20%～30%；同时由于 CO_2 在原油中的溶解，可降低原油的黏度，而改善原油与水的流度比。原油与水的流度比的改变，可明显改善水对低黏度原油的驱替效率，提高采油效率，但对高黏度原油作用有限，甚至可忽略不计。如图 7-15a 所示，CO_2 遇水溶解速度较快，其溶解度随压力升高而增加，但随温度和水的矿化度的升高而降低。一般在油藏温度和压力下，CO_2 在水中的溶解度（质量分数）在 3%～5%。

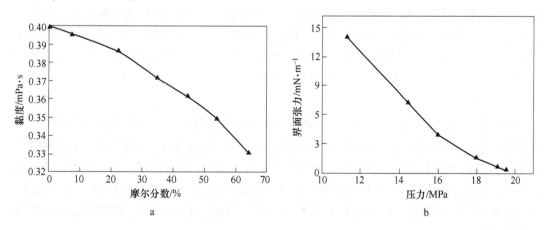

a

b

图 7-15 原油黏度、表面张力与 CO_2 摩尔分数和压力的关系

（4）CO_2 与原油界面张力。在一定的温度、压力下，CO_2 在原油中的溶解度达到饱和时，CO_2 将作为一相（气态、液态或超临界状态）存在。如图 7-15b 所示，在此情况下，当温度一定时，随着压力的升高，CO_2 与原油的界面张力逐渐降低；当压力一定时，温度升高，CO_2 与原油的界面张力逐渐增大。其原因是 CO_2 在原油中的溶解度随着压力的增加而增大，但随温度的升高而降低；同时，随着压力的增加，CO_2 对原油轻组分的抽提作用增强，有更多的轻组分溶解到 CO_2 中，而温度的升高，则使 CO_2 对原油轻组分的抽提作用减弱。当温度一定，压力达到最小混相压力时，CO_2 与原油的界面张力接近于零。CO_2 与原油界面张力越低，说明 CO_2 在原油中的溶解度越大，越有利于原油的降黏、体积膨胀，促进原油的开采。当 CO_2 与原油的界面张力接近于零而混相时，对原油开采十分有利，也是 CO_2 采油的最佳状态。

（5）溶解气在 CO_2 驱油的过程中，随着原油向油井方向的运移，油层压力逐渐降低，部分溶解在原油中的 CO_2 气化，逐渐从原油中分离出来，对原油产生驱动作用，将原油从地层驱入油井井筒，起到溶解气驱的作用，提高驱油效率。在 CO_2 吞吐采油过程中，油井重新开井后，油井井底的压力会快速降低，使溶解在原油中的 CO_2 快速气化，将原油从地层中驱出。因此，此作用对 CO_2 吞吐开采尤为明显。另外，在温度较高和压力较低的油藏中，一些 CO_2 气体在驱替原油过程中，占据了一定的油藏孔隙空间，成为束缚气，被封存于油藏中。这种情况既有利于对原油的驱出，也可实现对 CO_2 的封存。

7.2.4.2 常用技术

CO_2 采油技术主要包括 CO_2 驱技术、CO_2/水交替驱技术和 CO_2 吞吐技术。CO_2 驱技术是在注入井注入 CO_2，CO_2 作为驱替剂在油藏中经历较长距离和较长时间的运移。在 CO_2 与原油的作用下（混相驱或非混相驱），可大幅度增加原油的产量和采收率。同时，部分 CO_2 溶解在油藏的原油、地层水中或与岩石反应形成新的物质沉积在油藏中，实现 CO_2 的地质封存。CO_2/水交替驱技术是在油藏的温度、压力及原油性质达不到混相驱的情况下，在注入井交替注入 CO_2 和水，水的密度大于原油而 CO_2（气态、液态或超临界状态）的密度小于原油，在重力作用下水倾向于经油层下部流向油井驱油，而 CO_2 倾向于经油层上部流向油井驱油，扩大和改善水驱的波及剖面（范围），提高原油的开采效率和采收率。在 CO_2/水交替驱油过程中，部分 CO_2 溶解在油藏的原油、地层水中或与岩石反应形成新的物质沉积在油藏中，实现 CO_2 的地质封存。CO_2 吞吐技术是在油井注入一定量的 CO_2，将油井关闭一段时间后再开启进行原油开采。由于 CO_2 对原油的作用（CO_2 在原油中溶解，使之体积膨胀、黏度降低、溶解气驱等），可增加原油的产量，但不能实现对 CO_2 的地质封存。图 7-16 为 CO_2 驱油示意图。

A 国外采油技术

苏联最早从 1953 年开始对注 CO_2 提高采收率技术进行研究。1967 年苏联石油科学研究院在图依马津油田的亚历山德罗夫区块进行了工业性基础试验。尽管这些油藏的地质条件不同，但都取得了好的应用效果。美国是 CO_2 驱油发展最快的国家，自 20 世纪 80 年代以来，美国的 CO_2 驱油项目不断增加，已成为继蒸气驱之后的第二大提高采收率技术。大部分油田驱替方案中，注入的 CO_2 体积约占烃类孔隙体积的 30%，提高采收率的幅度为 7%~12%。

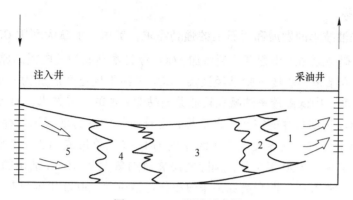

图 7-16 CO$_2$ 驱油示意图

1—剩余油；2—油带；3—CO$_2$；4—CO$_2$ 与水交替注入带；5—水

B 我国 CO$_2$ 驱油技术的发展

由于我国天然的 CO$_2$ 资源比较缺乏，暂未发现较为大型的 CO$_2$ 气藏，因此，CO$_2$ 采油技术起步较晚。自 20 世纪 60 年代以来，我国在大庆、胜利、任丘、吉林、江苏等油田开展了 CO$_2$ 吞吐、驱油试验，CO$_2$ 主要来自于化工厂、炼油厂等。然而，与国外相比，我国还没有利用 CO$_2$ 进行大规模商业采油的项目，国内对 CO$_2$ 采油技术的研究还有待深入。由于缺乏 CO$_2$ 采油技术大规模试验和应用对相关研究的推动，我国对有关 CO$_2$ 采油的基础研究、应用研究较少，还没有针对我国的油藏、原油和地层水特点进行相关的系统研究。近年来，随着小型 CO$_2$ 气藏和 CO$_2$ 与天然气伴生气藏的发现，CO$_2$ 采油的项目越来越多。2006 年国家科技部启动了"973"项目"温室气体提高石油采收率的资源化利用及地下埋存"研究；同时，中石油在吉林油田实施了 CO$_2$ 驱油工业试验重点项目。

我国对 CO$_2$ 驱油技术也进行了大量的前期研究，例如，大庆油田利用炼油厂加氢车间的副产品——高纯度 CO$_2$ 进行 CO$_2$ 非混相驱矿场试验。针对胜利油田特超稠油油藏黏度大、埋藏深，从 2005 年起胜利采油院与胜利石油开发中心合作，在特超稠油区开始 CO$_2$ 辅助蒸汽吞吐的试验，首次把 CO$_2$ 和水蒸气结合起来应用于热力采油，并据此展开更深入的理论研究，不断提高热采配套工艺技术水平。

2012 年，国内燃煤电厂首个 CCUS 项目在胜利油田启动，形成大规模燃煤电厂烟气二氧化碳捕集、驱油及封存一体化工程综合技术和经济评价技术。2015 年，南化公司、华东石油局携手合作，由华东石油局液碳公司采用产销承包模式回收南化公司合成氨、煤制氢装置 CO$_2$ 尾气，用于油田压注驱油，开启了中国石化内部上下游企业之间二氧化碳资源综合利用的先河。2020 年，中国石化捕集 CO$_2$ 量已达到 130 万吨左右，其中用于油田驱油的达到 30 万吨，在提高原油采收率和降碳减排上取得了较好成效。2021 年 7 月，我国在齐鲁石化、胜利油田建设我国首个百万吨级碳捕集、利用与封存项目，这个项目将把齐鲁石化煤制气装置尾气中的 CO$_2$ 收集起来再利用，年底投产后将成为我国最大全产业链示范基地。胜利油田将建设 10 座无人值守注气站，向附近 73 口井注入 CO$_2$，预计未来 15 年，可累计注入 CO$_2$1068 万吨，实现增油 296.5 万吨。每年减排 CO$_2$100 万吨，相当于植树近 900 万棵、近 60 万辆经济型轿车停开一年。

C 发展趋势

随着 CO_2 采油技术的发展和对石油的强劲需求，美国、加拿大利用 CO_2 驱油技术的范围逐渐扩大，提高原油采出程度不断增加，CO_2 驱技术已成为美国提高原油采收率的主体技术。大量研究结果和矿场试验已经证实，CO_2 采油不仅已发展成为一项较为成熟的、较适于中低孔隙度、中低渗透率油藏和较低原油黏度原油的开采技术，而且，油气藏是一个理想的实施 CO_2 长期封存的空间。据估算，全球范围内现有油气田封存 CO_2 的能力为 9230 亿吨，相当于目前全世界发电厂 125 年内 CO_2 排放总量或相当于 2050 年全球累计 CO_2 排放总量的 45%。2000 年 7 月，国际能源署对加拿大 Weyburn 油田的 CO_2 封存可行性研究结果表明，利用 CO_2 驱提高原油采收率作业结束后，5000 年内只有少于 3% 的 CO_2 从该油藏向上逸出。大部分逸出的 CO_2 进入盖层，而不会到达接近地面的饮用水层。大规模 CO_2 驱采油结果表明，向油藏注入 CO_2 不仅可以大幅度的提高原油采收率，同时可对 CO_2 实施大规模的地质封存，减弱 CO_2 对气候变化和环境的影响。

我国已探明的低渗透油藏石油地质储量达 63.2 亿吨左右，约占全国原油探明储量的 28.1%。CO_2 可作为一个重要的气源用于低渗透油藏原油的开采，深入研究和大力推广 CO_2 驱采油技术，对保证我国未来能源安全和环境的改善具有重要意义。同时，我国又是一个 CO_2 排放大国，CO_2 的排放已对环境和大气产生明显的影响，如能将燃煤发电厂、炼油厂、化工厂、钢铁厂、水泥厂等排放的 CO_2 分离、收集变成用于原油开采的宝贵资源，将收到事半功倍之效，对全球气候变暖和国家的石油供给作出重要贡献。鉴于 CO_2 采油可以同时实现提高原油采收率和 CO_2 的地质封存，具有明显的直接提高原油采收率的经济效益和温室气体减排的环境效益，CO_2 提高原油采收率和油气藏封存技术已成为世界 CO_2 地质封存的一项主要技术，中国亦将此项技术作为 CO_2 地质封存的首选技术。在未来 20 年，CO_2 提高原油采收率及油气藏封存技术将成为一个新的、重要的研究领域，所取得的成果将对中国的经济发展和减缓温室效应作出巨大的贡献。

7.2.5 其他领域

7.2.5.1 生产聚苯乙烯

聚苯乙烯有广泛的用途，每年全世界的消耗量超过 1Mt，其中 11% 用于制造聚苯乙烯泡沫塑料。聚苯乙烯泡沫塑料是通过两步挤压过程工艺制造的，首先是将聚苯乙烯加入到第一台挤压机中使其熔化，然后加入发泡剂和熔化的聚苯乙烯混合，接着将混合物引入第二台挤压机中，形成的薄片从挤压机中出来进入低压区，聚苯乙烯中的发泡剂就会膨胀，在熔化的聚苯乙烯中形成许多小孔。这种聚苯乙烯泡沫塑料可以用于制造泡沫杯、快餐盒、盛肉以及家禽的盘子和放鸡蛋的纸架等。通过这种方式生产的聚苯乙烯泡沫塑料里面大约含有 95% 的气体和 5% 的聚苯乙烯。过去用于生产聚苯乙烯泡沫塑料的发泡剂有氟氯烃类（CFCs）、氢化氟氯烃类（HCFCs）和脂肪烃类，例如 CFC-12、HCFC-22、戊烷等。CFC-12（CF_2Cl_2）之所以用作发泡剂，是因为它价格便宜，性质不活泼且不燃烧，操作过程安全，并且它在较大的温度范围内可保持气态，但是，CFC-12 的使用会导致环境问题。

以 CO_2 代替 HCFCs、CFCs 和脂肪烃作为发泡剂有如下优点：（1）CO_2 不会消耗臭氧；（2）CO_2 不会形成烟雾；（3）CO_2 不能燃烧，操作更安全；（4）CO_2 更廉价。由于 Dow 化学公司是利用合成氨工业及天然气矿井中的副产物 CO_2 来作为发泡剂，因此，并不需要额外生产 CO_2，没有造成环境中 CO_2 总量增加。还值得注意的是，CO_2 对造成全球气温升高的影响比 HCFCs、CFCs 要小得多（HCFC-22 是二氧化碳的 1700 倍，而 CFC-12 是二氧化碳的 5800 倍），因此，与 HCFCs 和 CFCs 相比，CO_2 对环境是更友好的。Dow 化学公司还发现，以 CO_2 作为发泡剂除了环境效益之外，生产的泡沫型聚苯乙烯韧性更强，这意味着以 CO_2 作为发泡剂比以 HCFCs、CFCs 作为发泡剂生产的发泡包装材料使用寿命更长。因此，Dow 化学公司开发的这一发泡工艺，在环境保护与经济效益两方面都是有利可图的。

7.2.5.2 合成可降解塑料

为解决常规塑料制品废弃后因无法降解而造成严重环境污染的问题，同时继续满足人类生产生活对于塑料制品的需求，科研人员近年来开始致力于研究在自然条件下可自行降解的塑料制品。这种材料最大的特点是其能够在数十天到数月的时间内被自然界中存在的微生物降解，不会造成长期的白色污染；而且，这种塑料的燃烧产物仅为 O_2 和水，不会释放出二噁英等有毒气体，对环境无害，因此废弃的塑料制品也可被送往垃圾焚烧发电厂。另外，这种塑料也可以像普通塑料一样回收利用。因此，可降解塑料可被用于一次性包装材料、餐具、保鲜材料、一次性医用材料、地膜等诸多领域。目前，已经开发成功的可降解塑料主要包括 CO_2 基可降解塑料、聚己内酯、聚乳酸、淀粉基塑料、聚 3 羟基丁酸和戊酸酯共聚物、聚乙烯醇/淀粉共聚物等。各种主要的可降解塑料的性能对比见表 7-3。

表 7-3　CO_2 基可降解塑料和其他降解塑料的比较

项目	CO_2 基可降解塑料	聚己内酯	聚乳酸	淀粉基塑料	聚 3-羟基丁酸和戊酸酯共聚物	聚乙烯醇/淀粉共聚物
生产原料	CO_2 石化产品	石化产品	淀粉	淀粉	淀粉废糖蜜	石化产品、淀粉
应用性能	阻气性好、透明度高、断裂伸长率高	生物适应性好、力学性能好	透明度高	透明度差、耐水性较差	生物适应性好、阻气性好	类似普通塑料
降解性能	可生物降解、可光降解	可生物降解	可生物降解	可生物降解	可生物降解	可生物降解、可水解

由表 7-3 可见，CO_2 基可降解塑料在性能方面具有和其他可降解塑料同样优异的性质，但在生产原料方面，CO_2 基可降解塑料则具有较明显的优势。除 CO_2 基可降解塑料外的几种可降解塑料，其生产原料要么仅为石化产品，和常规塑料一样需要消耗大量的石油资源，要么仅为淀粉等需要从可食用植物中获取的生物材料，会与人畜争粮，要么则是同时需要石化产品和生物材料。而 CO_2 基可降解塑料的生产原料中仅有一半为石化产品，另外一半是 CO_2。CO_2 在自然界中广泛存在，而且化石燃料燃烧过程还会释放大量 CO_2，来源非常广泛。因此，从生产原料的角度来看，CO_2 基可降解塑料是更有发展前景的。

7.2.5.3　CO_2 的微藻吸收和利用

随着化石资源的日益枯竭，人类开始积极寻找替代燃料来源（主要是核能和可再生能源），以满足人类的能源需求。生物燃料是其中非常重要的一种。近年来，人类又将眼光投入一种新的生物燃料的生产方法，该方法利用微藻作为原料生产生物燃料，这被称作第三代生物燃料。微藻（micro algae）是原核生物，是最简单、最原始的藻类植物。与传统的第一代和第二代生物燃料较低的原料转化率相比，由于微藻细胞的大部分组成物质被转化为燃料，因此用微藻生产生物燃料的能量转化效率远高于第一和第二代生物燃料，所以未来有较大的发展潜力。目前来看，由于微藻的养殖技术尚未达到大规模生产生物燃料的要求，用微藻生产生物燃料的成本仍然较高，在 5～10 美元/千克，尚无法与第一代和第二代生物燃料相竞争。但有很多企业和研究机构对以微藻为原料的第三代生物燃料未来的发展前景非常有信心，正在积极开展微藻生物燃料技术的研发，预计在不久的将来以微藻为原料生产生物燃料的成本将显著降低，并开始推广应用。与第一代和第二代生物燃料所使用的生物质原料相比，微藻更适合作为生物燃料的生产原料。其主要原因包括：（1）细胞结构简单，易分解，而且体内油脂类成分含量高（可以高达 40%～80%）。（2）生长能力强，培育过程无需使用化肥等资源；而且繁殖速度极快，在合适的生长环境中，微藻细胞每天能够分裂 3 次以上；另外，微藻在生长过程中不会像其他农作物那样向大气中释放甲烷等温室气体。（3）能够在盐水环境中培育，无需占用耕地资源。（4）微藻合成的生物燃料无毒，可以被微生物所降解。

研究表明，提高微藻生长环境的 CO_2 含量能够显著提高微藻的生长速度而且微藻对杂质气体的适应能力很强，电厂排放的烟气不经处理就直接通入培育微藻的水体中，烟气中的 SO_x 和 NO_x 等杂质气体可以和 CO_2 一同被微藻作为养分吸收，这既能降低电厂烟气处理的成本，还能以很低的能耗实现电厂烟气的脱碳，同时还能增加微藻和生物柴油的产量，产生经济效益，是一种一举三得的好办法。不过由于电厂烟气中 CO_2 浓度过低，烟气流量过大，因此在实际当中往往选择对电厂烟气进行浓缩处理，仅将得到的 CO_2 浓度较高的部分烟气送往微藻的培育装置中，而浓度较低的部分则经过简单处理后被排放到大气之中。从煤化工厂、水泥厂、钢铁厂等获得的含 CO_2 废气或烟气在经过简单的处理后也能够被用于微藻的养殖。因此，将从各种排放源捕获得到的 CO_2 用于微藻的养殖，并用生产出的微藻作为原料生产生物柴油，是实现 CO_2 捕获和综合利用的极佳途径。基于此，美国能源部的研究人员设计了一套包括电厂排放烟气、微藻养殖和生物柴油合成三个环节在内的集成生产装置，如图 7-17 所示。

7.2.5.4 其他

除了以上的资源化利用，CO_2 气体还有以下用途：

（1）焊接保护气。CO_2 气体保护焊接是一种公认的高效率、低成本、省时省力的焊接方法，并具有可变形小、油锈敏感性低、抗裂、致密性好。与手工电弧焊相比，自动 CO_2 气体保护焊接的功效可提高 2～5 倍，半自动可提高 1～2 倍，能耗下降 50%。发达国家的 CO_2 气体保护焊接为 67%，如日本每年用于电弧焊接的 CO_2 保护气量高达 23 万吨。全球平均水平为 23%，我国仅占全部焊接的 5%。目前为止，我国已研究成功了有关技术并迅速推广使用，如上海造船厂每年 CO_2 电焊保护气消耗量已达 2000t。预计今后用于电弧焊接的 CO_2 数量将迅速增大。可见，CO_2 气体保护焊接的发展前景十分乐观。

（2）炼钢吹炼气。应用 CO_2 代替 Ar 用于转炉炼钢吹炼气，可大幅度降低炼钢成本。该技术已在日本普遍应用，并已获得可观的经济效益。近日，我国已将该新技术推广，拟在全国钢厂推广应用。

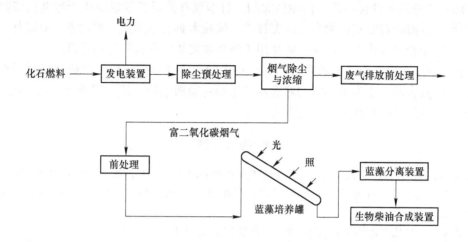

图 7-17　电厂烟气用于微藻培养和生物柴油合成示意图

（3）烟丝膨胀剂。传统的烟丝膨胀剂是用氟利昂制作，它能破坏臭氧层，我国是全面禁止使用氟利昂的缔约国，2006 年已全面禁止使用氟利昂。烟草行业如果全部用 CO_2 作为烟丝膨胀剂，按我国目前烟草产销规模，每年需消耗二氧化碳约 30×10^4 t。CO_2 在使烟丝膨胀中降低焦油和尼古丁的含量，提高香烟等级，还可节省烟丝 5%~6%，降低了成本。烟丝膨胀技术已成为卷烟厂技术改造的重点，应用于我国多家大型卷烟厂。

（4）植物气肥。植物叶绿素在光合作用下吸收 CO_2 产生植物淀粉，这是植物生长的自然规律。用 CO_2 制成气肥，加大植物生活空间中 CO_2 的浓度，可增加植物的干物质从而达到提高产量、改良品种的目的。在塑料大棚内用管道施用 CO_2（含量为 2%~5%）6~38d，蔬菜产量可提高 5 倍，成熟期可提前 2~5d；在大豆芽、绿豆芽开始培养后 12h，往床层通入 CO_2 气体，可刺激豆芽胚轴长长、长粗，豆芽光泽半透明且饱满，时间可缩短 3~4d，产量和质量大为提高；水稻开花前施用 CO_2（含量为 0.9%），每亩可增产 170kg 以上。由山东农科院、大连化工公司研制成的 CO_2 气体肥，在山东、河北、河南、辽宁、吉林、黑龙江等省大面积推广，根据推广使用情况，每亩蔬菜大棚的增产幅度在 20%~60% 之间。建设 3~5kt/a 的 CO_2 气肥装置（有高纯度的 CO_2 气源），设备投资仅十几万元，年利润可达百万元，所以存在着巨大的潜在发展市场。同时 CO_2 用于覆盖植物的气肥，还可提高光合作用效率，使作物早熟，产量提高，品质得到改良。

（5）抑爆充加剂。利用 CO_2 抑爆理论对化工系统进行动火作业时，可避免停车、隔绝气源等烦琐操作，节省大量人力、物力。CO_2 还是优良的灭火剂，广泛应用于消防行业。

（6）木材保存剂。在密闭容器中，用含有 0.1%~10% 的异硫氰酸烯丙酯的干冰蒸气熏木材，可延长其保存期。

（7）混凝土添加剂。在搅拌混凝土时混入粉末状干冰，可控制混凝土的热裂解。

（8）核反应堆净化剂。通过核反应堆中的干冰制造装置，可脱除其放射性物质。

（9）灰尘遮蔽剂。在冶炼金属的出炉或运输过程中，压入干冰来遮蔽热金属，可使灰尘的放逸量减少 87% 左右。

（10）工业设备残留物质、污垢消除剂。日本氧气公司开发成功用干冰丸粒清除工业设备和其他表面附着的残留物质、污泥技术。该技术具有不引起二次污染、对底材无任何影响、不产生粉尘等优点。此法已成功用于清理铁路货车和橡胶轮胎模具。

（11）CO_2 在模具清洗中的应用。将 CO_2 先制成干冰颗粒，再经喷枪高速喷射至清洗表面，对模具表面产生强大的吹扫和磨刷作用而将顽垢清除。该过程清洁，无清洗废水的二次污染，目前国外已有成套系列清洗设备。

参 考 文 献

[1] 骆仲泱，方梦祥，李明远，等. 二氧化碳捕集封存和利用技术 [M]. 北京：中国电力出版社，2012.

[2] 朱跃钊，廖传华，往重庆，等. 二氧化碳的减排与资源化利用 [M]. 北京：化学工业出版社，2010.

[3] 刘志敏. 二氧化碳化学转化 [M]. 北京：科学出版社，2018.

[4] 张镜澄. 超临界流体萃取 [M]. 北京：化学工业出版社，2000.

[5] 韩布兴. 超临界流体科学与技术 [M]. 北京：中国石化出版社，2005.

[6] 高峰，孙嵘，刘水根. 二氧化碳发电前沿技术发展简述 [J]. 海军工程大学学报（综合版），2015，12（4）：92-96.

[7] 廖吉香，刘兴业，郑群，等. 超临界 CO_2 发电循环特性分析 [J]. 热能动力工程，2016，31（5）：40-46.

[8] 郭晓明，毛东森，卢冠忠，等. CO_2 加氢合成甲醇催化剂的研究进展 [J]. 化工进展，2012，31（3）：477-488.

[9] 仇冬，刘金辉，黄金钱. CO_2 加氢合成甲醇反应及其催化剂研究进展 [J]. 化学工业与工程技术，2005（4）：17-20，57.

[10] 王晓刚，李立清，唐琳，等. CO_2 取代光气合成氨基甲酸酯研究进展 [J]. 化工进展，2006（6）：613-618.

[11] 王明明，马国远，许树学. CO_2 制冷技术及其在冷冻冷藏中的应用 [J]. 制冷与空调，2014，14（4）：54-61.

[12] 李阳. 低渗透油藏 CO_2 驱提高采收率技术进展及展望 [J]. 油气地质与采收率，2020，27（1）：1-10.

[13] 史建公，刘志坚，刘春生. 二氧化碳催化转化为甲酸的技术进展 [J]. 中外能源，2019，24（4）：64-82.

[14] 杨昭，王双林，饶明泉，等. 二氧化碳气调储粮的实仓试验研究 [J]. 粮食储藏，2006（2）：20-23.

[15] 史建公，刘志坚，刘春生. 二氧化碳为原料制备尿素技术进展 [J]. 中外能源，2019，24（1）：68-79.

[16] 孙延辉. 二氧化碳制化工产品技术研究进展 [J]. 神华科技，2010，8（1）：61-67.

[17] 龙威，徐文媛. 甲烷重整制合成气机理研究的进展 [J]. 河北师范大学学报（自然科学版），2011，35（4）：401-406.

习　题

7-1　甲烷和 CO_2 的直接转化方式有哪些？

7-2　何为甲烷二氧化碳重整反应？

7-3　光催化和电催化转化 CO_2 的含义分别是什么？

7-4　简述 CO_2 资源化的定义。

7-5　简述 CO_2 转化成尿素的途径。

7-6　超临界 CO_2 流体的含义及优点是什么？

7-7　简述 CO_2 采油的基本原理。常用采油技术有哪些？

8　碳　交　易

减少温室气体排放、积极应对气候变化，已成为全球共识。2020 年 9 月中国向全球宣誓，CO_2 排放力争于 2030 年前达到峰值，努力争取 2060 年前实现碳中和。这一宣誓意味着中国应对气候变化工作进入一个新的阶段，也使碳排放权交易作为一种低成本减排工具，促进碳减排、助力碳中和的价值得到凸显，加速推进了全国统一碳市场建设进程。

作为全球最大的能源消费和 CO_2 排放国，我国从 2013 年开始，建立了北京、天津、上海、湖北、重庆、广东、深圳 7 个碳交易试点。从配额规模角度，中国试点碳市场已经成为仅次于欧盟的全球第二大碳市场。可见，碳排放权交易将在我国未来的减排实践中扮演重要角色。2021 年 5 月 19 日，生态环境部发布《碳排放权登记管理规则（试行）》《碳排放权交易管理规则（试行）》和《碳排放权结算管理规则（试行）》，在碳排放权登记、交易和结算三方面搭建起具体框架，并明确暂时由湖北碳排放交易中心负责注册登记等相关工作，由上海环境能源交易所负责交易的相关工作。2021 年 6 月 22 日，上海环境能源交易所发布《关于全国碳排放权交易相关事项的公告》，就不同类型交易的涨跌幅限制、交易时段等作出规定。全国碳市场将采用挂牌协议转让、大宗协议转让以及单向竞价三种交易方式；交易单位以每吨 CO_2 当量（tCO_2e）申报，申报量最小变动为 $1tCO_2e$，价格最小变动为 0.01 元；采用全额申报方式，即卖出交易产品的数量不超过交易账户内额交易数量，买入交易产品的资金不超过交易账户内可用资金。

2020 年 12 月底，《2019—2020 年全国碳排放权交易配额总量设定与分配实施方案（发电行业）》《纳入 2019—2020 年全国碳排放权交易配额管理的重点排放单位名单》和《碳排放权交易管理办法（试行）》相继发布，全国碳排放权交易市场第一个履约周期正式启动。根据相关安排，2021 年发电行业将率先启动上线交易，"十四五"期间石化、化工、建材、钢铁、有色、造纸、航空等高排放行业也将陆续纳入全国碳市场，到"十四五"末，一个交易额有望超千亿的全球最大碳市场将在中国建成。

碳排放权因为其稀缺性而形成一定的市场价格，具有一定的财产属性，在碳约束时代，逐渐成为企业继现金资产、实物资产和无形资产后又一新型资产类型——碳资产。对重点排放单位来说，碳资产管理得当，可以减少企业运营成本、提高可持续发展竞争力并增加盈利，管理不当，则可能造成碳资产流失，增加运营成本，降低市场竞争力，影响企业可持续发展。对投资机构来说，在区域碳市场碳资产已然成为一个投资热点，在全国统一碳市场，必然成为资本追逐的重要领域。

8.1　碳交易理论

碳交易（也称碳排放权交易、碳排放交易）是政府为完成控排目标而采用的一种政策手段，指在一定空间和时间内，将该控排目标转化为碳排放配额并分配给下级政府和企业，通过允许政府和企业交易其排放配额，最终以相对较低的成本实现控排目标。

碳排放权交易与实物交易的主要区别在于其交易标的物"配额"是一种虚拟产品。碳排放权交易的基本要素有：交易对象及组织边界、时间尺度、总量目标、企业（组织）配额、交易、核算、配额清缴（履约），以及围绕上述要素所建立的支持体系。碳市场的成功运行需要政府、企业的共同努力。从政府层面看，首先是如何确定碳排放配额总量。这涉及经济发展、能源结构、消费导向等各个方面，碳排放配额总量控制不宜过严或者过宽。碳交易的政策目标是通过一系列制度安排，实现个体激励和整体利益取向一致，在既定的碳排放空间约束下，个体寻求利益最大化的同时推动整体利益最大化，从而实现全社会对日益稀缺的碳排放空间的合理利用。对某一层次的主体而言，通过开展碳交易，可以低成本实现控排目标，即在既定控排目标约束下实现更大的经济效益。一方面，由政府作为公共利益代表强制性把碳排放权（即控排目标）分解到各层主体，把碳排放空间这种"公共品"的使用权向各个层面的主体实行"私有化"，赋予碳排放空间这种"生产要素"经济价值，调动各方主体有效合理利用碳排放空间的内在积极性；另一方面，允许在一定规则下交易碳排放权，通过市场优化配置资源来推动既定数量的碳排放权产生最大的经济效益。

碳排放权交易的实质是允许减排成本低的企业多减排，进而以相对高的价格出售省下来的碳排放配额而获利；同时允许减排成本高的企业少减排，转而以相对低的价格购买碳排放配额，从而降低各企业实现目标的减排成本。从社会总体的角度来看，碳排放权交易相当于在实现社会总体控排目标的同时降低了实现整体控排目标的成本，或者说在既定的整体控排目标下，实现更大的整体发展利益。

8.1.1　碳交易的基本原理

8.1.1.1　碳交易的原理

碳排放权交易机制的一个重要理论依据是科斯定理。科斯定理可以从两个方面理解，一是在产权界定明确且可以自由交易的前提下，如果交易成本为零，无论最初产权属于谁都不影响资源配置效率，资源配置将达到最优；二是当存在交易成本即交易成本为正的情况下，不同的权利界定会带来不同效率的资源配置。在实践中，完全满足科斯定理的条件是不存在的，交易费用不可能为零，但是科斯定理指明了碳排放权交易是以产权经济学基本原理为理论基础的。具体交易方式是由政府部门确定碳排放总量，并在总量范围内将碳排放权分配给各个控排企业使用，各控排企业可以根据自己的实际情况决定是否进行转让或进入市场交易等操作，从而达到控制碳排放和实现经济效益的目标。

碳排放权交易国际实践具体做法一般是：在一个碳排放权交易体系下，由政府机构在一个或多个行业中设定排放总量，并在总量范围内发放一定数量的可交易配额，一般每个配额对应 1t CO_2 排放当量。

下面以一个简单例子来描述碳交易实现的过程。企业 A 和企业 B 原来每年排放 210t CO_2，而获得的配额为 200t CO_2，第一年年末，企业 A 加强节能管理，仅排放 180t CO_2，从而在碳交易市场上拥有了自由出售剩余配额的权利。反观企业 B，因为提高了产品产量，又因节能技术花费过高而未加以使用，最终排放了 220t CO_2。因而，企业 B 需要从市场上购买配额，而企业 A 的剩余配额可以满足企业 B 的需求，使这一交易得以实现。最终的效果是，两家企业的 CO_2 排放总和未超出 400t 的配额限制，完成了既定目标。

进一步地，以数据示例来说明碳交易与传统设定排放标准方式相比是如何减少履约成本的。首先考虑面临统一排放标准时的履约情况。为减少 CO_2 排放，达到标准要求，假设企业 A 每减排 1t CO_2 需要花费成本 1000 元，而企业 B 对应需要花费 3000 元。这两家企业可以是同一母公司下的不同子公司、同一行业但不归属同一母公司的公司或是完全不同行业的公司。在传统的设定同一排放标准的管制方式下，要实现 20t CO_2 的减排（两家企业各承担 10t 的减排任务），企业 A、B 的成本分别为 10000 元和 30000 元，社会减排总成本则为 40000 元。但很显然的是，如果强化企业 A 的减排标准而放宽企业 B 的减排标准，在实现相同减排目标的同时能够有效降低社会总体履约成本。例如，若允许企业 B 多排放 10t CO_2（即无须承担减排任务），那么可以节省 30000 元；与此同时，企业 A 多减排 10t CO_2（即承担所有 20t CO_2 的减排任务），对应的成本增加 10000 元。最终，在到达既定减排效果的前提下，企业 A、B 的成本分别为 20000 元和 0 元，社会减排总成本能够降低到 20000 元。需要解决的问题就是通过什么手段使得企业 A 愿意多减排，而企业 B 愿意承担企业 A 额外减排的部分成本。答案就在于如何合理分配所节省的 20000 元社会总成本。通过碳交易市场在企业间进行交易是一条较为有效的途径。现在再假设 1t CO_2 排放配额的市场价格为 2000 元，企业 A 继续减排 10t，使其总排放量低于排放标准的规定，并把剩余配额出售给企业 B，获利 20000 元，而这部分的减排成本仅为 10000 元。对于企业 B，不需要花费减排 10t CO_2 的 30000 元成本，而只需要花费 20000 元就可从企业 A 处购买到所需配额。这样，在两家企业之间恰好完全分配了社会总成本节省下来的 20000 元。

8.1.1.2 碳交易的实质

碳交易的政策目标是低成本完成控排目标，即在既定的控排目标约束下实现更大的经济社会效益。碳交易主体包括政府和企业两类，主要通过两种手段完成政策目标。

第一是行政手段。上级政府通过采取行政或者法律的强制性手段，给下级政府和企业分配碳排放空间的使用权（碳排放权），并通过考核手段强制要求下级政府和企业的碳排放量不得超过其持有的碳排放权，从而实现政府承担的总体控排目标。这种强制性的碳排放权分配和考核过程，是形成碳交易市场的重要前提。

第二是市场手段。通过制度安排，允许下级政府和企业通过交易碳排放权完成任务，按照市场规律配置碳排放权资源，使履约主体总体以相对较低的成本完成任务，在既定的碳排放权约束下实现更大的经济效益，也使政府在既定的总体控排目标下实现了更大的经济效益。因此，碳交易实质上是政府为低成本实现控排目标而创造出的市场，是一项结合行政手段和市场手段的混合政策，是由政府主导的对既定碳排放空间进行合理利用从而实现更大经济效益的过程。

8.1.1.3 碳交易的分类

根据是否具有强制性，碳交易市场可分为强制性（或称履约型）碳交易市场和自愿性碳交易市场。

强制性碳交易市场，也就是通常提到的"强制加入、强制减排"，是目前国际上运用最为普遍且发展势头最为迅猛的碳交易市场。强制性碳交易市场能够为《京都议定书》

中强制规定温室气体排放标准的国家或是企业有效提供碳排放权交易平台，通过市场交易实现减排目标，其中较为典型或影响力较大的有欧盟排放交易体系（EUETS）、美国区域温室气体减排行动（RGGI）、美国加州总量控制与交易体系和日本东京都总量控制与交易体系（TMG）等。

自愿性碳交易市场，多出于企业履行社会责任、增强品牌建设、扩大社会效益等一些非履约目标，或是具有社会责任感的个人为抵消个人碳排放、实现碳中和生活，而主动采取碳排放权交易行为以实现减排。自愿性碳交易市场通常有两种形式：一种为"自愿加入、自愿减排"的纯自愿碳市场，如日本的经济团体联合会自愿行动计划（KVAP）和自愿排放交易体系（J-VETS）；另一种为"自愿加入、强制减排"的半强制性碳市场，企业可自愿选择加入，其后则必须承担具有一定法律约束力的减排义务，若无法完成将受到一定处罚。由于后者发生前提为"自愿加入"，且随着强制性碳交易市场的不断扩张，此类实践逐渐被强制性或是纯自愿性碳市场所取代。

碳排放权交易的市场类型分为一级市场、二级市场和碳金融市场。

（1）一级市场。一级市场是对碳排放权进行初始分配的市场体系。政府对碳排放空间使用权的完全垄断，使一级市场的卖方只有政府一家（买方包括了下级政府和履约企业），交易标的仅包括碳排放权一种，政府对碳排放价格有着极强的控制力，因此一级市场是一个典型的完全垄断市场。

（2）二级市场。二级市场是碳排放权的持有者（下级政府和企业）开展现货交易的市场体系。获得碳排放权的下级政府和履约企业的数量是有限的，下级政府和履约企业获得碳排放权后将同时获得对碳排放权的支配权，因此二级市场的卖方也是有限的。碳交易的理论分析表明，由于二级市场交易价格存在上下限，因此二级市场将存在着市场壁垒。同时，由于二级市场的交易标的仅包括碳排放权和碳减排信用这两种，且它们的产品属性存在一定差别，因此二级市场应属于寡头垄断市场。

（3）碳金融市场。碳金融市场是交易碳金融产品的市场体系。市场存在着许多卖方，生产着各种有差异的商品，市场不存在进入壁垒，同时碳金融市场的卖方对其金融产品的价格具有一定的控制能力，在市场卖方足够多的情况下，碳金融市场将逐步接近于完全竞争市场。因此，从碳交易的市场类型来看，碳交易的一级市场、二级市场直至碳金融市场是一个逐渐开放、市场壁垒逐渐消失的过程，碳交易会从一级市场的完全垄断市场逐渐转变为碳金融市场的垄断竞争市场甚至完全竞争市场，碳交易市场也将因此成为一个覆盖多主体、多层次、多类型的统一、开放的市场体系。

8.1.2 碳交易的特点

8.1.2.1 碳交易的优缺点

理论分析表明，碳交易既存在优点，也存在缺点。

A 优点

首先，碳交易可以实现预定的总量控制目标。主要原因在于碳交易制度是以法律等强制性制度为基石的，其强制性保证了碳排放控制目标的实现。

其次，碳交易可以降低减排成本和政府管理运行成本。碳交易可以充分发挥市场的资源配置作用，进而可以降低企业的减排成本。同时，由于只要对企业分配了碳排放权，企业就可以通过市场交易的方式控排目标，故从政府管理成本角度来看，政府减少了对每个企业进行单独管理的成本。

最后，企业的可接受性强。相对于对碳排放收费或者征收碳税，大多企业更希望开展碳交易，因为碳交易为企业完成履约目标提供了更大的灵活性，而且可以通过交易的机会获利。

B　缺点

首先，碳交易不能达到帕累托最优。从经济学原理来看，碳排放总量控制目标不是基于企业的边际收益制订的，更多的是由社会的各利益主体通过博弈而确定的，因此碳交易是无法达到帕累托最优资源配置的，现实中的交易成本的存在也进一步使碳交易偏离理论最优目标。

其次，碳交易的初期建设成本较高。碳交易制度的初期成本包括制订总量控制目标的成本、分配碳排放权的成本以及对企业实际碳排放量进行核算的成本，碳交易对数据的高精度要求使碳交易制度建设的初期成本较大。

再次，碳交易的总量控制目标和配额分配过程受外界因素影响。主要表现为三个方面：（1）开展碳交易需要给政府设定总量控制目标以及给企业设定配额，这一总量目标的设定，在目前科学上存在很大不确定性，更多的是一个政治过程。（2）政府把持分配过程，对分配的核心原则存在争议（例如，联合国气候变化谈判中各国持有不同的立场），使分配给下级政府和企业的总量目标存在着不确定性。（3）即使政府按照技术水平给企业分配配额，由于企业过多且企业性质过于复杂，分配过程也很难做到完全科学。

最后，碳交易受体制影响较大。碳交易制度是一套融合了行政和市场机制的制度，不是纯粹的市场机制。因此，在市场经济高度发达的国家，碳交易制度可能因为缺少行政的调控而无法完全实现政策目标；在市场经济不发达的国家，碳交易制度也可能因为市场发展不成熟而无法开展交易。

8.1.2.2　碳交易与碳税

采用经济手段控制温室气体排放在全球范围内受到广泛关注，而碳交易和碳税又是当前最主要的经济手段。碳税是另外一种将外部性问题内部化的方法，其理论来源是庇古税理论，它一般是指以减少 CO_2 排放为目的，以化石燃料（例如煤、石油、天然气）的含碳量或碳排放量为基准所征收的一种税目。目前，国际上对碳税和碳交易的孰优孰劣进行了广泛而深入的比较，表 8-1 列出了一些碳税和碳交易的比较结果。

表 8-1　碳税和碳交易的比较

项　　目	碳　　税	碳　交　易
控排目标有效性	控制目标不确定，难以确定减排效果	总量控制下的碳交易控排目标确定
成本效率	具有成本效率，但信息成本较高	具有分配效率，但实施成本高
其中：信息成本	较高	较低
实施成本	较低	较高
生产成本	直接增加企业生产成本	通过碳价间接增加生产成本，对生产成本不确定影响较大
价格效应	直接增加能源价格	通过碳价间接影响能源价格

项　　目	碳　税	碳　交　易
分配公平性	较好体现公平性原则，但对困难家庭产生较严重影响	依赖于碳排放配额的初始分配方式以及对有偿分配配额的收入的分配方式
技术创新	有利于技术创新，取决于碳税的税率以及征收范围	有利于技术创新，取决于控排目标的设定以及碳配额的分配，具有一定的不确定性
企业竞争力	降低能源密集企业的竞争力，但对能源密集企业的过度补贴可能使企业竞争力增加	提高企业的竞争力
政策可操作性	操作简便，可在现行税收体系下直接开展	操作较复杂，对人员、技术要求高
可接受度	企业和民众对碳税的接受度较低，但民众可能在经济高速发展阶段支持碳税	企业和民众对碳税的接受度较高，免费的配额分配方式更能提高企业的接受度
立法难度	较难	相对容易
最佳适用范围	分散式、中小型排放源	大型、集中式排放源

和碳税相比，碳交易的主要优点在于可以确定完成控排目标，降低减排成本，企业的可接受度高；缺点在于前期实施成本较高，操作相对复杂，对人员、技术要求较高。碳税的主要优点在于操作简单方便，缺点在于减排效果难以确定，同时可接受度较低。碳税和碳交易有着不同的适用范围，可以组合使用。事实上，控制温室气体排放包括自愿减排手段、教育劝说手段、经济管理手段（包括碳交易、碳税等）、行政命令、法律手段等手段，这些手段有着不同的适用范围，而且这些政策正好形成良好的互补关系。由于控制温室气体排放是一项相当复杂的工作，政策设计者应该注意利用政策的互补性，整合各种政策进行管理。在实践中，为了更好地完成政府的控排目标，应该以强制性的经济手段和命令控制手段为主，以自愿减排和教育劝说手段为辅。对命令控制手段和经济手段也应根据其不同的适用范围来进行综合运用，命令控制手段中行业标准适用于强制规定某个行业的最低准入水平，绩效考核机制适用于对政府减排的管理，经济手段中的碳税适用于对中小型分散式排放源的管理，而碳交易机制则适用于对大型集中式排放源的管理，所有的经济手段和行政命令手段都应以法律法规为根基，应该通过法律的形式对受管控主体的违约行为进行严厉处罚。

8.1.3　碳排放的监测、报告与核查

碳排放的监测、报告与核查（monitoring，reporting and verification，MRV）本意是指排放量或减排效果是可测量/监测、可报告和可核查的，经常被用在温室气体的排放和减排上。监测是指对温室气体排放或其他有关温室气体的数据的连续性的或周期性的监督及测试；报告是指向相关部门或机构提交有关温室气体排放的数据以及相关文件；核查是指相关机构根据约定的核查准则对温室气体声明进行系统的、独立的评价，并形成文件的过程。本质上，MRV 是在一定时间内通过一系列措施来量化温室气体的排放并改变其流程。已经通过了 MRV 流程的量化值可以代表温室气体排放的准确水平。然而，如果 MRV 过程是不充分的，量化值可能不代表真正的气体量。因此，对于改变排放水平，有充分过程的 MRV 是理解排放的水平和行为的关键。

8.1.3.1 排放监测

监测包括对排放的常规或临时的数据收集、监测和计算。这里的温室气体是京都议定书所规定的包括 CO_2 在内的 6 种气体。监测应该遵循一系列的标准、方法和原则。从方法上看，国际上较为通用的是温室气体议定书（GHG Protocol）或 ISO 14064 温室气体核证标准。温室气体议定书是由世界资源研究所（World Resources Institute，WRI）和世界可持续发展工商理事会（World Business Council for Sustainable Development，WBCSD）共同开发，其中包括两个相关但相互独立的标准——企业核算与报告准则以及项目量化准则；ISO 14064 温室气体核证标准由国际标准化协会（ISO）制定，旨在保证温室气体排放的监测、量化和削减。温室气体数据收集主要有以下两种方式。

（1）以计算为基础的方法。

1）燃烧排放。活动数据应根据燃油的消耗。使用的燃料的量应以能量含量 TJ 计算。排放因子应表示为 tCO_2/TJ。当燃料被消耗，不是所有燃料中的碳都被氧化成 CO_2。不完全氧化的发生是由于在燃烧过程中效率的低下，留下一些未燃烧的碳或部分氧化的煤烟或灰烬。氧化因子应表示为整体的一小部分。因此，计算公式为：

$$CO_2 \text{ 排放量} = \text{燃料流量}(T \text{ 或 } m^3) \times \text{净热值}(TJ/T \text{ 或 } TJ/m^3) \times$$
$$\text{排放因子}(tCO_2/TJ) \times \text{氧化因子}$$

2）过程排放。活动数据应根据材料消耗、吞吐量或产量，并表示为 T 或 m^3。排放因子应以 tCO_2/T 或 tCO_2/m^3 计算。原料包含在过程中不转化为 CO_2 的碳，考虑到在其中应被表示为一个分数的转换因子。该转换系数是把排放因子考虑在内的情况，一个单独的转换系数并不适用。使用的原料的数量应表现在质量或体积（T 或 m^3）上。所得到的计算公式为：

$$CO_2 \text{ 排放量} = \text{活动数据}(T \text{ 或 } m^3) \times \text{排放因子}(tCO_2/T \text{ 或 } tCO_2/m^3) \times \text{氧化转换系数}$$

活动数据是按照不确定的临界值来设定的。其他数据是根据气候变化因素、特定国家因素、特定安装的测定来决定的。

（2）以测量为基础的方法。一旦经营者在报告期前获得主管机关的批准，认为使用 CEMS 达到更高的精度比使用最准确的双轨制方案计算排放量好，温室气体排放量可以通过使用从所有或选定的发射源中使用标准化的或公认的方法——连续排放测量系统（CEMS）的测量为基础的方法来确定。实施浓度测量的程序，以及对质量或体积流量的测量。根据标准方法取样和测量偏差仍具有已知的测量不确定性时，应使用 CEN 标准（欧洲标准化委员会颁布）。如果 CEN 标准都无法使用，以适合 ISO 标准（国际标准化组织颁布）或国家标准为准。如果没有适用的标准存在，可以按照标准草案或行业的最佳实践指南实行。

以上两种方法的不确定性具体如下：

在进行温室气体排放量量化与计算的过程中，还应该考虑在获取活动水平数据和相关参数时，可能因为缺乏对真实排放量数值的了解而造成的不确定性。排放量描述是基于可能数值的范围和可能性为特征的概率密度函数。有很多原因可能导致不确定性，如缺乏完善的活动水平数据，排放因子抽样调查存在着一定的误差范围，采用的模型是真实系统的简化，因而不是十分准确。所以排放主体应对活动水平数据和相关参数的不确定性以及降低不确定性的措施进行说明，并且<u>应识别清单中不确定性的重要来源</u>，以帮助安排收集数据和改进测量的优先顺序。

8.1.3.2 排放报告

温室气体排放报告是指企业作为报告主体根据政府主管部门发布的核算报告和报告要求编写的年度排放报告，并提交给政府主管部门。排放报告以 CO_2 当量进行统计，流程如图 8-1 所示。

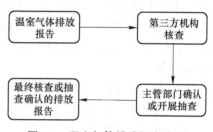

图 8-1 温室气体排放报告流程

A 年度排放报告信息

（1）排放主体的基本信息，如排放主体名称、报告年度、组织机构代码、法定代表人、注册地址、经营地址、通讯地址和联系人等。

（2）排放主体的排放边界。

（3）排放主体与温室气体排放相关的工艺流程（如有）。

（4）监测情况说明，包括监测计划的制定与更改情况、实际监测与监测计划的一致性、温室气体排放类型和核算方法选择等。

（5）温室气体排放核算。

1）采用基于计算的方法时，若选用排放因子法，应报告燃烧排放中分燃料品种的消耗量，对应的相关参数的量值及来源；过程排放中分原材料（成品或半成品）类型的消耗量（产出量）和排放因子的量值及来源；电力和热力排放中外购的电力和热力的消耗量。若选用物料平衡法，应报告输入实物量、输出实物量、燃料或物料含碳量等的量值及来源相关信息。

2）采用基于测量的方法时，应报告排放源的测量值、连续测量时间及相关操作说明等内容。

（6）不确定性产生的原因及降低不确定性的方法说明。

（7）其他应说明的情况（如 CO_2 清除等）。

（8）真实性声明。

B 数据质量控制

为使年度排放报告准确可信，排放主体可通过以下措施对数据的获取与处理进行质量控制。

（1）排放主体应对数据进行复查和验证。数据复查可采用纵向方法和横向方法。纵向方法即对不同年度的数据进行比较，包括年度排放数据的比较，生产活动变化的比较和工艺过程变化的比较等。横向方法即对不同来源的数据进行比较，包括采购数据、库存数据（基于报告期内的库存信息）、消耗数据间的比较，不同来源（如排放主体检测、行业方法和文献等）的相关参数间比较和不同核算方法间结果的比较等。

（2）排放主体应定期对测量仪器进行校准、调整。当仪器不满足监测要求时，排放主体应当及时采取必要的调整，对该测量仪器进行设计、测试、控制、维护和记录，以确保数据处理过程准确可靠。

C 信息管理

排放主体应记录并保存下列资料，保存时间不少于 5 年。

（1）核算方法相关信息。选择基于计算的方法时，应保存以下内容：1）获取活动水平数据和参数的相关资料（如活动水平数据的原始凭证、检测数据等相关凭证）；2）不确定性及如何降低不确定性的相关说明。

选择基于测量的方法时，应保存以下内容：1）有关职能部门出具的测量仪器证明文件；2）连续测量的所有原始数据（包括历次的更改、测试、校准、使用和维护的记录数据）；3）不确定性及如何降低不确定性的相关说明；4）验证计算，应保留所有基于计算的保存内容。

（2）与温室气体排放监测相关的管理材料。

（3）数据质量控制相关记录文件。

（4）年度排放报告。

8.1.3.3 排放核查

核查工作应客观独立、诚实守信、公平公正、专业严谨地完成。

核查活动主要包括3个阶段，即准备阶段、实施阶段和报告阶段。第三方核查机构开展碳排放核查工作流程如图8-2所示。

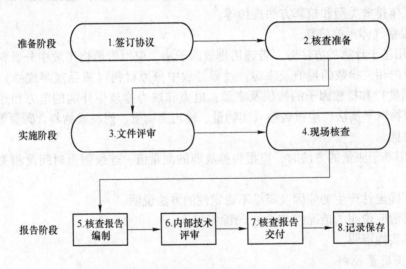

图 8-2 第三方核查机构开展碳排放核查工作流程

（1）签订协议。核查机构与核查委托方签订核查协议。

（2）核查准备。核查机构在与核查委托方签订核查协议后选择具备能力的核查组长和核查员组成核查组，核查组长制订核查计划并确定核查组成员的任务分工。

（3）文件评审。文件评审包括对企业（或者其他经济组织）提交的温室气体排放报告和相关支持性材料（排放设施清单、排放源清单、活动数据和排放因子的相关信息等）的评审，文件评审工作应贯穿核查工作的始终。

（4）现场核查，通过现场观察企业（或者其他经济组织）排放设施，查阅排放设施运行和监测记录，查阅活动数据产生、记录、汇总、传递和报告信息流过程，评审排放因子来源以及与现场相关人员进行会谈，判断和确认企业（或者其他经济组织）报告期内的实际排放量。

（5）核查报告编制。在确认不符合关闭后或者30天内未收到核查委托方和（或）企业（或者其他经济组织）采取的纠正和纠正措施，核查组应完成核查报告的编写。

（6）内部技术评审。核查报告在提供给核查委托方和（或）企业（或者其他经济组织）之前，应经过核查机构内部独立于核查组成员的技术评审。

（7）核查报告交付。内部技术评审通过后，核查机构将核查报告交付给核查委托方和（或）企业（或者其他经济组织），企业（或者其他经济组织）于规定的日期前将经核查的年度排放报告和核查报告报送至注册所在地省级政府主管部门。

（8）记录保存。核查机构保存核查记录以证实核查过程符合《核算指南》的要求，核查机构应以安全和保密的方式保管核查过程中的全部书面和电子文件，保存期至少10年。

8.2　碳交易市场

碳排放权交易作为一种基于市场的政策工具，能够降低实现温室气体减排目标的社会总成本，在全球得到了越来越多的关注和应用。国际碳市场发展至今，形成了两类机制、四个交易层次、两类法律框架和两类交易动机，如图8-3所示。国际碳交易市场按交易类型可以分为两类：基于配额（或称为排放许可证）的市场，如IET（International Emissions Trading）和基于项目的市场，如CDM（Clean Development Mechanism）、J（Joint implementation）。2016年11月，《巴黎协定》正式生效。作为继《京都议定书》后最重要的应对气候变化国际协定，《巴黎协定》的生效，必将极大地推动节能减排市场化机制的建设。碳排放权交易市场的建设，则是从市场层面推动落实《巴黎协定》的重要举措。

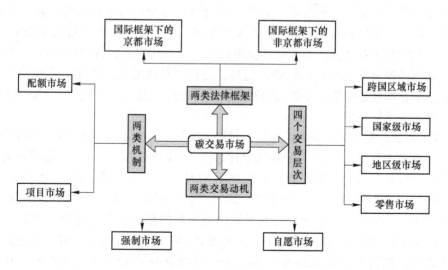

图8-3　国际碳交易市场框架图

目前全球共有35个国家和22个城市、州和地区实行了碳交易。其中，国外碳交易市场主要有5个，包括欧盟碳排放贸易体系（EU-ETS）、美国区域温室气体减排行动、美国加利福尼亚州总量控制与交易计划（California-CaT）加拿大魁北克总量控制与交易计划（Quebec-CaT）。另外还有瑞士、哈萨克斯坦、东京、新西兰等小型碳交易市场。其中，欧盟碳排放交易体系是除中国碳交易市场外目前世界上最大的碳交易体系，在国际碳金融市场上占绝大多数份额。各国家各区域市场对交易的管理规则不尽相同，市场发展情况也各不相同，欧盟成员国在碳市场建设方面仍是领跑者。

8.2.1 国外碳交易制度与市场

8.2.1.1 欧盟市场

欧洲一直是全球应对气候变化的主要推动力量。为保证欧盟各成员国实现《京都议定书》所规定的减排目标，欧盟出台了一系列温室气体减排政策和措施，尤以构建温室气体排放交易体系最为著名。欧盟排放交易体系（EU ETS）是迄今为止世界上规模最大、最成功的温室气体排放交易制度实践产物。在 EU ETS 运行之前，欧洲有四个非常重要的碳排放交易体系实践，包括：英国排放交易体系（UK ETS）、丹麦 CO_2 排放交易体系、荷兰碳抵消体系以及英国石油公司（BP）内部排放交易试验。

欧盟温室气体排放交易体系在《欧盟 2003 年 87 号指令》下于 2005 年 1 月 1 日起开始运行，参与国主要为欧盟 28 个国家。该体系属于总量上限交易体系。该体系对成员国设置排放限额，要求各国排放限额之和不超过《京都议定书》承诺的排量。排放配额的分配综合考虑了成员国的历史排放、预测排放和排放标准等因素。EU ETS 涵盖超过 11500 个排放源，这些排放源占欧洲 CO_2 排放源的 45%（EU ETS 第一阶段减排不包括非 CO_2 的温室气体，这部分占欧洲总排放的 20%）。限排的行业主要是电力生产行业和能源密集型行业。该交易体系分四个阶段实施，每个阶段的覆盖范围、减排目标和交易细节均有所不同。

欧盟碳市场是全球首个碳市场，也是 2017 年底前的全球最大碳市场，涵盖了欧盟 28 个成员国、挪威、冰岛和列支敦士登。经过两年多的艰苦谈判，欧盟议会于 2017 年通过了一项关于欧盟碳排放交易体系改革里程碑式的协议，其中多数修改内容将于 2021 年生效。各方商定的改革措施旨在加强碳价信号，更有针对性地保护工业行业免受碳泄漏影响，并且建立面向经济发展水平较低的欧盟成员国的支持机制。改革进一步加强了欧盟碳市场的总量水平下降力度。

从 2021 年起，配额总量每年的线性减量因子将从 1.74% 上升至 2.2%，以符合欧盟碳排放交易体系覆盖行业内 2030 年的排放量比 2005 年减少 43% 的目标。欧盟还将更新行业基准值和生产因子，以此提高免费分配的针对性。另一重要举措是，市场稳定储备（MSR）将进行改良并得到加强，在 2019~2023 年间，MSR 能从市场中撤回配额的比率由 12% 加倍至 24%，使市场在下一交易期开始前重回配额稀缺状态。此外还规定，自 2023 年起，MSR 储备的配额规模将被限制在上一年度所拍卖的配额总量，超出这一上限的部分将被永久取消。据估算，在 2023 年一年，MSR 就将取消了大约 20 亿吨配额。这些措施共同传达出了强烈的信号：欧洲决策者认真对待长期去碳化的目标，并会实现《巴黎协定》的减排承诺。

8.2.1.2 北美市场

作为温室气体排放大国之一，美国尚未形成覆盖全国的温室气体减排计划及交易体系。然而，美国国内的部分州和地区已经建立或正在探索建立一些区域性的温室气体减排计划及交易体系，即在部分地区或部分行业内进行碳交易。已正式启动的交易体系中，具有代表性的主要包括区域温室气体减排行动（RGGI）和西部地区气候行动倡议（WCI）。

A 区域温室气体减排行动（RGGI）

美国区域性温室气体减排行动（RGGI）是一个区域性的、强制性的、基于市场方法的集合美国东北部和中大西洋地区十个州、共同努力限制温室气体排放的计划和减排体系，是美国首个强制性、采用市场机制实施的温室气体减排计划。这十个州分别是康涅狄格州、特拉华州、缅因州、马里兰州、马萨诸塞州、新罕布什尔州、新泽西州、罗得岛州、纽约州和佛蒙特州。这十个州的 GDP 总和约占美国 GDP 总量的20%。该计划于2009年1月1日实施，覆盖涉及区域内所有发电量25 MW 及以上的化石燃料发电厂，要求到2018年实现碳排放减少10%的目标。

RGGI 的温室气体（这里指 CO_2）减排目标是：到2018年，RGGI 涉及区域内电厂的碳排放量较 RGGI 实施初期的2009年下降10%，即由1.705亿吨减少到1.535亿吨。整个RGGI 计划分为两个阶段：第一阶段为2009~2014年，主要是稳定碳排放总量保持在2009年的水平；第二阶段为2015~2018年，排放总量为每年减少2.5%。其中，第一阶段又分为两个三年履约期，第一个履约期为2009年1月1日至2011年12月31日。

RGGI 是美国第一个强制性的、市场驱动的 CO_2 总量控制与交易体系，是全世界第一个拍卖几乎全部配额的交易体系。根据世界银行的报告，RGGI 自2008年开展碳交易来，2009年的交易量和交易额达到顶峰，之后逐年下降。2011年 RCGI 的碳交易量为1.2亿吨，占全球市场的1.17%；交易额为2.49亿美元，占0.14%。

B 西部地区气候行动倡议（WCI）

WCI 是指在2007年2月由亚利桑那州、加利福尼亚州、新墨西哥州、俄勒冈州、华盛顿州签署的《西部地区气候行动倡议书》，旨在努力建立一个跨州的、基于市场的、以减少区域内温室气体排放为目标的、对温室气体排放进行注册和管理的温室气体减排计划。之后，加拿大的哥伦比亚省、曼尼托巴省、安大略省、魁北克省以及美国的犹他州、蒙大拿州相继加入。WCI 设有6个委员会和1个模型组：（1）报告委员会，发展温室气体排放的报告系统，支持 WCI 的总量控制，确保 WCI 管理者收到及时准确的碳排放的数据；（2）总量控制和许可分配委员会，设定区域总量减排额和为成员州管理当局的碳预算提供方法学；（3）市场委员会，指导一个健全透明的许可和 Offset 信用交易的市场的发展和运转；（4）电力委员会，负责处理整个电力行业在 WCI 总量控制与交易体系中的相关问题；（5）Offset 委员会，提出 Offset 设计和运转的建议；（6）辅助政策委员会，采取其他的政策配合总量控制，促进碳交易政策以更有成本效益的方法达到温室气体减排目标；（7）经济模型任务组，负责为 WCI 总量控制和交易体系的政策设计提供经济分析。

WCI 的行业范围几乎覆盖了所有的经济部门，具体标准是：（1）以2009年1月1日之后最高超2.5万吨 CO_2 当量的排放源均是 WCI 的管制对象（扣除燃烧合格的生物质燃料产生的碳排放量）；（2）任何 WCI 区域覆盖范围内第一个电力输送商，只要其2009年1月1日之后的年碳排放量超过2.5万吨，均须纳入 WCI 管制体系；（3）从2015年起，WCI 覆盖区域内提供液体燃料运输的运输商以及燃料供应商，只要其提供的燃料燃烧后产生的年碳排放量超过2.5万吨，也须纳入 WCI 管制体系。

WCI 覆盖六种温室气体，其设定的减排目标为：到 2020 年，在 2005 年的基础上减排 15%；到 2015 年，WCI 覆盖区域范围内碳排放总量的 90%。由于 WCI 吸取了 EU ETS 和 RGGI 的经验教训，设立了最严格的总量上限，同时拒绝了可大量供给的碳信用，因此能够确保 WCI 市场中的碳价格处于相对较高的水平。

WCI 于 2012 年 1 月 1 日生效，但 WCI 区域范围内并不是所有的州、省均从 2012 年起加入该交易体系，最初的参与方是美国加利福尼亚州和加拿大魁北克省；2016 年，加拿大安大略省宣布正式加入，并于 2017 年颁布《新限额与交易计划》。加拿大安大略省的加入将为这个碳交易市场注入新的活力，提前两年将碳交易价格提升至竞拍底价之上，并在下个十年的中期将碳价拉高至 51 美元/tCO$_2$ 当量。

8.2.1.3 其他国家

A 澳大利亚

澳大利亚虽然碳交易市场尚未建立运行，但是其碳交易制度设计广泛参考了世界范围内多个碳交易体系的制度安排，并被研究界称为碳交易制度设计的"澳大利亚模式"。此外，澳大利亚的经济总量和温室气体排放量在全球中的位置也决定了其碳交易市场未来在全球碳交易市场中的重要地位。因此，对澳大利亚的碳交易制度需要进行细致深入的分析。

2011 年 11 月澳大利亚政府通过了《清洁能源未来法案》，规定 2020 年在 2000 年的基础上减排 5%。为实现这一目标，澳大利亚从 2012 年 7 月开始实施清洁能源未来计划（俗称"碳定价机制"）。碳定价机制计划分两个阶段实施，第一阶段（2012 年 7 月~2015 年 6 月）为固定碳价阶段，2012 年每吨 CO$_2$ 的价格固定为 23 澳元，之后每年增长 2.5%，三年间政府无上限向企业出售配额。第二阶段从 2015 年 7 月开始，由固定碳价转为浮动碳价。政府将为碳价设定一个区间，每吨 CO$_2$ 的价格在此区间内浮动，下限为 15 澳元并每年增长 4%，上限在国际碳价的基础上加上 20 澳元。

澳大利亚新南威尔士温室气体减排体系（GGAS）是世界上最早的强制减排交易体系，该体系正式开始于 2003 年 1 月 1 日，致力于减少新南威尔士州管辖范围内与电力生产和使用相关的碳排放，是世界上唯一的"基线信用"型强制减排体系。2012 年 8 月，澳大利亚与欧盟发布了关于同意对接双方碳排放交易体系的协议。该协议包括两个关键步骤：第一，双方的碳交易体系于 2015 年 7 月 1 日开始对接，即澳大利亚接受欧盟碳配额，正式取消碳交易体系中的 15 澳元底价，澳大利亚的碳排放价格将与欧盟一致。而未来澳大利亚的碳排放企业有权从国际市场上购买最多相当于其排放总量一半的排放额度，其中仅有 115% 的排放额度须符合联合国《京都议定书》中的相关规定，包括 CERs（经核证减排量）、ERUs（减排单位）和 RMUs（清除单位）。第二，将于 2018 年 7 月 1 日前彻底完成对接，即双方互认碳排放配额。

B 日本

日本环境省于 2005 年规划建立了自愿性碳排放交易体系——日本自愿性排放交易体系（Japan voluntary emissions trading scheme，JVETS）。到目前为止，日本共建有自愿性排放交易体系、自愿碳减排市场、国内信用体系、东京排放交易制度等四种碳排放交易体制。2003 年，日本为 JVETS 的试点曾实施过一年的国内排放交易先行计划，共有 31 家企业参与该计划。计划设立了绝对目标、相对目标、绝对减量目标三种减排方式待企业选择，最终有 27 个企业完成减排目标，有 16 个企业通过购买配额完成目标任务，交易量为 240 万吨 CO_2 当量，为今后的碳排放权交易制度建设积累了经验。

2005 年 4 月，日本开始正式实施 JVETS，仍采用自愿参与机制，交易标的是 CO_2。规制对象为两种类型：一是减排目标的参与者，该类型参与者将与政府约定一定的减排量，利用节能装备或替代能源减排，政府提供补助金，到 2006 年底共有 61 家企业参与，2008 年增加到 200 家企业；二是排放交易参与者，通过在环境登记处设立账户参与交易，设有政府的设备补助金或排放配额。参与者自己确定减排目标，基准年排放量以过去 3 年的平均值为准，自愿参与厂商要提出下年度的预计减排量、能源使用效率、可再生能源设备费用及成本，第一期于 2005 年 10 月前完成基准年排放量论证，于 2006 年 4 月分配配额。这一体制与京都体制接轨。企业自 2003 年起从世界各地购买碳排放权，在 CDM 的购买中占 11.6% 左右。

在《联合国气候变化框架公约》第 17 次缔约方会议（COP17）上，日本确定不参加《京都议定书》第二承诺期，但日本也承诺到 2020 年将根据《哥本哈根协议》减排 25% 作为其减排战略的一部分。日本将通过双边抵消信用机制（bilateraloffiset credit mechanism，BOCM）支持发展中国家减排，以此来抵消日本的碳排放。日本核泄漏事故发生后，日本国内核电站全部停止运营。2012 年 5 月，日本能源与环境省通过了《2030 能源与环境结构》草案，草案模拟了到 2030 年核电在总发电量中所占比例为 0、15% 以及 20%～25% 的情景下日本的碳排放量，研究显示，如果不采取其他的减排措施，日本将无法完成其减排目标。

BOCM 本质上是基于项目的碳减排，它类似于 CDM，被认为是 CDM 的有益补充。BOCM 由联合委员会管理，联合委员由日本政府以及东道国组成。日本政府计划在 CDM 方法学的基础上开发适应 BOCM 机制的新的方法。2012 年 8 月 24 日，日本公布了碳排放监测核算/报告/核查体系（MRV）相关情况，强调 MRV 简单实用，能加速低碳产品、技术和服务的发展。BOCM 于 2013 年启动，预计第一个项目将来自印尼。在《京都议定书》第一承诺期，日本共购买 1 亿吨碳信用指标。相当于日本 1990 年排放量的 1.6%。在日本经济联合团体自愿减排计划下，日本工业企业共购买 2 亿吨碳信用指标来抵消企业排放量。目前，BOCM 项目产生的碳信用指标的潜在买家包括日本政府、未来的碳交易体系机构、日本经济联合团体等。

C　印度

印度从 2008 年 4 月开始进行碳交易，是最早建立真正碳交易市场的发展中国家。印度借鉴欧洲的经验，积极发展碳交易二级市场，为节能减排和发展清洁能源提供更多资金来源，形成了一种自下而上的民间管理模式。目前印度已经有两个交易所推出了碳金融衍生品交易，一是多种商品交易所（MCX）已推出的欧盟减排许可（EUA）期货和 5 种核证减排额（CER）期货；二是印度国家商品及衍生品交易所（NCDEX）于 2008 年 4 月推出的 CER 期货。2008 年 8 月，欧洲公司购买的碳排放总量中，已有 1/3 来自印度，约为 700 万吨。

印度政府于 2012 年 3 月开始实施节能证书交易计划（PAT）；PAT 计划中包括了 8 个

部门的 500 个设施，该计划的起始规模相当于每年排放 10 万吨 CO_2（很多大中型设施未包含在该计划中，PAT 的规模也远小于 EU ETS），在第一个三年规划以后，减排目标增加到 3%，即每年减排 3 万吨 CO_2。与 EU ETS 不同，PAT 的下游不会享受上游的成果，不会造成节能量的"重复计算"。PAT 的优势是可包括电力供应部门和需求部门。同时 PAT 鼓励在工业区开发分布式可再生能源。

印度政府采取技改项目结束后给予能效认证的配额，一旦实现并认证了节能量，配额认证的风险将变小，并且事后认证的份额及节能量比能源用量小，这样更易管理。但是缺点是在能效计划施行的初期，节能量交易的市场定价和流动性可能不好。

8.2.2 我国碳交易制度与市场

8.2.2.1 我国碳市场交易历程

建设全国统一碳排放权交易市场是以习近平同志为核心的党中央作出的重要决策，是利用市场机制控制和减少温室气体排放、推动经济发展方式绿色低碳转型的一项重要制度创新，也是加强生态文明建设、落实国际减排承诺的重要政策工具。

中国政府始终采取积极态度应对气候变化。在运用市场机制推动节能减碳行动中，自 2005 年起出台一系列碳市场相关政策，以期实现低成本、高效率的节能减碳。2011 年国家发展和改革委员会同意北京市、天津市、上海市、重庆市、湖北省、广东省及深圳市开展碳排放权交易试点。深圳市于 2013 年 6 月 18 日启动全国首个碳排放权交易市场，为中国碳排放权交易拉开了序幕。同时，深圳排放权交易市场对个人投资者开放，为全国人民打开了新的投资渠道。为方便全国各地关注碳排放交易的机构和个人，开设了"足不出户，异地开户"的服务。2013 年起，7 个地方试点碳市场陆续开始上线交易。截至 2020 年 11 月，试点碳市场共覆盖电力、钢铁、水泥等 20 余个行业近 3000 家重点排放单位，累计配额成交量约为 4.3 亿吨 CO_2 当量，累计成交额近 100 亿元人民币。生态环境部数据显示，截至 2021 年 6 月底，试点省市碳市场累计配额成交量 4.8 亿吨 CO_2 当量，成交额约 114 亿元。

试点碳市场有效促进了试点省市企业温室气体减排，也为全国碳市场建设摸索了制度，锻炼了人才，积累了经验，奠定了基础。2017 年 12 月，经国务院同意，国家发展改革委印发了《全国碳排放权交易市场建设方案（电力行业）》。这标志着中国碳排放交易体系完成了总体设计，并正式启动。2020 年底，生态环境部出台《碳排放权交易管理办法（试行）》，印发《2019~2020 年全国碳排放权交易配额总量设定与分配实施方案（发电行业）》，正式启动全国碳市场第一个履约周期。2021 年 6 月 25 日，全国统一的碳交易市场开启，交易中心设在上海，登记中心设在武汉。7 个试点的地方交易市场继续运营。7 月 8 日，生态环境部发布，经国务院常务会议审议通过，2021 年 7 月启动发电行业全国碳排放权交易市场上线交易。

2021 年 7 月 16 日，全国碳市场启动仪式于北京、上海、武汉三地同时举办，全国碳排放权交易市场启动上线交易。发电行业成为首个纳入全国碳市场的行业，纳入重点排放单位超过 2000 家。我国碳市场成为全球覆盖温室气体排放量规模最大的市场。截至 2021 年 8 月 13 日，全国碳市场碳排放配额累计成交量 651.88 万吨，累计成交额超 3.29 亿元。

8.2.2.2 碳排放权管理、登记、交易和结算

A 管理

a 行政划分

生态环境部按照国家有关规定，组织建立全国碳排放权注册登记机构和全国碳排放权交易机构，组织建设全国碳排放权注册登记系统和全国碳排放权交易系统。全国碳排放权注册登记机构通过全国碳排放权注册登记系统，记录碳排放配额的持有、变更、清缴、注销等信息，并提供结算服务。全国碳排放权注册登记系统记录的信息是判断碳排放配额归属的最终依据。全国碳排放权交易机构负责组织开展全国碳排放权集中统一交易。全国碳排放权注册登记机构和全国碳排放权交易机构定期向生态环境部报告全国碳排放权登记、交易、结算等活动和机构运行有关情况，以及应当报告的其他重大事项，并保证全国碳排放权注册登记系统和全国碳排放权交易系统安全稳定可靠运行。

生态环境部负责制定全国碳排放权交易及相关活动的技术规范，加强对地方碳排放配额分配、温室气体排放报告与核查的监督管理，并会同国务院其他有关部门对全国碳排放权交易及相关活动进行监督管理和指导。省级生态环境主管部门负责在本行政区域内组织开展碳排放配额分配和清缴、温室气体排放报告的核查等相关活动，并进行监督管理。设区的市级生态环境主管部门负责配合省级生态环境主管部门落实相关具体工作，并根据本办法有关规定实施监督管理。

b 温室气体重点排放单位

温室气体是指大气中吸收和重新放出红外辐射的自然和人为的气态成分，包括二氧化碳（CO_2）、甲烷（CH_4）、氧化亚氮（N_2O）、氢氟碳化物（HFCs）、全氟化碳（PFCs）、六氟化硫（SF_6）和三氟化氮（NF_3）。温室气体排放单位符合下列条件的，应当列入温室气体重点排放单位（以下简称重点排放单位）名录：

（1）属于全国碳排放权交易市场覆盖行业；

（2）年度温室气体排放量达到 2.6 万吨 CO_2 当量。

重点排放单位应当控制温室气体排放，报告碳排放数据，清缴碳排放配额，公开交易及相关活动信息，并接受生态环境主管部门的监督管理。温室气体排放单位申请纳入重点排放单位名录的，确定名录的省级生态环境主管部门应当进行核实。

B 登记

碳排放配额分配以免费分配为主，可以根据国家有关要求适时引入有偿分配。重点排放单位应当在全国碳排放权注册登记系统开立账户，进行相关业务操作。

C 交易

全国碳排放权交易市场的交易产品为碳排放配额。重点排放单位以及符合国家有关交易规则的机构和个人，是全国碳排放权交易市场的交易主体。碳排放权交易应当通过全国碳排放权交易系统进行，可以采取协议转让、单向竞价或者其他符合规定的方式（见表8-2）。全国碳排放权交易机构应当按照生态环境部有关规定，采取有效措施，发挥全国碳排放权交易市场引导温室气体减排的作用，防止过度投机的交易行为，维护市场健康发展。

表 8-2 全国碳市场三种交易方式对比

项 目	挂牌协议交易	大宗协议交易	单向竞价
定义	交易主体通过交易系统提交卖出或买入挂牌申报,意向方对挂牌申报进行协商并确认成交的交易方式	交易双方通过交易系统进行报价、询价达成一致意见并确认成交的交易方式	交易主体向交易机构提出卖出或买入申请,交易机构发布竞价公告,符合条件的竞价参与方通过交易系统报价并确认成交
数量要求	单笔买卖最大申报数量应小于 10 万吨	单笔买卖最大申报数量应不小于 10 万吨	
成交方式	以价格优先原则,在实时最优 5 个价位内以对手方价格为成交价依次选择	交易主体可发起买卖申报,或与已发起申报的交易对手方进行对话议价或直接点击申报申请与对手方成交	通过竞价方式确定
涨跌幅/%	10	30	
开盘价	当日挂牌协议交易第一笔成交价	成交信息不纳入交易所即时行情	成交信息不纳入交易所即时行情
收盘价	当日挂牌协议交易所有成交的加权平均价	成交量、成交额在交易结束后计入当日成交总量、成交总额	成交量、成交额在交易结束后计入当日成交总量、成交总额
交易时间	9:30~11:30,13:00~15:00	13:00~15:00	另行公告

协议转让是指交易双方协商达成一致意见并确认成交的交易方式,包括挂牌协议交易及大宗协议交易。其中,挂牌协议交易是指交易主体通过交易系统提交卖出或者买入挂牌申报,意向受让方或者出让方对挂牌申报进行协商并确认成交的交易方式。大宗协议交易是指交易双方通过交易系统进行报价、询价并确认成交的交易方式。

单向竞价是指交易主体向交易机构提出卖出或买入申请,交易机构发布竞价公告,多个意向受让方或者出让方按照规定报价,在约定时间内通过交易系统成交的交易方式。

碳排放配额交易以"每吨 CO_2 当量价格"为计价单位,买卖申报量的最小变动计量为 1 吨 CO_2 当量,申报价格的最小变动计量为 0.01 元人民币。

D 结算

在当日交易结束后,注册登记机构应当根据交易系统的成交结果,按照货银对付的原则,以每个交易主体为结算单位,通过注册登记系统进行碳排放配额与资金的逐笔全额清算和统一交收。当日完成清算后,注册登记机构应当将结果反馈给交易机构。经双方确认无误后,注册登记机构根据清算结果完成碳排放配额和资金的交收。交易主体应当及时核对当日结算结果,对结算结果有异议的,应在下一交易日开市前,以书面形式向注册登记机构提出。交易主体在规定时间内没有对结算结果提出异议的,视作认可结算结果。

8.3 我国电力碳排放权交易

8.3.1 我国电力行业碳减排概述

8.3.1.1 电力行业 CO_2 排放

2018 年火电行业排放的 CO_2 占全国排放总量的 43%，约 43 亿吨。2020 年，全国单位火电发电量 CO_2 排放约 832g/(kW·h)，比 2005 年下降 20.6%；全国单位发电量 CO_2 排放约 565g/(kW·h)，比 2005 年下降 34.1%。以 2005 年为基准年，从 2006 年到 2020 年，通过发展非化石能源、降低供电煤耗和线损率等措施，电力行业累计减少 CO_2 排放约 185.3 亿吨。其中，非化石能源发展贡献率为 62%，供电煤耗降低对电力行业 CO_2 减排贡献率为 36%。

2021 年 4 月 22 日，习近平主席在领导人气候峰会上指出：中国将严控煤电项目，"十四五"时期严控煤炭消费增长，"十五五"时期逐步减少煤炭消费量。可以看出，2030 年前煤电装机容量还是会增长的，全国煤炭消费量会有所减少，但电煤消费量会有所增加，需要大力推进"以电代煤"，提高电气化水平。预计火电行业碳达峰时 CO_2 排放量会在 2018 年的基础上增长 15% 左右，约 47 亿吨。

在现有能源资源、技术水平及安全需求基础上，碳中和时中国电力行业的发电装机构成、发电量及 CO_2 排放量测算见表 8-3。风电与太阳能各按 25 亿千瓦计，考虑到技术进步，除燃煤发电外，全国煤电机组按发电煤耗 281g/(kW·h)、供电煤耗 295g/(kW·h) 计，全国生物质量按折算 1.07 亿吨标准煤计，折算其装机容量及发电量，1t 标煤燃烧后排放 2.7t 的 CO_2。

表 8-3 碳中和时中国电力行业生产与 CO_2 排放

发电类型	装机容量 /亿千瓦	年利用小时 /h	发电量 /亿千瓦·时	CO_2 排放强度 /g·(kW·h)$^{-1}$	CO_2 排放量 /亿吨
风电与太阳能	50	1500	75000	24	1.80
核电	2	7000	14000	12.8	0.18
水电	4.3	3600	15480	3.2	0.05
余热、余压、余气	0.5	3000	1500	0	0
生物质	1.2	3000	3600	0	0
气电	1	3000	3000	375.2	1.12
煤电	5.3	3000	15900	758.7	12.06
合计	64.3	—	128480	—	15.21

从表 8-3 中可以看出，碳中和时，全国发电装机容量高达 64.3 亿千瓦，其中非化石能源发电装机容量 58 亿千瓦，占比 90.2%；煤电装机容量 5.3 亿千瓦，占比 8.2%；包括生物质与余热、余压、余气在内的火电装机容量 8 亿千瓦，占比 12.4%。从发电量来看，

碳中和时，全国发电量近13万亿千瓦·时，其中非化石能源发电量占比85.3%。

全国电力行业排放CO_2量15.21亿吨，其中火电行业排放13.18亿吨，占全国可排放总量31.45亿吨的41.9%，小于目前的占比水平43%。可见，如果能够实现上述目标，电力行业作出的贡献是相当巨大的。

因此，碳达峰包括达峰时间与峰值，碳中和不是CO_2零排放，中国碳达峰时火电行业排放的CO_2量约47亿吨，碳中和时火电行业允许排放CO_2量约13.5亿吨；中国电力行业的发展路径应贯彻以节能与掺烧为引领，保留火电机组不少于8亿千瓦；以低碳能源为关键，大力发展风电与光伏发电；以储能与碳捕集为补充，保障电力系统稳定等3条重要举措；碳中和时中国电力装机容量预计可达64.3亿千瓦（不包括储能容量），非化石能源发电装机容量占比90.2%，发电量占比85.3%。电力行业排放CO_2将从超过47亿吨下降至15.21亿吨，其中火电行业排放13.18亿吨。

8.3.1.2 主要发电集团应对碳减排机制体系建设情况

A 华能集团

一是建立健全碳排放管理体制机制，发布《温室气体减排管理办法》，完善碳资产三级管理体系，明确各部门、二级公司和基层企业碳资产管理职责，确定了碳资产统一规划、统一开发、统一核算、统一交易的管理原则。

二是强化技术支撑，成立专业碳资产公司，统一开展公司火电企业碳排放核算交易咨询技术服务，探索开展碳金融创新，强化碳资产统一专业化管理。

三是加强碳资产管理工作资金保障，安排年度碳排放核算及交易履约咨询服务项目，设立专项资金开发自愿减排项目，为碳排放权交易提供资金保障。

四是贯彻绿色低碳发展理念、大力发展风电、光伏等清洁能源，发展高效清洁煤电机组；强化科技引领，将煤炭清洁利用、节能减排作为科技研发重点，开展碳捕集项目示范研究，探索电力行业低碳绿色发展路径。

五是加强碳排放数据管理，将碳排放数据纳入日常生产经营统计范畴，积极探索碳排放在线实时监测技术，建设碳资产管理信息化平台，提升碳资产信息化管理能力。

六是强化能力建设，定期举行政策解读、业务培训及宣传，注重提升碳资产综合管理能力。

B 大唐集团

一是成立碳资产公司，其主要职责包括全面配合大唐集团搭建碳资产运营管理架构，制定各项管理制度，开展集团碳盘查、配合第三方碳核查，开发CCER项目，开展碳排放权交易，探索碳金融等工作。

二是印发《中国大唐集团公司碳资产管理办法（试行）》，确立统一开展碳减排规划、统一开展碳排放统计、统一开展碳减排项目开发和统一开展碳指标交易"四统一"的工作原则。

三是搭建完成集团碳资产管理平台，设置数据信息管理、碳资产管理、CCER项目管理、政策资讯等功能模块。

四是组织全系统进行碳资产管理集中培训，了解国家碳排放相关政策及碳排放计算方法。

C　华电集团

一是完善组织建设，于2014年底在五大发电集团中率先在集团总部层面成立碳排放管理机构，负责集团公司碳排放及碳排放权交易的统筹协调和归口管理工作，形成自上而下的三级管理体系。

二是加强制度建设，于2016年3月颁布《中国华电集团公司发电企业温室气体排放统计核算管理办法》。

三是夯实能力建设，邀请知名专家就"碳市场政策及市场建设、监测、报合、核查体系""中国核证自愿减排量（CCER）""碳资产管理"等专题对集团有关单位进行培训。

四是组织发布《中国华电集团公司"十二五"温室气体排放白皮书》，它是《巴黎协定》签署后中央企业首次公开发布的温室气体排放报告。完成集团公司"十三五"碳排放规划，成为首家编制碳排放专项规划的中央企业。

五是率先实现元素碳检测全覆盖。

D　国家能源投资集团

一是集团层面设定专业处室管理相关工作，建立集团公司—分子公司—基层企业三级碳排放管理体系，具体碳排放工作由内部专业碳资产公司开展。

二是拟定了《国家能源集团碳排放管理规定》《国家能源集团碳排放信息统计报送管理办法》和《国家能源集团碳排放咨询服务管理办法》等多项碳排放管理制度。国家能源集团内部建立了碳排放工作季报、统计月报等机制。

三是集团内部集中开展了2~3次碳排放培训，2018年加强了培训力度，在集团范围内分华东、华中、华北、东北、西北、南方等区域，开展了多层次培训。

四是集团内碳资产公司多次与外部开展技术交流，与BP和壳牌等国际国内知名企业技术交流不少于30次。

E　国家电投集团

一是2008年初就组建了专业化碳资产管理团队——碳资产公司，作为专业化服务单位，为集团公司提供碳资产管理专业化支持，为企业提供碳核算、碳排放权交易、碳金融、CCER开发等碳减排与碳资产管理专业化、全流程服务。

二是发布《国家电力投资集团公司碳排放管理办法》，作为碳资产统一管理制度和章程的支撑，明确了"四统一"的碳资产管理原则，以及集团公司、所属二、三级单位和碳资产公司的权力和职责，做到管理集中、权力分级、职责明晰。每年制定《碳排放管理重点工作任务》并发布相关通知，确保各项工作开展及时到位。

三是运用"互联网+碳资产管理"思维建设信息化碳排放管理系统，对碳排放数据进行集约化管理，为碳资产科学化、规范化管理提供支撑。

四是组织开展碳减排与碳资产经营管理课题研究、多层面的碳排放管理能力建设，提高集团公司整体管理水平。

8.3.2　电力企业碳交易

2017年国家发展改革委员会制定的《全国碳排放权交易市场建设方案（发电行

业）》中明确规定，坚持市场导向、政府服务。贯彻落实简政放权、放管结合、优化服务的改革要求，以企业为主体，以市场为导向，强化政府监管和服务，充分发挥市场对资源配置的决定性作用。

坚持先易后难、循序渐进。按照国家生态文明建设和控制温室气体排放的总体要求，在不影响经济平稳健康发展的前提下，分阶段、有步骤地推进碳市场建设。在发电行业（含热电联产）率先启动全国碳排放交易体系，逐步扩大参与碳市场的行业范围，增加交易品种，不断完善碳市场。

以发电行业为突破口，率先启动全国碳排放权交易体系，并分基础建设期、模拟运行期、深化完善期3个阶段稳步推行碳市场建设。按照国家统一部署，电力行业碳排放权交易参与主体主要包括：政府（中央政府、地方政府）、控排企业、重点排放单位：发电行业年度排放达到2.6万吨二氧化碳当量（综合能源消耗量约1万吨标准煤）及以上的企业或者其他经济组织、其他行业自备电厂、行业组织、第三方核查机构、交易机构等。其中，1700多家发电企业（含自备电厂）将纳入全国碳排放权交易体系，覆盖的碳排放总量超过30亿吨。

8.3.2.1 参与主体

（1）重点排放单位。发电行业年度排放达到2.6万吨CO_2当量（综合能源消费量约1万吨标准煤）及以上的企业或者其他经济组织为重点排放单位。年度排放达到2.6万吨CO_2当量及以上的其他行业自备电厂视同发电行业重点排放单位管理。在此基础上，逐步扩大重点排放单位范围。

（2）监管机构。国务院发展改革部门与相关部门共同对碳市场实施分级监管。国务院发展改革部门会同相关行业主管部门制定配额分配方案和核查技术规范并监督执行。各相关部门根据职责分工分别对第三方核查机构、交易机构等实施监管。省级、计划单列市应对气候变化主管部门监管本辖区内的数据核查、配额分配、重点排放单位履约等工作。各部门、各地方各司其职、相互配合，确保碳市场规范有序运行。

（3）核查机构。符合有关条件要求的核查机构，依据核查有关规定和技术规范，受委托开展碳排放相关数据核查，并出具独立核查报告，确保核查报告真实、可信。

8.3.2.2 制度建设

电力企业碳交易制度主要包括以下三部分：

（1）碳排放监测、报告与核查制度。国务院发展改革部门会同相关行业主管部门制定企业排放报告管理办法、完善企业温室气体核算报告指南与技术规范。各省级、计划单列市应对气候变化主管部门组织开展数据审定和报送工作。重点排放单位应按规定及时报告碳排放数据。重点排放单位和核查机构须对数据的真实性、准确性和完整性负责。

（2）重点排放单位配额管理制度。国务院发展改革部门负责制定配额分配标准和办法。各省级及计划单列市应对气候变化主管部门按照标准和办法向辖区内的重点排放单位分配配额。重点排放单位应当采取有效措施控制碳排放，并按实际排放清缴配额（"清缴"是指清理应缴未缴配额的过程）。省级及计划单列市应对气候变化主管部门负责监督清缴，对逾期或不足额清缴的重点排放单位依法依规予以处罚，并将相关信息纳入全国信用信息共享平台实施联合惩戒。

（3）市场交易相关制度。国务院发展改革部门会同相关部门制定碳排放权市场交易管理办法，对交易主体、交易方式、交易行为以及市场监管等进行规定，构建能够反映供需关系、减排成本等因素的价格形成机制，建立有效防范价格异常波动的调节机制和防止市场操纵的风险防控机制，确保市场要素完整、公开透明、运行有序。

8.3.2.3　核算和报告

发电企业碳排放核算应当以企业法人或视同法人的独立核算单位为边界，主要核算并报告企业在发电生产过程相关活动产生的温室气体排放，包括主、辅生产系统及直接附属生产系统。若发电企业还生产其他产品，且产生温室气体排放，应纳入核算并报告。核算边界是报告主体核算温室气体排放的范围，其与发电企业生产活动有关，也与地理位置有关，一个边界范围可以包括多个地理位置。发电企业的生产和运行可能存在不同的法律形式和经济实质，包括合资或全资、自有或者租赁、分公司或子公司等各种形式，但温室气体核算应按照独立法人的原则对边界进行确认，且应在后续年份的温室气体排放报告中保持边界一致。

此外，发电企业的全部排放包括化石燃料燃烧的 CO_2 排放、燃煤发电企业脱硫过程的 CO_2 排放、企业净购入使用电力产生的 CO_2 排放。对于生物质混合燃料燃烧发电的 CO_2 排放，仅统计混合燃料中化石燃料（如燃煤）的 CO_2 排放；对于垃圾焚烧发电引起的 CO_2 排放，仅统计发电中使用化石燃料（如燃煤）的 CO_2 排放（见表 8-4）。

表 8-4　发电企业温室气体常见排放源与排放措施

排放源类别	排放设施	能源/原材料品种
化石燃料燃烧	火力发电过程中使用的锅炉（燃煤锅炉、天然气锅炉、燃油锅炉、生物质锅炉、混合燃料锅炉等）	燃煤、燃油、燃气
	燃气轮机、内燃机	燃气、燃油
	柴油发电机	柴油、重油
	交通工具及其他移动源设施	汽、柴油、液化石油气
脱硫过程	脱硫设施	石灰石
净购入使用电力产生的排放	火力发电过程中使用的各类耗电设备（给水泵、引风机、磨煤机、循环水泵等）	电力
	厂部、生产区内的生活设施（宿舍、办公楼等）	电力

其核算步骤如图 8-4 所示。

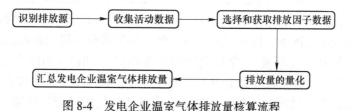

图 8-4　发电企业温室气体排放量核算流程

（1）识别排放源。发电企业在核算边界中逐一识别相关排放源，并确认排放源识别不存在遗漏。

（2）收集活动数据。发电企业需要收集的活动数据包括：化石燃料燃烧消耗的热量（通过化石燃料消耗量结合对应燃料的低位发热量计算获得）；燃煤电厂湿法脱硫过程中脱硫剂（各种碳酸盐）的消耗量；发电企业当年消费的购入电量。其中，化石燃料燃烧、脱硫剂使用的活动数据需要按照燃料或原料的不同种类进行收集。

（3）选择和获取排放因子数据。化石燃料燃烧的排放因子包括单位热量含碳量和碳氧化率。燃煤的单位热值含碳量应来自监测数据，碳氧化率可来自根据实际监测数据计算的结果。脱硫过程排放的排放因子是 CO_2 与碳酸盐的相对分子量之比再乘以转化率，转化率可取 100%。排放因子由国家政府主管部门公布，按照华北、东北、华东、华中、西北、南方电网进行区分。

（4）排放量的量化。分别计算化石燃料燃烧产生的 CO_2 排放量、脱硫过程 CO_2 排放量、发电企业购入电力所对应的 CO_2 排放量。

（5）汇总发电企业温室气体排放量。化石燃料燃烧排放量、脱硫过程产生的 CO_2 排放量以及发电企业购入电力生产的排放量进行加和。

经过核算后，需要制定监测计划，并将监测计划提交由第三方审核机构审核。监测计划可根据《中国发电企业温室气体排放核算方法与报告指南》和国家相关的法律法规文件制订，监测计划中详细描述了所有活动水平数据和排放因子的确定方式，包括数据来源、数据获取方式、监测设备详细信息、数据缺失处理方法等内容。

最后，电力企业在编制温室气体排放报告过程中需要注意：

（1）每年度的报告编制工作需要尽早启动。在上一年度数据齐全后，尽快组织编写，以便能及时发现问题，为后续第三方核查和解决问题提供充裕的时间。

（2）企业要注意监测的活动水平数据和排放因子的数据来源及证据验证工作，以备核查时用于证据环节交叉核对。

（3）要严格按照管理机构公布的编制格式和内容进行编制，不要擅自改动和调整。企业有特殊情况无法适用报告编制格式时，需要及时与管理机构沟通，商讨解决办法。

（4）在报告编制阶段若企业发现报告要求明显不适用、不能反映企业特殊状况并导致后续企业碳排放权益可能受到损害时，应尽快向管理机构报告，共同商讨解决办法。消极对待、拖延进度是不可取的方法。

（5）建议企业建立报告内部审核制度，安排非编写人员对报告进行内部检查校核。

（6）报告编制要坚持实事求是的原则，弄虚作假、故意隐瞒信息都是不可取的方法。

8.3.2.4 配额管理

发电行业配额按国务院发展改革部门会同能源部门制定的分配标准和方法进行分配。发电行业重点排放单位需按年向所在省级、计划单列市应对气候变化主管部门提交与其当年实际碳排放量相等的配额，以完成其减排义务。其富余配额可向市场出售，不足部分需通过市场购买。根据发电行业（含其他行业自备电厂）2013～2019 年任一年排放达到 2.6 万吨 CO_2 当量（综合能源消费量约 1 万吨标准煤）及以上的企业或者其他经济组织的碳排放核查结果，筛选确定纳入 2019～2020 年全国碳市场配额管理的重点排放单位名单，并实行名录管理。

《2019～2020 年全国碳排放权交易配额总量设定与分配实施方案（发电行业）》中规定本方案中的机组包括纯凝发电机组和热电联产机组，自备电厂参照执行，不具备发电能

力的纯供热设施不在本方案范围之内。纳入 2019~2020 年配额管理的发电机组包括
300MW 等级以上常规燃煤机组，300MW 等级及以下常规燃煤机组，燃煤矸石、煤泥、水
煤浆等非常规燃煤机组（含燃煤循环流化床机组）和燃气机组四个类别。对于使用非自
产可燃性气体等燃料（包括完整履约年度内混烧自产二次能源热量占比不超过 10%的情
况）生产电力（包括热电联产）的机组、完整履约年度内掺烧生物质（含垃圾、污泥等）
热量年均占比不超过 10%的生产电力（包括热电联产）机组，其机组类别按照主要燃料
确定。对于纯生物质发电机组、特殊燃料发电机组、仅使用自产资源发电机组、满足本方
案要求的掺烧发电机组以及其他特殊发电机组暂不纳入 2019~2020 年配额管理。

对 2019~2020 年配额实行全部免费分配，并采用基准法核算重点排放单位所拥有机
组的配额量。重点排放单位的配额量为其所拥有各类机组配额量的总和。采用基准法核算
机组配额总量的公式为：

机组配额总量=供电基准值×实际供电量×修正系数+供热基准值×实际供热量

2019~2020 年各类别机组碳排放基准值见表 8-5。

表 8-5　2019~2020 年各类别机组碳排放基准值

机组类别	机组类别范围	供电碳排放基准值 /t·(MW·h)$^{-1}$	供热碳排放基准值 /t·GJ^{-1}
I	300MW 等级以上常规燃煤机组	0.877	0.126
II	300MW 等级及以下常规燃煤机组	0.979	0.126
III	燃煤矸石、水煤浆等非常规燃煤机组（含燃煤循环流化床机组）	1.146	0.126
IV	燃气机组	0.392	0.059

8.3.2.5　实际交易

不同发电企业组织管理模式存在差异，发电企业应根据自身情况建立碳排放权交易管
理体系，明确责任与分工，做好分析决策工作，确保按时高效完成交易工作。在交易管理
中，发电企业应重视以下内容：

（1）明确交易原则。发电企业碳排放权交易过程中，应坚持以下原则：遵守市场规
则原则，严格遵守国家相关政策法规和碳市场规定；资产保值增值原则，通过相关操作实
现碳资产保值增值；成本可控原则，尽量降低发电企业碳排放权交易成本和履约成本；风
险可控原则，避免企业因不当操作引发政策风险和交易风险等情况发生；诚实信用原则，
碳排放权交易过程中应诚实守信，杜绝企业信息或排放数据造假等违反诚实信用原则的
情况。

（2）制定交易决策流程。发电企业应根据企业自身情况，针对集中管控、委托管理
及自行管理不同的交易管理模式选择审批制、备案制等形式的交易决策流程：确定交易决
策、审批与执行部门，明确各个机构或部门的工作职责、审批时间节点、审批权限等。

一般发电企业交易管理决策流程可以参考以下步骤：

第一步，公司设置交易管理的组织机构并颁布管理制度；

第二步，实时跟踪自身生产经营情况与碳市场行情，研究市场走势与相关政策，进行
市场分析；

第三步，制定交易方案（包含自身生产经营情况和年度排放情况、碳市场走势、碳市场政策、具体交易方法等）上报给公司决策层；

第四步，公司决策层确定最终交易方案；

第五步，相关部门根据决策层最终交易方案进行交易；

第六步，进行年度交易工作总结分析。

（3）重视市场分析。发电企业的碳排放权交易主要前期工作是碳市场分析，市场分析应包括交易相关数据收集、市场行情追踪以及碳市场调研等工作。

（4）制定交易方案。发电企业碳资产交易方案应包括履约交易方案和增值交易方案，履约交易方案是以企业完成年度履约工作为目标编制的碳资产交易方案；增值交易方案是以企业碳资产保值增值为目标编制的碳资产交易方案。根据企业实际需求，两种交易方案可采取不同的决策流程以提升交易管理效率和质量。

（5）交易方案实施。发电企业应按照自身的碳交易管理办法及批准后的交易方案实施交易。

8.3.2.6　资金管理和碳资产管理

资金管理是发电企业进行碳排放权交易过程的重要环节。由于碳资产的交易存在很强的时效性，企业需兼顾资金的合法合规使用和资产的保值增值。

A　资金计划

碳资产交易资金计划应于每年年底根据各企业实际情况纳入生产预算及资金计划，资金预算经审批后，由发电控排企业于每年年底编制相应交易资金计划。根据企业年度碳排放情况，预计超排的企业可测算出超排预计需要支出的费用，预计减排的可测算出减排部分收益；企业可根据自身碳资产管理策略，制订相应的资金的筹措和使用计划。企业可按月编制碳排放权交易资金计划表，记录碳排放权交易资金变化情况。

B　资金审批

企业可根据申请交易资金数额大小情况，按照各企业财务管理制度执行审批程序。

C　资金出入

企业完成内部资金审批程序，取得碳排放权交易项目资金后，可根据市场资金出入流程进行入金和出金操作。

此外，履约清缴是履约期内的重要内容之一，发电企业应按期按量完成履约。

当碳排放权可以在碳市场中以一定价格进行交易后，它就具有了价值属性，成为企业的一种特殊资产——碳资产。

广义的碳资产是指企业通过交易、技术创新或其他行为形成的，由企业拥有的或者控制的，预期能给企业带来经济利益的，与碳排放相关的资源。狭义碳资产是指在强制碳排放权交易机制或者自愿碳排放权交易机制下，产生的可直接或间接影响组织温室气体排放的碳排放配额或抵消量。根据目前的碳资产交易制度，碳资产可以分为配额碳资产和抵消碳资产。已经或即将被纳入碳排放权交易体系的重点排放单位可以免费获得或参与政府拍卖获得配额碳资产；未被纳入碳排放权交易体系的非重点排放单位可以通过自身主动地进行温室气体减排行动，得到政府认可的抵消碳资产；重点排放单位和非重点排放单位均可通过交易获得配额碳资产和抵消碳资产。资产管理的目的在于通过更加有效率地使用该资产为企业创造更大的效益。

为加强碳资产管理，发电企业可以建立专门的碳资产管理机构，统一管理企业的碳资产。对于大型的发电企业，在碳资产管理方面可采取集中管控模式，在内部成立专业部门或者公司直接管理。对于中小规模的企业，可以委托专业的碳资产管理公司代为管理，也可以自行管理。企业自身要建立低碳管理体系、管理制度、考核标准，与国家低碳政策要求充分对接，加强低碳管理人才培养与能力建设。碳资产专业管理机构可以协助企业开展排放量核算，争取最大配额结余量以维护企业利益，在交易过程中优化配额和抵消碳资产组合，从而协助控排企业实现以最优成本履约，实现购入碳资产的成本最小化和售出碳资产获取的收益最大化。

参 考 文 献

[1] 廖振良. 碳排放交易理论与实践 [M]. 上海：同济大学出版社，2016.

[2] 戴彦德，康艳兵，熊小平，等. 碳交易制度研究 [M]. 北京：中国发展出版社，2014.

[3] 郑爽. 全国七省市碳交易试点调查与研究 [M]. 北京：中国经济出版社，2014.

[4] 孟早明，葛兴安，等. 中国碳排放权交易实务 [M]. 北京：化学工业出版社，2016.

[5] 刘志强，唐艺芳，谢作伟. 碳交易理论、制度和市场 [M]. 长沙：中南大学出版社，2019.

[6] 魏一鸣，刘兰翠，廖华，等. 中国碳排放与低碳发展 [M]. 北京：科学出版社，2017.

[7] 朱法华，王玉山，徐振，等. 中国电力行业碳达峰、碳中和的发展路径研究 [J]. 电力科技与环保，2021，37（3）：9-16.

[8] 生态环境部. 碳排放权结算管理规则（试行）[Z]. 2021.

[9] 生态环境部. 碳排放权交易管理规则（试行）[Z]. 2021.

[10] 生态环境部. 碳排放权登记管理规则（试行）[Z]. 2021.

[11] 生态环境部. 碳排放权交易管理办法（试行）[Z]. 2021.

[12] 国家发展和改革委员会. 全国碳排放权交易市场建设方案（发电行业）[Z]. 2019.

[13] 生态环境部. 2019～2020 年全国碳排放权交易配额总量设定与分配实施方案（发电行业）[Z]. 2020.

习 题

8-1 请简述碳交易的含义。

8-2 碳交易的原理指什么？

8-3 碳交易市场分哪几类？请简单描述。

8-4 请描述碳排放的监测、报告与核查的含义。

8-5 国外碳交易市场有哪些？

8-6 何为温室气体重点排放单位？

8-7 我国碳市场交易方式有几类，分别是什么？

8-8 我国电力行业碳交易的参与主体是什么？